浙江省"十一五"重点教材建设项目成果
高等职业教育教学改革系列规划教材

# 电力电子应用技术

主　编　谢树林

副主编　陈荷荷　孙立书　任中民　邱晓华

电子工业出版社

Publishing House of Electronics Industry

北京·BEIJING

## 内 容 简 介

本书从应用角度出发,以定性分析为主,介绍了电力电子器件及应用技术。主要内容包括电力电子器件、触发驱动保护电路、可控整流电路、逆变电路、交流调压电路、直流斩波电路、软开关技术、UPS 电路分析及应用等。本书对电力电子技术的内容进行了精选,并体现了新技术的发展。每个项目均配有思考题及相关技能训练内容。

本书既可作为高职高专院校电气自动化、机电一体化、应用电子等相关专业的教材,也可作为中职院校、职工大学、函授学校师生及相关专业工程技术人员的参考书。

未经许可,不得以任何方式复制或抄袭本书之部分或全部内容。
版权所有,侵权必究。

**图书在版编目(CIP)数据**

电力电子应用技术/谢树林主编. —北京:电子工业出版社,2014.8
高等职业教育教学改革系列规划教材
ISBN 978-7-121-23294-7

Ⅰ. ①电… Ⅱ. ①谢… Ⅲ. ①电力电子技术-高等职业教育-教材 Ⅳ. ①TM76

中国版本图书馆 CIP 数据核字(2014)第 107449 号

策划编辑:王艳萍
责任编辑:靳 平
印　　刷:三河市双峰印刷装订有限公司
装　　订:三河市双峰印刷装订有限公司
出版发行:电子工业出版社
　　　　　北京市海淀区万寿路 173 信箱　邮编 100036
开　　本:787×1 092　1/16　印张:13　字数:342 千字
版　　次:2014 年 8 月第 1 版
印　　次:2014 年 8 月第 1 次印刷
印　　数:3 000 册　定价:27.00 元

凡所购买电子工业出版社图书有缺损问题,请向购买书店调换。若书店售缺,请与本社发行部联系,联系及邮购电话:(010)88254888。
质量投诉请发邮件至 zlts@phei.com.cn,盗版侵权举报请发邮件至 dbqq@phei.com.cn。
服务热线:(010)88258888。

# 前 言

电力电子应用技术是目前高职高专电气自动化、机电一体化、应用电子等相关专业必修的一门专业基础课程。本书面向高等职业教育，结合高职教育的教学目标和学生的特点，采用项目教学的形式进行编写。注重在工程应用实例中理论参数的分析和计算，为高职学生实际应用和综合能力的提高奠定基础。

本书以能力培养为目标，突出了高职教育实际、实用、就业导向的原则，适当降低了理论深度，尽量避免烦琐的数学推导，力求深入浅出，以引例入手讲解相关知识、拓展知识，循序渐进地介绍电力电子应用技术的概念、原理及应用；重点放在基本概念的阐述、典型电路原理的分析及应用实例的介绍上；侧重对学生分析问题、解决问题能力的培养，引导学生提高自学能力，以利于学生对技术知识的灵活应用。

本书以高职高专学生为主要对象，主要内容包括电力电子器件、触发驱动保护电路、可控整流电路、逆变电路、交流调压电路、直流斩波电路、软开关技术、UPS 电路分析及应用等。每个项目均配有思考题及相关技能训练内容。

本书项目 1、2、5 由温州职业技术学院谢树林编写；项目 3、4 由温州职业技术学院陈荷荷编写；项目 6 由温州科技职业学院邱晓华编写；项目 7 由温州科技职业学院任中民编写；项目 8 由浙江东方职业技术学院孙立书编写；全书由谢树林统稿、定稿。在编写的过程中得到许多同事与朋友的大力帮助与支持，谨此表示衷心的感谢。

本书带有配套的教学资源，包括电子教学课件、思考题参考答案等，请有需要的教师登录华信教育资源网（http://www.hxedu.com.cn）免费注册后进行下载，如有问题请在网站留言或与电子工业出版社联系。

限于编者的学识水平有限，书中的错误、疏漏之处在所难免，在此殷切期望使用本书的师生和读者批评指正。

编 者

# 目 录

**项目 1 光控频闪指示灯电路设计与制作** (1)
　1.1 晶闸管 (2)
　　1.1.1 晶闸管的结构 (2)
　　1.1.2 晶闸管的工作原理 (3)
　　1.1.3 晶闸管的特性 (4)
　　1.1.4 晶闸管的主要参数 (5)
　　1.1.5 晶闸管的型号和简单测试 (7)
　　1.1.6 晶闸管的其他派生器件 (8)
　1.2 门极可关断晶闸管（GTO） (10)
　　1.2.1 GTO 的结构和工作原理 (10)
　　1.2.2 GTO 的特性和主要参数 (11)
　1.3 功率场效应晶体管（MOSFET） (13)
　　1.3.1 MOSFET 的结构和工作原理 (13)
　　1.3.2 MOSFET 的特性 (14)
　1.4 绝缘栅双极型晶体管（IGBT） (15)
　　1.4.1 IGBT 的结构与工作原理 (16)
　　1.4.2 IGBT 的基本特性 (16)
　　1.4.3 IGBT 的主要参数 (18)
　　1.4.4 IGBT 的擎住效应和安全工作区 (18)
　1.5 其他新型电力电子器件 (19)
　1.6 电力电子器件的保护 (20)
　　1.6.1 晶闸管的过电压保护 (20)
　　1.6.2 晶闸管的过电流保护 (24)
　　1.6.3 电力电子器件的串、并联使用 (26)
　技能训练 (28)
　　训练项目 1 晶闸管的导通、关断条件 (28)
　　训练项目 2 光控频闪指示灯电路安装、调试 (30)
　思考题 (31)

**项目 2 直流电动机调速电路的设计与制作** (33)
　2.1 单相可控整流电路 (33)
　　2.1.1 单相半波可控整流电路 (34)
　　2.1.2 单相桥式全控整流电路 (35)
　　2.1.3 单相桥式半控整流电路 (38)
　　2.1.4 单相全波可控整流电路 (40)

## 2.2 三相可控整流电路 (41)
### 2.2.1 三相半波可控整流电路 (41)
### 2.2.2 三相桥式全控整流电路 (45)
### 2.2.3 带平衡电抗器的双反星形可控整流电路 (49)
## 2.3 变压器漏抗对整流电路的影响 (50)
## 2.4 有源逆变电路 (52)
### 2.4.1 有源逆变的工作原理 (53)
### 2.4.2 有源逆变产生的条件 (54)
### 2.4.3 逆变失败与最小逆变角限制 (55)
## 技能训练 (57)
### 训练项目 单相半控桥式整流电路实验 (57)
## 思考题 (59)

# 项目3 晶闸管触发电路的制作与分析 (61)
## 3.1 对晶闸管触发电路的要求 (62)
## 3.2 单结晶体管的结构及伏安特性 (63)
## 3.3 单结晶体管的外观与测试 (64)
## 3.4 单结晶体管自激振荡电路 (64)
## 3.5 具有同步环节的单结晶体管触发电路 (66)
## 3.6 锯齿波触发电路 (66)
## 3.7 触发电路的定相 (71)
### 3.7.1 概述 (71)
### 3.7.2 触发器定相的方法 (72)
## 3.8 集成触发器 (74)
### 3.8.1 国产KC系列集成触发器 (74)
### 3.8.2 集成触发电路TCA785 (76)
## 3.9 数字触发器 (82)
### 3.9.1 由硬件构成的数字触发器 (82)
### 3.9.2 微机数字触发器 (84)
## 技能训练 (87)
### 训练项目1 安装、测试单结晶体管触发电路 (87)
### 训练项目2 锯齿波同步移相触发电路实验 (89)
### 训练项目3 集成触发电路与单相桥式全控整流电路实验 (91)
## 思考题 (93)

# 项目4 全控器件的驱动与保护电路分析 (94)
## 4.1 绝缘栅双极型晶体管驱动与保护电路 (95)
### 4.1.1 对IGBT栅极驱动电路的要求 (95)
### 4.1.2 IGBT栅极驱动电路 (96)
### 4.1.3 绝缘栅双极型晶体管保护电路 (100)
## 拓展知识 (102)

## 4.2 门极可关断晶闸管 GTO 的驱动和保护 (102)
### 4.2.1 GTO 晶闸管的驱动电路 (102)
### 4.2.2 GTO 晶闸管的保护和缓冲 (103)
## 4.3 电力晶体管的驱动与保护 (104)
### 4.3.1 GTR 晶闸管的驱动电路 (104)
### 4.3.2 GTR 的保护 (106)
## 4.4 电力场效应晶体管的驱动与保护 (107)
### 4.4.1 MOSFET 晶闸管的驱动 (107)
### 4.4.2 MOSFET 的保护措施 (110)
## 技能训练 (111)
### 训练项目 自关断器件及驱动与保护电路实验 (111)
## 思考题 (114)

# 项目 5 交流调光台灯的制作 (115)
## 5.1 双向晶闸管的结构与符号 (115)
## 5.2 双向晶闸管的特性与参数 (116)
## 5.3 双向晶闸管的触发方式 (118)
## 5.4 双向晶闸管的触发电路 (118)
## 5.5 双向触发二极管 (119)
## 5.6 晶闸管交流开关 (120)
### 5.6.1 晶闸管交流开关的基本形式 (121)
### 5.6.2 晶闸管交流调功器及应用 (122)
## 5.7 单相交流调压电路 (124)
### 5.7.1 电阻负载 (124)
### 5.7.2 电感性负载 (125)
## 5.8 三相交流调压电路 (126)
### 5.8.1 三相反并联晶闸管连接成三相三线交流调压电路 (126)
### 5.8.2 三相交流调压电路其他连接方式 (128)
## 技能训练 (130)
### 训练项目 1 安装、测试单相交流调压电路 (130)
### 训练项目 2 三相交流调压电路 (132)
## 思考题 (134)

# 项目 6 电动机斩波调速电路分析 (136)
## 6.1 直流斩波器的工作原理与分类 (137)
### 6.1.1 直流斩波器的基本结构和工作原理 (137)
### 6.1.2 直流斩波器的分类 (138)
## 6.2 单象限直流斩波器 (138)
### 6.2.1 降压式直流斩波电路 (138)
### 6.2.2 升压式直流斩波电路 (139)
### 6.2.3 升—降压式直流斩波电路 (140)

|　　　　6.2.4　Cuk 直流斩波电路 | (141) |

|　　6.3　多象限直流斩波器 | (141) |
|　　　　6.3.1　A 型双象限斩波器 | (141) |
|　　　　6.3.2　B 型双象限斩波器 | (142) |
|　　　　6.3.3　四象限斩波器 | (143) |
|　　6.4　直流电动机负载时的直流斩波器 | (144) |
|　　　　6.4.1　不可逆 PWM 斩波电路 | (144) |
|　　　　6.4.2　可逆 PWM 斩波电路（四象限斩波器） | (146) |
|　　6.5　具有复合制动功能的 GTO 斩波调速电路 | (148) |
|　　技能训练 | (150) |
|　　　　训练项目　直流斩波电路实训 | (150) |
|　　思考题 | (152) |

## 项目 7　中频炉逆变电路分析 (153)

|　　7.1　无源逆变原理 | (153) |
|　　　　7.1.1　逆变器的工作原理 | (154) |
|　　　　7.1.2　逆变器电路 | (155) |
|　　7.2　谐振式逆变电路 | (157) |
|　　　　7.2.1　串联谐振式逆变电路 | (157) |
|　　　　7.2.2　并联谐振式逆变电路 | (158) |
|　　7.3　电压型三相桥式逆变电路 | (160) |
|　　7.4　电流型三相桥式逆变电路 | (162) |
|　　7.5　交—交型变频电路 | (164) |
|　　　　7.5.1　单相交—交变频电路 | (164) |
|　　　　7.5.2　三相交—交变频电路 | (166) |
|　　　　7.5.3　正弦波输出电压的控制方法 | (166) |
|　　　　7.5.4　交—交变频器的特点 | (169) |
|　　技能训练 | (169) |
|　　　　训练项目　单相并联逆变电路实训 | (169) |
|　　思考题 | (171) |

## 项目 8　不间断电源（UPS）电路分析 (172)

|　　8.1　UPS 的类型 | (173) |
|　　　　8.1.1　离线式 UPS | (173) |
|　　　　8.1.2　在线式 UPS | (174) |
|　　　　8.1.3　在线交互式 UPS | (174) |
|　　8.2　UPS 的整流器和逆变器 | (175) |
|　　　　8.2.1　UPS 的整流器 | (175) |
|　　　　8.2.2　UPS 的逆变器 | (177) |
|　　　　8.2.3　UPS 的静态开关 | (178) |
|　　8.3　PWM 控制原理 | (179) |

8.4 单相桥式 PWM 变频电路 ……………………………………………………（180）
8.5 三相桥式 PWM 变频电路 ……………………………………………………（182）
8.6 UPS 系统设计 …………………………………………………………………（183）
    8.6.1 稳压调整电路 ……………………………………………………………（184）
    8.6.2 逆变电路 …………………………………………………………………（186）
8.7 UPS 应用 ………………………………………………………………………（187）
    8.7.1 UPS 的选用 ………………………………………………………………（187）
    8.7.2 UPS 使用注意事项 ………………………………………………………（188）
    8.7.3 智能型 UPS 及应用 ……………………………………………………（189）
    8.7.4 UPS 多重装机技术及其应用 ……………………………………………（189）
8.8 软开关技术 ……………………………………………………………………（189）
    8.8.1 软开关的基本概念 ………………………………………………………（190）
    8.8.2 软开关电路的分类 ………………………………………………………（191）
    8.8.3 典型的软开关电路 ………………………………………………………（193）
技能训练 ………………………………………………………………………………（195）
    训练项目　UPS 性能测试 …………………………………………………………（195）
思考题 …………………………………………………………………………………（197）

# 项目1　光控频闪指示灯电路设计与制作

**教学目标**

掌握晶闸管的结构、工作原理及伏安特性。
掌握晶闸管导通条件和关断条件。
掌握晶闸管主要参数、测试方法和选用方法。
了解全控型电力电子器件及其他新型电力电子器件的结构、工作原理。
掌握全控型电力电子器件及其他新型电力电子器件的特性、主要参数及选用方法。
掌握晶闸管过电压、过电流保护方法。

**引例：光控频闪指示灯电路**

城建施工常需在临时开挖的沟槽坑穴等上方设警示路标灯，以提醒路人注意安全。这种自动指示灯不需要专人管理，根据施工现场的光线亮度自动点亮或熄灭。光控频闪指示灯电路如图1-1所示。

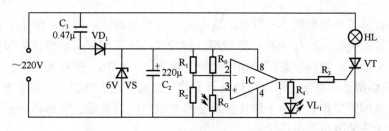

图1-1　光控频闪指示灯电路

220V 交流电经电容 $C_1$ 降压限流、$VD_1$ 半波整流、VS 稳压和 $C_2$ 滤波后，输出约 6V 直流电压供电路工作。IC（LM358）用做比较器，白天光线强，光敏电阻 $R_G$ 阻值小于 $R_2$ 阻值，比较器输出低电平，晶闸管不导通，指示灯 HL 不发光。当光线暗时照在 $R_G$ 上的自然光减弱，其阻值增大。当 $R_G$ 阻值大于 $R_2$ 阻值时，IC 的 3 脚电位高于 2 脚电位，IC 的 1 脚输出高电平，发光二极管 $VL_1$ 发光，晶闸管触发导通，指示灯 HL 点亮。

光线亮暗变化时，$R_G$ 阻值在 5kΩ～5MΩ 间变化，适当选取 $R_2$ 阻值，在光线暗到一定程度后，自动点亮指示灯 HL。电路中，$R_G$——MG45，VS——2CW21，$VD_1$——1N4001，VT——2N6565，$R_0=R_1$。

## 相关知识

## 1.1 晶闸管

晶闸管（Thyristor）是硅晶体闸流管的简称，也称为可控硅 SCR（Semiconductor Control Rectifier）。晶闸管作为大功率的半导体器件，只要用几十至几百毫安的电流就可以控制几百至几千安的大电流，实现了弱电对强电的控制。

### 1.1.1 晶闸管的结构

晶闸管是四层（$P_1N_1P_2N_2$）三端（阳极 A、阴极 K、门极 G）器件，其内部结构和等效电路如图 1-2 所示。

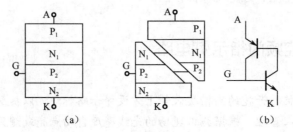

图 1-2 晶闸管的内部结构和等效电路

晶闸管的符号及外形如图 1-3 所示，图 1-3（a）为晶闸管的符号，图 1-3（b）为晶闸管的外形。晶闸管的类型大致有 4 种：塑封型、螺栓型、平板型和模块型。塑封型晶闸管多用于额定电流 5A 以下；螺栓型晶闸管额定电流一般为 5～200A；平板型晶闸管用于额定电流 200A 以上；模块型晶闸管额定电流可达数百安培。晶闸管由于体积小、安装方便，常用于紧凑型设备中。晶闸管工作时，由于器件损耗会产生热量，需要通过散热器降低管芯温度，器件外形是为便于安装散热器而设计的。

图 1-3 晶闸管的符号及外形

晶闸管的散热器如图 1-4 所示。

图 1-4　晶闸管的散热器

## 1.1.2　晶闸管的工作原理

以图 1-5 所示的晶闸管的导通实验电路来说明晶闸管的工作原理。在该电路中，由电源 $E_A$、晶闸管的阳极和阴极、白炽灯组成晶闸管主电路，由电源 $E_G$、开关 S、晶闸管的门极和阴极组成控制电路（触发电路）。

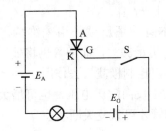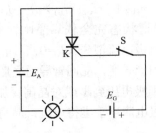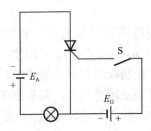

图 1-5　晶闸管的导通实验电路

实验步骤及结果说明如下。

（1）将晶闸管的阳极接电源 $E_A$ 的正极，阴极经白炽灯接电源的负极，此时晶闸管承受正向电压。当控制电路中的开关 S 断开时，灯不亮，说明晶闸管不导通。

（2）当晶闸管的阳极和阴极承受正向电压，控制电路中开关 S 闭合，使控制极也加正向电压（控制极相对阴极）时，灯亮说明晶闸管导通。

（3）当晶闸管导通时，将控制极上的电压去掉（即将开关 S 断开），灯依然亮，说明一旦晶闸管导通，控制极就失去了控制作用。

（4）当晶闸管的阳极和阴极间加反向电压时，不管控制极加不加正向电压，灯都不亮，说明晶闸管截止。如果控制极加反向电压，无论晶闸管主电路加正向电压还是反向电压，晶闸管都不导通。

通过上述实验可知，晶闸管导通必须同时具备以下两个条件。

（1）晶闸管主电路加正向电压。

（2）晶闸管控制电路加合适的正向电压。

晶闸管一旦导通，门极即失去控制作用，故晶闸管为半控型器件。为了使晶闸管关断，必须使其阳极电流减小到一定数值以下（可以通过使阳极电压减小到零或反向的方法，也可以加大主回路电阻值来实现）。

为了进一步说明晶闸管的工作原理，下面通过晶闸管的等效电路来分析。

将内部是四层PNPN结构的晶闸管,看成是由一个PNP型和一个NPN型晶体管连接而成的等效电路,如图1-6所示。

晶闸管的阳极A相当于PNP型晶体管$VT_1$的发射极,阴极K相当于NPN型晶体管$VT_2$的发射极。当晶闸管阳极承受正向电压,控制极也加正向电压时,晶体管$VT_2$处于正向偏置,$E_G$产生的控制极电流$I_G$就是$VT_2$的基极电流$I_{B2}$,$VT_2$的集电极电流$I_{C2}=\beta_2 I_G$。而$I_{C2}$又是晶体管$VT_1$的基极电流$I_{B1}$,$VT_1$的集电极电流$I_{C1}=\beta_1 I_{C2}=\beta_1\beta_2 I_G$($\beta_1$和$\beta_2$分别是$VT_1$和$VT_2$的电流放大系数)。电流$I_{C1}$又流入$VT_2$的基极,再一次被放大。这样循环下去,形成了强烈的正反馈,使两个晶体管很快达到饱和导通,这就是晶闸管的导通过程。导通后晶闸管上的压降很小,电源电压几乎全部加在负载上,晶闸管中流过的电流即负载电流。正反馈过程如下:

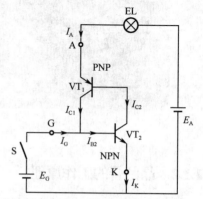

图1-6 晶闸管工作原理的等效电路

$$I_G\uparrow \to I_{B2}\uparrow \to I_{C2}(I_{B1})\uparrow \to I_{C1}\uparrow \to I_{B2}\uparrow$$

在晶闸管导通之后,它的导通状态完全依靠晶闸管本身的正反馈作用来维持,此时$I_{B2}=I_{C1}+I_G$,而$I_{C1}\gg I_G$,即使控制极电流消失($I_G=0$),$I_{B2}$仍足够大,晶闸管仍将处于导通状态。控制极的作用只能触发晶闸管导通,晶闸管导通之后,控制极就失去作用了。

若要晶闸管关断,只有降低阳极电压到零或对晶闸管加上反向阳极电压,也可增大阳极回路的阻抗,使流过晶闸管的阳极电流小于维持电流,晶闸管才可恢复关断状态。

### 1.1.3 晶闸管的特性

晶闸管的伏安特性是指晶闸管阳、阴极间电压$U_A$和阳极电流$I_A$之间的关系特性,如图1-7所示。图1-7中各量的物理意义:$U_{DRM}$、$U_{RRM}$——正、反向断态重复峰值电压;$U_{DSM}$、$U_{RSM}$——正、反向断态不重复峰值电压;$U_{BO}$——正向转折电压;$U_{RO}$——反向击穿电压。

晶闸管的伏安特性包括正向特性(第Ⅰ象限)和反向特性(第Ⅲ象限)两部分。

#### 1. 正向特性

在门极电流$I_G=0$的情况下,逐渐增大晶闸管的正向阳极电压,这时晶闸管处于关断状态,只有很小的正向漏电流。随着正向阳极电压的增加,当达到正向转折电压$U_{BO}$时,漏电流突然剧增,特性从正向关断状态突变为正向导通状态。导通时的晶闸管状态和二极管的正向特性相似,即流过较大的阳极电流,而晶闸管本身的压降却很小。正常工作时,不允许把正向阳极电压加到转折值$U_{BO}$,而是从门极输入触发电流$I_G$,使晶闸管导通。门极电流越大,阳极电压转折点越低(图1-7中$I_{G2}>I_{G1}$)。晶闸管正向导通后,要使晶闸管恢复关断,只有逐步减少阳极电流,当$I_A$小到等于维持电流$I_H$时,晶闸管由导通变为关断。维持电流$I_H$是维持晶闸管导通所需的最小电流。

#### 2. 反向特性

晶闸管的反向特性是指晶闸管的反向阳极电压(阳极相对阴极为负电位)与阳极漏电流的伏安特性。晶闸管的反向特性与一般二极管的反向特性相似。当晶闸管承受反向阳极电压

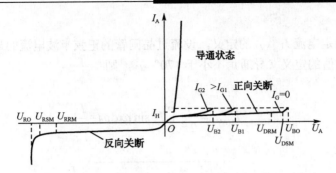

图 1-7 晶闸管的伏安特性曲线

时，晶闸管总是处于关断状态。当反向电压增加到一定数值时，反向漏电流增加较快。再继续增大反向阳极电压，会导致晶闸管反向击穿，造成晶闸管的损坏。

## 1.1.4 晶闸管的主要参数

### 1. 额定电压 $U_{Tn}$

（1）正向重复峰值电压 $U_{DRM}$。在控制极断路和晶闸管正向阻断的条件下，可重复加在晶闸管两端的正向峰值电压称为正向重复峰值电压 $U_{DRM}$。一般规定此电压为正向不重复峰值电压 $U_{DSM}$ 的 80%。

（2）反向重复峰值电压 $U_{RRM}$。在控制极断路时，可以重复加在晶闸管两端的反向峰值电压称为反向重复峰值电压 $U_{RRM}$。此电压取反向不重复峰值电压 $U_{RSM}$ 的 80%。

晶闸管的额定电压则取 $U_{DRM}$ 和 $U_{RRM}$ 的较小值且靠近标准电压等级所对应的电压值。

由于瞬时过电压也会造成晶闸管损坏，因而选择晶闸管的额定电压 $U_{Tn}$ 应为晶闸管在电路中可能承受的最大峰值电压的 2～3 倍。晶闸管额定电压的等级与说明如表 1-1 所示。

表 1-1 晶闸管额定电压的等级与说明

| 级 别 | 额 定 电 压 | 说 明 |
|---|---|---|
| 1，2，3，…，10 | 100，200，300，…，1000 | 额定电压 1000V 以下，每增加 100V，级别数加 1 |
| 12，14，16，… | 1200，1400，1600，… | 额定电压 1000V 以上，每增加 200V，级别数加 2 |

### 2. 额定电流 $I_{T(AV)}$

晶闸管的额定电流 $I_{T(AV)}$ 是指在环境温度为 40℃和规定的散热条件下，晶闸管在电阻性负载的单相、工频（50Hz）、正弦半波（导通角不小于 170°）的电路中，结温稳定在额定值 125℃时所允许的通态平均电流。

值得注意的是，晶闸管是以平均电流而非有效值电流作为它的额定电流，这是因为晶闸管较多用于可控整流电路，而整流电路往往是按直流平均值来计算的。然而，在实际应用中，限制晶闸管最大电流的是晶闸管的工作温度。而晶闸管的工作温度主要由电流的有效值决定，因此要将额定电流 $I_{T(AV)}$ 换算成额定电流

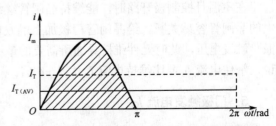

图 1-8 流过晶闸管的工频正弦半波电流波形

有效值 $I_{Tn}$。

根据晶闸管额定电流 $I_{T(AV)}$ 的定义，设流过晶闸管的正弦半波电流的最大值为 $I_m$。依据电流平均值、有效值的定义（导通角不小于170°），则

额定电流为

$$I_{T(AV)} = \frac{1}{2\pi} \int_0^\pi I_m \sin \omega t \, d\omega t = \frac{I_m}{\pi}$$

电流有效值为

$$I_{Tn} = \sqrt{\frac{1}{2\pi} \int_0^\pi (I_m \sin \omega t)^2 d\omega t} = \frac{I_m}{\pi}$$

正弦半波电流的有效值与通态平均值之比为

$$K_f = I_{Tn}/I_{T(AV)} = \pi/2 = 1.57$$

$K_f$ 为波形系数，表明额定电流为 $I_{T(AV)}$ 的晶闸管可以流过 1.57 $I_{T(AV)}$ 的正弦半波电流有效值。在实际应用中，不论流过晶闸管的电流波形如何，导通角有多大，只要流过元件的实际电流最大有效值小于或等于晶闸管的额定有效值，且散热条件符合规定，管芯的发热就能限制在允许范围内。

不同的电流波形有不同的平均值与有效值，波形系数 $K_f$ 也不同。在选用晶闸管的时候，首先要根据晶闸管的额定电流（通态平均电流）求出晶闸管允许流过的电流有效值；然后要求所选晶闸管允许流过的电流有效值大于或等于晶闸管在电路中实际可能通过的最大电流有效值 $I_{Tn}$；考虑元件的过载能力，实际选择时应有 1.5～2 倍的安全裕量。

**3. 通态平均电压 $U_{T(AV)}$**

通态平均电压 $U_{T(AV)}$ 是指在额定通态平均电流和稳定结温下，晶闸管阳、阴极间电压的平均值，一般称为管压降，其范围在 0.4～1.2V 之间。晶闸管正向通态平均电压的组别如表1-2所示。

表 1-2 晶闸管正向通态平均电压的组别

| 正向通态平均电压 | $U_{T(AV)} \leq 0.4V$ | $0.4V < U_{T(AV)} \leq 0.5V$ | $0.5V < U_{T(AV)} \leq 0.6V$ | $0.6V < U_{T(AV)} \leq 0.7V$ | $0.7V < U_{T(AV)} \leq 0.8V$ |
|---|---|---|---|---|---|
| 组别代号 | A | B | C | D | E |
| 正向通态平均电压 | $0.8V < U_{T(AV)} \leq 0.9V$ | $0.9V < U_{T(AV)} \leq 1.0V$ | $1.0V < U_{T(AV)} \leq 1.1V$ | $1.1V < U_{T(AV)} \leq 1.2V$ | |
| 组别代号 | F | G | H | I | |

**4. 维持电流 $I_H$ 和擎住电流 $I_L$**

在室温且控制极开路时，能维持晶闸管继续导通的最小电流称为维持电流 $I_H$。维持电流大的晶闸管容易关断。给晶闸管门极加上触发电压，当元件刚从阻断状态转为导通状态时就撤除触发电压，此时元件维持导通所需要的最小阳极电流称为擎住电流 $I_L$。对同一晶闸管来说，擎住电流 $I_L$ 要比维持电流 $I_H$ 大 2～4 倍。

**5. 门极触发电流 $I_G$**

门极触发电流 $I_G$ 是指在室温下，阳极电压为 6V 直流电压时，使晶闸管从阻断到完全开

通所必需的最小门极直流电流。

#### 6. 门极触发电压 $U_G$

门极触发电压 $U_G$ 是指对应于门极触发电流时的门极触发电压。对于晶闸管的使用者来说，为使触发器适用于所有同型号的晶闸管，触发器送给门极的电压和电流应适当地大于所规定的 $U_G$ 和 $I_G$ 上限值，但不应超过其峰值 $U_{GM}$ 和 $I_{GM}$。门极平均功率 $P_G$，和峰值功率（允许的最大瞬时功率）$P_{GM}$ 也不应超过规定值。

#### 7. 断态电压临界上升率 d$u$/d$t$

在额定结温和门极断路条件下，使器件从断态转入通态的最低电压上升率称为断态电压临界上升率 d$u$/d$t$。

断态电压临界上升率的级别如表 1-3 所示。

表 1-3 断态电压临界上升率的级别

| d$u$/d$t$（V/μs） | 25 | 50 | 100 | 200 | 500 | 800 | 1000 |
|---|---|---|---|---|---|---|---|
| 级别 | A | B | C | D | E | F | G |

#### 8. 通态电流临界上升率 d$i$/d$t$

在规定条件下，由门极触发晶闸管使其导通时，晶闸管能够承受而不导致损坏的通态电流的最大上升率称为通态电流临界上升率 d$i$/d$t$。晶闸管所允许的最大电流上升率应小于此值。通态电流临界上升率的级别如表 1-4 所示。

表 1-4 通态电流临界上升率的级别

| d$i$/d$t$（A/μs） | 25 | 50 | 100 | 150 | 200 | 300 | 500 |
|---|---|---|---|---|---|---|---|
| 级别 | A | B | C | D | E | F | G |

另外，还有晶闸管的开通与关断时间等参数。

### 1.1.5 晶闸管的型号和简单测试

#### 1. 普通晶闸管的型号

按国家 JB 1144—1975 规定，国产普通晶闸管型号中各部分的含义如下：

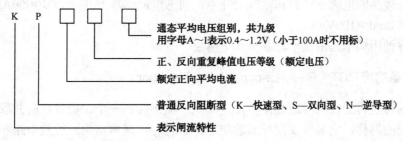

例如，KP100-10H 表示额定电流为 100A，额定电压为 1000V，管压降为 1.1V 的普通晶闸管。

### 2. 用万用表进行晶闸管的简单测试

（1）晶闸管电极的判定。螺栓型、平板型晶闸管从外观上很容易判断，螺栓型的螺栓端为阳极，另一主接线端为阴极，控制极（门极）比阴极细小；平板型晶闸管的金属圆环靠近阴极，另一端为阳极，控制极则用辫子形状的金属软线引出。

（2）晶闸管好坏的简单判别。根据 PN 结的单向导电原理，对于晶闸管的三个电极，用万用表欧姆挡测试元器件的三个电极之间的阻值，可初步判断管子是否完好。

① 由于晶闸管在其门极未加触发电压时是关断的，如用数字万用表二极管挡（带蜂鸣器）测量阳极 A 和阴极 K 之间的电阻，其正、反向电阻应该都很大，在几百千欧以上，且正、反向电阻相差很小。

② 其次，用万用表的红表棒（该端接内部电池的正端）接到阳极，黑表棒接到阴极，在这种情况下，将红表棒移动一点，使其刚好碰到控制极上（操作要点是红表棒固定接在阳极，同时触碰一下控制极）。这样，晶闸管将成为导通状态，万用表的度数有变化。

③ 用同一挡测量控制极 G 和阴极 K 之间的阻值，其正向电阻应小于或接近于反向电阻，这样的晶闸管是好的。

如果阳极与阴极或阳极与控制极间有短路，阴极与控制极间为短路或断路，则晶闸管是坏的。

## 1.1.6 晶闸管的其他派生器件

### 1. 快速晶闸管 FST（Fast switching Thyristor）

快速晶闸管是为提高工作频率、缩短开关时间、提高允许电流上升率而采用特殊工艺制造的并可以在 400Hz 以上频率工作的晶闸管。它主要用于较高频率的整流、斩波、逆变和变频电路。快速晶闸管包括常规的快速晶闸管和工作频率更高的高频晶闸管两种。

快速晶闸管在额定频率内其额定电流不随频率的增加而下降或下降很少。而普通晶闸管在 400Hz 以上时，因开关损耗随频率的提高而增大，并且在总损耗中所占比重也增加，所以，其额定电流随频率增加而急速下降。快速晶闸管的外观、电气符号、基本结构、伏安特性与普通晶闸管相同。快速晶闸管的特点如下。

（1）开通时间和关断时间比普通晶闸管短。一般开通时间为 1～2μs，关断时间为 10～60μs。

（2）开关损耗小。

（3）允许较高的电流上升率和电压上升率。通态电流临界上升率 $di/dt ≥ 100 A/\mu s$，断态电压临界上升率 $du/dt ≥ 100 V/\mu s$。

（4）允许使用频率范围几十赫兹至几千赫兹。

### 2. 逆导晶闸管 RCT（Reverse-conducting Thyristor）

逆导晶闸管也称为反向导通晶闸管，是将一个晶闸管和一个二极管反向并联集成在同一硅片上而构成的器件，它具有反向导通的能力。其符号、基本结构、等效电路和伏安特性如图 1-9 所示。

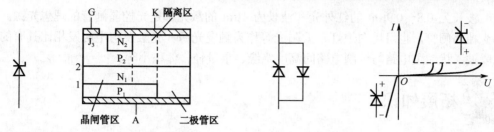

(a) 逆导晶闸管的符号　　(b) 逆导晶闸管的结构　　(c) 逆导晶闸管的等效电路　　(d) 逆导晶闸管的伏安特性

图 1-9　逆导晶闸管的符号、基本结构、等效电路和伏安特性

逆导晶闸管的工作原理与普通晶闸管相同，即用正的门极信号来实现器件开通。在逆导晶闸管的电路中，晶闸管与二极管是交替工作的，晶闸管通过正向电流，二极管通过反向电流。逆导晶闸管有两个特性参数应注意。

（1）两个额定电流：一个是晶闸管电流，另一个是整流二极管电流，一般用分数表示。前者列于分子，后者列于分母，如 300/150A。它们之间的比值主要决定于不同应用的要求，用于逆变器时，电流比在 2∶1～1∶1 之间；用于斩波器时，电流比为 3∶1。

（2）反向恢复电流下降率 $-di/dt$。$-di/dt$ 越大，元件换流能力越强。因当逆导晶闸管流过反向恢复电流关断后，二极管区的换流电流仍然存在，如果这个换流电流变化很快，变化率很大，有可能穿过隔离区流入晶闸管区，使已关断的晶闸管重新导通，导致换流失败。使用中需保证不超过元件规定的 $di/dt$ 值。

与普通晶闸管相比较，逆导晶闸管具有正向压降小、关断时间短、高温特性好、额定结温高等优点。由于逆导晶闸管等效于反并联的普通晶闸管和整流二极管，因此在使用时，使器件的数目减少、装置体积缩小、重量减轻、价格降低和配线简单，特别是消除了整流管的配线电感，使晶闸管承受的反向偏置时间增加。但也因晶闸管和整流管制作在同一管芯上，故存在相互影响的问题。

**3. 光控晶闸管 LCT（Light-control Thyristor）**

光控晶闸管是一种以光信号代替电信号来进行触发导通的特殊晶闸管，其结构也是由 $P_1N_1P_2N_2$ 四层构成的，光控晶闸管的工作原理基本等同于普通晶闸管器件，不同的只是 $J_2$ 结及附近区域在光能的激发下，可产生大量的电子和空穴，在外加电压作用下穿过 $J_2$ 阻挡层，起到了普通晶闸管注入 $I_G$ 的作用，使光控晶闸管触发导通。光控晶闸管的结构、电气符号及伏安特性如图 1-10 所示，与普通晶闸管类似，只不过伏安特性的转折电压是随光照强度的增大而降低。

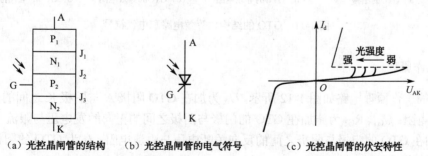

(a) 光控晶闸管的结构　　(b) 光控晶闸管的电气符号　　(c) 光控晶闸管的伏安特性

图 1-10　光控晶闸管的结构、电气符号及伏安特性

波长为 0.8～0.9μm 的红外光和波长为 1μm 的激光都是光控晶闸管的理想光源。对小功率光控晶闸管，也可用白炽灯、太阳光等作为触发光源。光触发与电触发相比具有的优点：抗噪波干扰、主电路与控制电路间高度绝缘、重量轻、体积小等。

## 1.2 门极可关断晶闸管（GTO）

可关断晶闸管是门极可关断晶闸管的简称，常写作 GTO，它具有普通晶闸管的全部优点，如耐压高、电流大、耐浪涌能力强、使用方便和价格低等。同时它又具有自身的优点，如具有自关断能力、工作效率较高、使用方便、无须辅助关断电路等。GTO 可用门极信号控制其关断，是一种应用广泛的大功率全控型开关器件，在高电压和大、中容量的斩波器及逆变器中获得了广泛应用。

### 1.2.1 GTO 的结构和工作原理

#### 1. 基本结构

GTO 也是四层 PNPN 结构、三端引出线（A、K、G）的器件。但和普通晶闸管不同的是，GTO 内部可看成由许多 $P_1N_1P_2N_2$ 四层结构的小晶闸管并联而成的，这些小晶闸管的门极和阴极并联在一起，成为 GTO 元，所以 GTO 是多元功率集成器件，而普通晶闸管是独立元件结构。正是由于 GTO 和普通晶闸管在结构上的不同，因而在关断性能上也不同。GTO 的结构、等效电路及电气符号如图 1-11 所示。GTO 的外形与普通晶闸管相同。

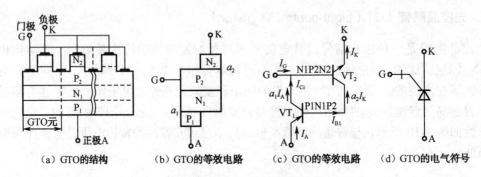

（a）GTO 的结构　　（b）GTO 的等效电路　　（c）GTO 的等效电路　　（d）GTO 的电气符号

图 1-11　GTO 的结构、等效电路和电气符号

#### 2. 工作原理

GTO 的工作原理电路如图 1-12 所示，$U_A$ 为加在 GTO 阳极 A 与阴极 K 之间的正向电压；$R_A$ 为负载电阻；$U_{G1}$、$R_{G1}$ 为施加在 GTO 的门极与阴极之间的正向触发电压与限流电阻；$U_{G2}$、$R_{G2}$ 为施加在 GTO 的门极与阴极之间的反向关断电压与限流电阻；$I_A$ 为 GTO 的阳极电流；$I_G$ 为 GTO 的门极电流。

当图 1-12 中开关 S 置于"1"时，$I_G$ 是正向触发电流，控制 GTO 导通；当 S 置于"2"时，则门极加反向触发电流，控制 GTO 关断。

GTO 的开通原理与普通晶闸管相同。在 GTO 的门极和阴极两端加正电压，GTO 导通，所有 GTO 元中两个等效晶体管均饱和。与普通晶闸管不同的是，可用门极加负电压控制 GTO 关断，使饱和的等效晶体管退出饱和，恢复门极控制能力。为提高 GTO 的关断灵敏度，应使等效晶体管的饱和深度较浅。

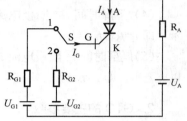

图 1-12  GTO 的工作原理电路

如图 1-12 所示，在 G、K 间加反向电压 $U_{G2}$ 时，则从门极 G 向外抽出电流，$J_3$ 结若能维持反偏状态，使 $J_3$ 结迅速恢复阻断能力，则 GTO 被关断。根据 GTO 的参数可知，欲使 GTO 关断，必须从门极抽出相当于阳极电流 25%～30% 的值。例如，1500V/1000A 的元件，要有 250A 左右的负门极电流。但此电流为脉冲电流，它需要大电流的时间仅为 20μs 左右，依靠电容器上充电电荷放电就可以实现。

### 1.2.2  GTO 的特性和主要参数

**1. GTO 的开关特性**

GTO 在开通和关断过程中，其门极电流和阳极电流的波形如图 1-13 所示，$i_G$ 是门极电流，$i_A$ 是阳极电流。GTO 开通过程与普通晶闸管相似。关断过程是通过在 GTO 门极上施加关断脉冲实现的。例如，将开通触发时刻定为 $t_0$，阳极电流达到稳定电流 10% 的时刻定为 $t_1$，阳极电流上升到稳定电流 90% 的时刻定为 $t_2$，施加关断触发脉冲时刻定为 $t_3$，阳极电流下降到稳定电流的 90% 时刻定为 $t_4$，阳极电流下降到稳定电流的 10% 时刻定为 $t_5$，阳极电流下降到漏电流时刻定为 $t_6$，则 GTO 开关时间定义如下。

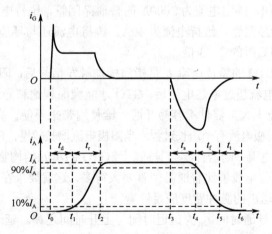

图 1-13  GTO 的门极电流和阳极电流的波形

（1）延迟时间 $t_d$：从施加触发电流时刻起，到阳极电流 $i_A$ 上升到稳定电流 10% 时刻止，这段时间称为延迟时间，以 $t_d$ 表示，即 $t_d = t_1 - t_0$。

（2）上升时间 $t_r$：阳极电流 $i_A$ 从稳定值的 10% 增加到 90% 所需要的时间称为上升时间，以 $t_r$ 表示，即 $t_r = t_2 - t_1$。

(3) 储存时间 $t_s$：从施加负脉冲时刻起，到阳极电流 $i_A$ 下降到稳定值 90%的时间称为储存时间，以 $t_s$ 表示，即 $t_s=t_4-t_3$。

(4) 下降时间 $t_f$：阳极电流 $i_A$ 从稳定值的 90%下降到 10%的时间称为下降时间，以 $t_f$ 表示，即 $t_f=t_5-t_4$。

(5) 尾部时间 $t_t$：阳极电流 $i_A$ 从稳定值的 10%到 GTO 恢复阻断能力的时间称为尾部时间，以 $t_t$ 表示，即 $t_t=t_6-t_5$。

### 2．GTO 的主要参数

GTO 的主要参数与普通晶闸管基本相同。

（1）反向重复峰值电压 $U_{RRM}$。目前，生产的 GTO 大多属于逆导型，不具备反向阻断能力。这是因为 GTO 大多用于逆变、降压式电压变换等电路中。在 GTO 关断时没有必要在阳极和阴极间加强制的反向电压，因此在这些电路中，对 GTO 反向耐压的能力要求不高。若将 GTO 应用于整流电路中，则要求正、反向耐压水平相同，这种情况下应选用逆阻型 GTO；若仍选用逆导型 GTO，则应串联电力二极管。

（2）最大可关断阳极电流 $I_{ATO}$。GTO 的最大阳极电流受发热与饱和深度两个因素限制。阳极电流过大，内部晶体管饱和深度加深，使门极关断失效。所以，GTO 必须规定一个最大可关断阳极电流，也就是 GTO 的铭牌电流。

（3）关断增益 $\beta_{off}$。最大可关断阳极电流 $I_{ATO}$ 与门极负脉冲电流最大值 $I_{GM}$ 之比称为电流关断增益 $\beta_{off}$，即

$$\beta_{off} = I_{ATO}/I_{GM}$$

$\beta_{off}$ 一般很小，只有 3～5，这是 GTO 的一个主要缺点。1000A 的 GTO 关断时，门极负脉冲电流峰值要达到 200A。

（4）维持电流 $I_H$。维持电流 $I_H$ 是指维持 GTO 导通的最小电流。在 GTO 导通后，若阳极电流小于维持电流 $I_H$，则 GTO 由通态转入断态。根据 GTO 的多元集成构造，其维持电流比普通晶闸管大很多。例如，额定电流为 3000A 的普通晶闸管，维持电流约为 300mA，而额定电流为 2700A 的可关断晶闸管，维持电流为 40A。维持电流还与环境温度有密切关系，如在 40℃时的维持电流为 25℃时的 2～3 倍。

（5）擎住电流 $I_L$。GTO 的擎住电流 $I_L$ 是指门极加触发信号后，阳极大面积饱和导通时的临界电流值。只有阳极电流超过擎住电流后，GTO 才能大面积饱和导通，它是导通的临界点。使用 GTO 时，擎住电流太大，器件不容易开通，给使用带来不便。尤其在电感负载情况下，因电感电流不能突变，阳极电流有个增长过程。当阳极电流增长较慢，门极信号已消失时，GTO 的阳极电流仍小于擎住电流，则器件不会导通。因 GTO 的单元结构临界导通程度高，故相同电流等级的 GTO，其擎住电流值比普通晶闸管要大得多，这就要求在电感性负载时，GTO 的门极正向触发驱动电路送出的脉冲宽度应足够宽。

（6）导通时间 $t_{on}$。导通时间 $t_{on}$ 为延迟时间与上升时间之和。延迟时间一般为 1～2μs，上升时间则随通态阳极电流值的增大而增大。

（7）关断时间 $t_{off}$。一般指储存时间和下降时间之和，不包括尾部时间。GTO 的储存时间随阳极电流的增大而增大，下降时间一般小于 2μs。

## 1.3 功率场效应晶体管（MOSFET）

功率场效应晶体管（Power Metal Oxide Semiconductor Field Effect Transistor，MOSFET）。其特点是：属于电压型全控器件、栅极静态内阻极高（$10^9\Omega$）、驱动功率很小、工作频率高、热稳定性好、无二次击穿、安全工作区宽等；但 MOSFET 的电流容量小、耐压低、功率不易做得过大，常用于中、小功率开关电路中。

### 1.3.1 MOSFET 的结构和工作原理

**1. MOSFET 的结构**

MOSFET 和小功率 MOS 管导电机理相同，但在结构上有较大的区别。小功率 MOS 管是一次扩散形成的器件，其栅极 G、源极 S 和漏极 D 在芯片的同一侧。而 MOSFET 主要采用立式结构，其 3 个外引电极与小功率 MOS 管相同，为栅极 G、源极 S 和漏极 D，但不在芯片的同一侧。MOSFET 的导电沟道分为 N 沟道和 P 沟道，栅偏压为零时漏源极之间就存在导电沟道的称为耗尽型，栅偏压大于零（N 沟道）才存在导电沟道的称为增强型。

MOSFET 的电气符号如图 1-14 所示，图 1-14（a）表示 N 沟道 MOSFET，电子流出源极；图 1-14（b）表示 P 沟道 MOSFET，空穴流出源极。

从结构上看，MOSFET 还含有一个由 S 极下的 P 区和 D 极下的 N 区形成的寄生二极管，该寄生二极管的阳极和阴极就是 MOSFET 的 S 极和 D 极，它是与 MOSFET 不可分割的整体，使 MOSFET 无反向阻断能力。图 1-14 中所示的虚线部分为寄生二极管。

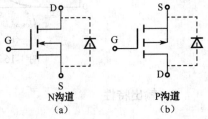

图 1-14 MOSFET 的电气符号

**2. MOSFET 的工作原理**

（1）当栅源电压 $u_{GS}=0$ 时，栅极下的 P 型区表面呈现空穴堆积状态，不可能出现反型层，无法沟通漏源极。此时，即使在漏源极之间施加电压，MOS 管也不会导通。MOSFET 结构示意图如图 1-15（a）所示。

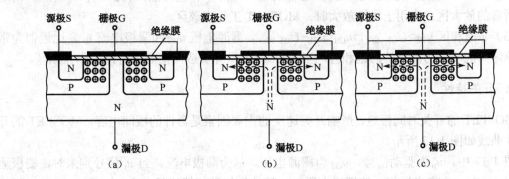

图 1-15 MOSFET 结构示意图

（2）当栅源电压 $u_{GS}>0$ 且不够充分时，栅极下面的 P 型区表面呈现耗尽状态，还是无法沟通漏源极，此时 MOS 管仍保持关断状态，如图 1-15（b）所示。

（3）当栅源电压 $u_{GS}$ 达到或超过一定值时，栅极下面的硅表面从 P 型反型成 N 型，形成 N 型沟道把源区和漏区联系起来，从而把漏源极沟通，使 MOS 管进入导通状态，如图 1-15（c）所示。

### 1.3.2 MOSFET 的特性

**1. 转移特性**

转移特性是指 MOSFET 的输入栅源电压 $u_{GS}$ 与输出漏极电流 $i_D$ 之间的关系，如图 1-16 所示，当 $u_{GS}<U_{GS(th)}$ 时，$i_D$ 近似为零；当 $u_{GS}>U_{GS(th)}$ 时，随着 $u_{GS}$ 的增大，$i_D$ 也越大。当 $i_D$ 较大时，$i_D$ 与 $u_{GS}$ 的关系近似为线性，曲线的斜率被定义为跨导 $g_m$，则有

$$g_m = di_D/du_{GS}$$

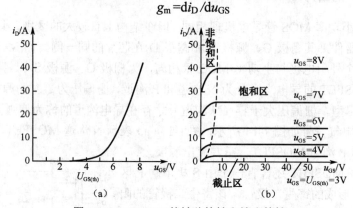

图 1-16 MOSFET 的转移特性和输出特性

**2. 输出特性**

输出特性是指以栅源电压 $u_{GS}$ 一定时，漏极电流 $i_D$ 与漏源电压 $u_{DS}$ 之间关系的曲线族，如图 1-16（b）所示，MOSFET 有 3 个工作区。

（1）截止区：$u_{GS} \leq U_{GS(th)}$，$i_D=0$，这和电力晶体管的截止区相对应。

（2）饱和区：$u_{GS}>U_{GS(th)}$，$u_{DS} \geq u_{GS}-U_{GS(th)}$，当 $u_{GS}$ 不变时，$i_D$ 几乎不随 $u_{DS}$ 的增加而增加，近似为一个常数，故称为饱和区。这里的饱和区并不和电力晶体管的饱和区对应，而对应于后者的放大区。当用于线性放大时，MOSFET 工作在该区。

（3）非饱和区 $u_{GS}>U_{GS(th)}$，$u_{DS}<u_{GS}-U_{GS(th)}$，漏源电压 $u_{DS}$ 和漏极电流 $i_D$ 之比近似为常数。该区对应于电力晶体管的饱和区，当 MOSFET 做开关应用而导通时即工作在该区。

**3. 开关特性**

MOSFET 的开关时间很短，影响开关速度的主要因素是器件的极间电容。MOSFET 的开关特性曲线如图 1-17 所示。

图 1-17 中，$u_p$ 为驱动信号，$u_{GS}$ 为栅源电压，$i_D$ 为漏极电流。当 $u_p$ 信号到来时，栅极输入电容 $C_{in}$ 有一个充电过程，使栅极电压 $u_{GS}$ 只能按指数规律增长。当 $u_{GS}=U_{GS(th)}$ 时，开始形成导电沟道，出现漏极电流 $i_D$，这段时间称为开通延迟时间 $t_d$。以后 $u_{GS}$ 继续按指数规律增长，$i_D$ 也随之增长，MOS 管内沟道夹断长度逐渐缩短。当 MOS 管脱离预夹断状态后，$i_D$ 不再随沟道宽度增加而增大，到达其稳定值。漏极电流从零上升到稳定值所需时间称为上升时

间 $t_r$，故 MOSFET 的开通时间为 $t_{on}=t_d+t_r$。

当 $u_p$ 信号下降为零后，MOSFET 开始进入关断过程，输入电容 $C_m$ 上的储存电荷将通过驱动信号源的内阻和栅极电阻 $R_G$ 放电，使栅源电压 $u_{GS}$ 按指数规律下降，导电沟道随之变窄，直到沟道缩小到预夹断状态（此时栅源电压下降到 $U_{GS(th)}$），$i_D$ 电流才开始减少，这段时间称为关断延迟时间 $t_s$。以后 $C_m$ 会继续放电，$u_{GS}$ 继续下降，沟道夹断区增长，$i_D$ 亦继续下降，直到 $u_{GS}<U_{GS(th)}$，沟道消失，$i_D=0$。漏极电流从稳定值下降到零所需时间称为下降时间 $t_f$，故 MOSFET 的关断时间为：$t_{off}=t_s+t_f$。$i_D=0$ 后，$C_m$ 继续放电，直至 $u_{GS}=0$ 为止，完成一次开关周期。

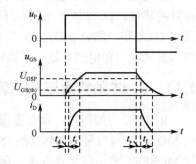

图 1-17  MOSFET 的开关特性曲线

由上可见，MOSFET 的开关速度和其输入电容的充放电时间有很大关系，使用者虽无法降低 $C_m$ 的值，但可降低驱动信号源的内阻，从而减少栅极回路的充放电时间常数，加快开关速度。MOSFET 的工作频率可达 100kHz 以上，是各种电力电子器件中最高的。

**4. 主要参数**

（1）漏源电压 $u_{DS}$：即 MOSFET 的额定电压，选用时必须留有较大的安全裕量。

（2）漏极最大允许电流 $I_{DM}$：即 MOSFET 的额定电流，其大小主要受 MOSFET 元件的温升限制。

（3）栅源电压 $u_{GS}$：栅极与源极之间的绝缘层很薄，承受电压很低，一般不得超过 20V，否则绝缘层可能被击穿而损坏，使用中应加以注意。

为了安全可靠，在选用 MOSFET 时，对电压、电流的额定等级都应留有足够的裕量。

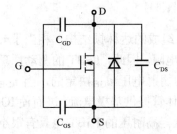

图 1-18  MOSFET 极间电容的等效电路

（4）极间电容：MOSFET 极间电容包括 $C_{GS}$、$C_{GD}$ 和 $C_{DS}$，其中 $C_{GS}$ 为栅源电容，$C_{GD}$ 是栅漏电容，它们是由器件结构中的绝缘层形成的；$C_{DS}$ 是漏源电容，它是由 PN 结形成的。MOSFET 极间电容的等效电路如图 1-18 所示。

元器件生产厂家通常给出输入电容 $C_{in}$、输出电容 $C_{out}$ 和 $C_f$，它们与各极间电容的关系表达式：

$$C_{in} = C_{GS} + C_{GD}$$
$$C_{ou} = C_{DS} + C_{GD}$$
$$C_f = C_{GD}$$

以上电容的数值均与漏源电压 $u_{DS}$ 有关，$u_{DS}$ 越高，极间电容就越小。当 $u_{DS}>25V$ 时，各电容值趋于恒定。

## 1.4 绝缘栅双极型晶体管（IGBT）

绝缘栅双极晶体管（Insulated-Gate Bipolar Transistor，IGBT）是一种复合型电力电子器件。它结合了 MOSFET 和电力晶体管 GTR 的特点，既具有输入阻抗高、速度快、热稳定性好和驱动电路简单的优点,又具有输入通态电压低、耐压高和承受电流大的优点,因而具有良好的特性。自 1986 年 IGBT 开始投入市场以来,就迅速扩展了其应用领域,目前已取代了原来 GTR 和一部分 MOSFET 的市场,成为中、小功率电力电子设备的主导器件,并在继续努力提高电压和电流容量,以期再取代 GTO 的地位。

### 1.4.1 IGBT 的结构与工作原理

IGBT 是三端器件。具有栅极 G、集电极 C 和发射极 E。图 1-19(a)给出了一种由 N 沟道 MOSFET 与双极型晶体管组合而成的 IGBT 的基本结构。与图 1-15(a)对照可以看出,IGBT 比 MOSFET 多一层 $P^+$ 注入区,因而形成了一个大面积的 PN 结 $J_1$。这样使得 IGBT 导通时由 $P^+$ 注入区向 N 基区发射载流子,从而对漂移区电导率进行调制,使得 IGBT 具有很强的通流能力。

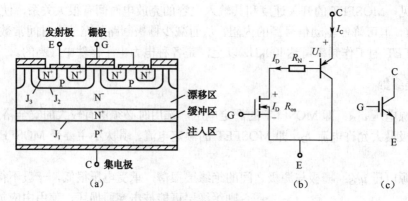

图 1-19 IGBT 的结构、等效电路和电气符号

从图 1-19 可以看出,这是用双极型晶体管与 MOSFET 组成的达林顿结构,相当于一个由 MOSFET 驱动的 PNP 晶体管,$R_N$ 为晶体管基区内的调制电阻。因此,IGBT 的驱动原理与 MOSFET 基本相同,它是一种场控器件,其开通和关断是由栅射电压 $u_{GE}$ 决定的,当 $u_{GE}$ 为正且大于开启电压 $U_{GE(th)}$ 时,MOSFET 内形成沟道,并为晶体管提供基极电流,进而使 IGBT 导通。由于前面提到的电导调制效应,使得电阻 $R_N$ 减小,这样高耐压的 IGBT 也具有很小的通态压降。当栅极与发射极间施加反向电压或不加信号时,MOSFET 内的沟道消失,晶体管的基极电流被切断,使得 IGBT 关断。

上述 PNP 晶体管与 N 沟道 MOSFET 组合而成的 IGBT 称为 N 沟道 IGBT,记为 N-IGBT,其电气图形符号如图 1-19(c)所示。相应的还有 P 沟道 IGBT,记为 P-IGBT,将图 1-19(c)中的箭头反向即为 P-IGBT 的电气图形符号。实际当中 N 沟道 IGBT 应用较多,因此下面均以其为例进行介绍。

### 1.4.2 IGBT 的基本特性

#### 1. 静态特性(如图 1-20 所示)

图 1-20(a)所示为 IGBT 的转移特性,它描述的是集电极电流 $i_C$ 与栅射电压 $u_{GE}$ 之间的关系,与 MOSFET 的转移特性类似。开启电压 $U_{GE(th)}$ 是 IGBT 能实现电导调制而导通的最低栅射电压。$U_{GE(th)}$ 随温度升高而略有下降,温度每升高 1℃,其值下降 5mV 左右。在

+25℃时，$U_{GE(th)}$ 的值一般为 2~6V。

图 1-20（b）所示为 IGBT 的输出特性，也称为伏安特性，它描述的是以栅射电压为参考变量时，集电极电流 $i_C$ 与集射电压 $u_{CE}$ 之间的关系。IGBT 的输出特性也分为三个区域：正向阻断区、有源区和饱和区。这分别与三极管的截止区、放大区和饱和区相对应。此外，当 $u_{CE}<0$ 时，IGBT 为反向阻断工作状态。在电力电子电路中，IGBT 工作在开关状态，因而是在正向阻断区和饱和区之间来回转换。

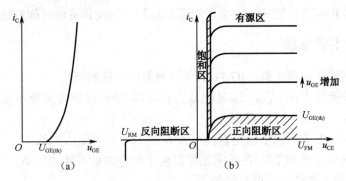

图 1-20 IGBT 的转移特性和输出特性

### 2. 动态特性

IGBT 开关过程如图 1-21 所示。IGBT 的开通过程与 MOSFET 的开通过程很相似，这是因为 IGBT 在开通过程中大部分时间是作为 MOSFET 来运行的。如图 1-21 所示，从驱动电压 $u_{CE}$ 的前沿上升至其幅值的 10% 的时刻，到集电极电流 $i_C$ 上升至其幅值的 10% 的时刻止，这段时间为开通延迟时间 $t_{d(on)}$。而 $i_C$ 从 $10\%I_{CM}$ 上升至 $90\%I_{CM}$ 所需时间为电流上升时间 $t_r$。同样，开通时间 $t_{on}$ 为开通延迟时间与电流上升时间之和。开通时，集射电压 $u_{CE}$ 的下降过程分为 $t_{fv1}$ 和 $t_{fv2}$ 两段。前者为 IGBT 中 MOSFET 单独工作的电压下降过程；后者为 MOSFET 和 PNP 晶体管同时工作的电压下降过程。由于 $v_{CE}$ 下降时 IGBT 中 MOSFET 的栅漏电容增加，而且 IGBT 中的 PNP 晶体管由放大状态转入饱和状态也需要一个过程，因此 $t_{fv2}$ 段电压下降过程变缓。只有在 $t_{fv2}$ 段结束时，IGBT 才完全进入饱和状态。

IGBT 关断时，从驱动电压 $u_{GE}$ 的脉冲后沿下降到其幅值的 90% 的时刻起，到集电极电流下降至 $90\%I_{CM}$ 止，这段时间为关断延迟时间 $t_{d(off)}$；集电极电流从 $90\%I_{CM}$ 下降至 $10\%I_{CM}$ 的这段时间为电流下降时间。二者之和为关断时间 $t_{off}$。电流下降时间可以分为 $t_{fi1}$ 和 $t_{fi2}$ 两段。其中，$t_{fi1}$ 对应 IGBT 内部的 MOSFET 的关断过程，这段时间集电极电流 $i_C$ 下降较快；$t_{fi2}$ 对应 IGBT 内部的 PNP 晶体管的关断过程，这段时间内 MOSFET 已经关断，IGBT 又无反向电压，

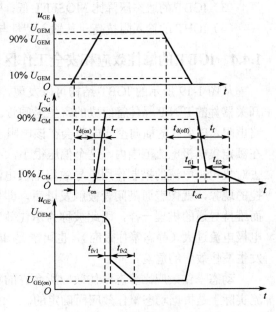

图 1-21 IGBT 的开关过程

所以 N 基区内的载流子复合缓慢，造成 $i_C$ 下降较慢。由于此时集射电压已经建立，因此较长的电流下降时间会产生较大的关断损耗。为解决这一问题，通过减轻饱和程度来缩短电流下降时间，不过同样也需要与通态压降折中。

可以看出，IGBT 中双极型 PNP 晶体管的存在，虽然带来了电导调制效应的好处，但也引入了载流子储存现象，因而 IGBT 的开关速度要低于 MOSFET。

此外，IGBT 的击穿电压、通态压降和关断时间也是需要折中的参数。高压器件的 N 基区必须有足够宽度和较高电阻率，这会引起通态压降的增大和关断时间的延长。

### 1.4.3 IGBT 的主要参数

除了前面提到的各参数之外，IGBT 的主要参数还包括如下。

（1）最大集射极间电压 $U_{CES}$：这是由器件内部的 PNP 晶体管所能承受的击穿电压所确定的。

（2）最大集电极电流：包括额定直流电流 $I_C$ 和 1ms 脉宽最大电流 $I_{CP}$。

（3）最大集电极功耗 PCM：在正常工作温度下允许的最大耗散功率。

IGBT 的特性和参数特点可以总结如下。

（1）IGBT 开关速度高，开关损耗小。有关资料表明，在电压 1000V 以上时，IGBT 的开关损耗只有电力三极管的 1/10，与 MOSFET 相当。

（2）在相同电压和电流定额的情况下，IGBT 的安全工作区比较大，而且具有耐脉冲电流冲击的能力。

（3）IGBT 的通态压降比 MOSFET 低，特别是在电流较大的区域。

（4）IGBT 的输入阻抗高，其输入特性与 MOSFET 类似。

### 1.4.4 IGBT 的擎住效应和安全工作区

从图 1-19 所示的 IGBT 结构可以发现，在 IGBT 内部寄生着一个 $N^+PN^+$ 晶体管和作为主开关器件的 $P^+NP$ 晶体管组成的寄生晶闸管。其中，NPN 晶体管的基极与发射极之间存在短路电阻，P 型区的横向空穴电流会在该电阻上产生压降，相当于对 $J_3$ 结施加一个正向偏压，在额定集电极电流范围内，这个偏压很小，不足以使 $J_3$ 开通，然而一旦 $J_3$ 开通，栅极就会失去对集电极电流的控制作用，导致集电极电流增大，造成器件功耗过高而损坏。这种电流失控的现象，就像普通晶闸管被触发以后，即使撤销触发信号，晶闸管仍然因进入正反馈过程而维持导通的机理一样，因此被称为擎住效应或自锁效应。引发擎住效应的原因，可能是集电极电流过大（静态擎住效应），也可能是 $du_{GE}/dt$ 过大（动态擎住效应），温度升高也会加重发生擎住效应的危险。

动态擎住效应比静态擎住效应所允许的集电极电流还要小，因此所允许的最大集电极电流实际上是根据动态擎住效应而确定的。

根据最大集电极电流、最大集射极间电压和最大集电极功耗，可以确定 IGBT 在导通工作状态的参数极限范围，即正向偏置安全工作区；根据最大集电极电流、最大集射极间电压和最大允许电压上升率 $du_{GE}/dt$，可以确定 IGBT 在阻断工作状态下的参数极限范围，即反向偏置安全工作区。

擎住效应曾经是限制 IGBT 电流容量进一步提高的主要因素之一，但经过多年的努力，自 20 世纪 90 年代中后期开始，这个问题已得到了极大的改善，促进了 IGBT 研究和制造水平的迅速提高。

此外，为了满足实际电路中的要求，IGBT 往往与反并联的快速二极管封装在一起制成模块，成为逆导器件，选用时应加以注意。

## 1.5 其他新型电力电子器件

### 1. MOS 控制晶闸管（MCT）

MCT 是将 MOSFET 与晶闸管组合而成的复合型器件。MCT 将 MOSFET 的高输入阻抗、低驱动功率、快速的开关过程和晶闸管的高电压、大电流、低导通压降的特点结合起来，也是 Bi-MOS 器件的一种。一个 MCT 器件由数以万计的 MCT 元组成，每个元由一个 PNPN 晶闸管、一个控制该晶闸管开通的 MOSFET 和一个控制该晶闸管关断的 MOSFET 组成。

MCT 具有高电压、大电流、高载流密度、低通态压降的特点。其通态压降只有 GTR 的 1/3 左右，硅片的单位面积连续电流密度在各种器件中是最高的。另外，MCT 可承受极高的 $di/dt$ 和 $du/dt$，使得其保护电路可以简化。MCT 的开关速度超过 GTR，开关损耗也小。MCT 曾一度被认为是一种最有发展前途的电力电子器件。因此，20 世纪 80 年代以来一度成为研究的热点。但经过多年的努力，其关键技术问题没有大的突破，电压和电流容量都远未达到预期的数值，所以未能投入实际应用。而其竞争对手 IGBT 却进展迅速，因此目前从事 MCT 研究的人不是很多。

### 2. 静电感应晶体管（SIT）

SIT 诞生于 1970 年，实际上是一种结型场效应晶体管。将用于信息处理的小功率 SIT 器件的横向导电结构改为垂直导电结构，即可制成大功率的 SIT 器件。SIT 工作频率与 MOSFET 相当，甚至超过 MOSFET，而功率容量也比 MOSFET 大，因而适用于高频大功率场合，目前已在雷达通信设备、超声波功率放大、脉冲功率放大和高频感应加热等某些专业领域获得了较多的应用。

但是，SIT 在栅极不加任何信号时是导通的，栅极加负偏压时关断，这被称为正常导通型器件，使用不太方便。此外，SIT 通态电阻较大，使得通态损耗也大，因此 SIT 还未在大多数电力电子设备中得到广泛应用。

### 3. 静电感应晶闸管（SITH）

SITH 诞生于 1972 年，是在 SIT 的漏极层上附加一层与漏极层导电类型不同的发射极层而得到的。因为其工作原理也与 SIT 类似，门极和阳极电压均能通过电场控制阳极电流，因此 SITH 又称为场控晶闸管 FCT（Field Controlled Thyristor）。由于比 SIT 多了一个具有载流子注入功能的 PN 结，因而 SITH 是两种载流子导电的双极型器件，具有电导调制效应，通态压降低、通流能力强。其很多特性与 GTO 类似，但开关速度比 GTO 高得多，是大容量的快速器件。

SITH 一般也是正常导通型，但也有正常关断型。此外，其制造工艺比 GTO 复杂得多，电流关断增益较小，因而其应用范围还有待拓展。

### 4. 集成门极换流晶闸管（IGCT）

IGCT 有的厂家也称为 GCT，即门极换流晶闸管，是 20 世纪 90 年代后期出现的新型电力电子器件。IGCT 将 IGBT 与 GTO 的优点结合起来，其容量与 GTO 相当，但开关速度比 GTO 快 10 倍，而且可以省去 GTO 应用时庞大而复杂的缓冲电路，只不过它所需的驱动功率仍然很大。目前，IGCT 正在与 IGBT 及其他新型器件激烈竞争，试图最终取代 GTO 在大功率场合的位置。

### 5. 功率模块与功率集成电路

自 20 世纪 80 年代中后期开始，在电力电子器件研制和开发中的一个共同趋势是模块化。正如前面有些地方提到的，按照典型电力电子电路所需要的拓扑结构，将多个相同的电力电子器件或多个相互配合使用的不同电力电子器件封装在一个模块中，可以缩小装置体积，降低成本，提高可靠性，更重要的是，对工作频率较高的电路，这可以大大减小线路电感，从而简化对保护和缓冲电路的要求。这种模块称为功率模块（Power Module），或者按照主要器件的名称命名，如 IGBT 模块（IGBT Module）。

更进一步地，如果将电力电子器件与逻辑、控制、保护、传感、检测、自诊断等信息电子电路制作在同一芯片上，则称为功率集成电路 PIC（Power Integrated Circuit）。与功率集成电路类似的还有许多名称，但实际上各自有所侧重。高压集成电路 HVIC（High Voltage IC）一般指横向高压器件与逻辑或模拟控制电路的单片集成。智能功率集成电路 SPIC（Smart Power IC）一般指纵向功率器件与逻辑或模拟控制电路的单片集成。而智能功率模块 IPM（Intelligent Power Module）则一般指 IGBT 及辅助器件与其保护和驱动电路的封装集成，也称为智能 IGBT（Intelligent IGBT）。

高低压电路之间的绝缘问题及温升和散热的有效处理，一度是功率集成电路的主要技术难点。因此，以前功率集成电路的开发和研究主要在中小功率应用场合，如家用电器、办公设备电源、汽车电器等。智能功率模块则在一定程度上回避了这两个难点，只将保护和驱动电路与 IGBT 器件封装在一起，因而最近几年获得了迅速发展。目前，最新的智能功率模块产品已用于高速列车牵引这样的大功率场合。

功率集成电路实现了电能和信息的集成，成为机电一体化的理想接口，具有广阔的应用前景。

## 1.6 电力电子器件的保护

在电力电子电路中，为确保变流电路正常工作，除了适当选择电力电子器件参数、设计良好的驱动电路外，还要采用必要的保护措施，即过电压保护、过电流保护、$du/dt$ 及 $di/dt$ 的限制。

### 1.6.1 晶闸管的过电压保护

晶闸管的过电压能力极差，当元件承受的反向电压超过其反向击穿电压时，即使时间很短，也会造成元器件反向击穿损坏。如果正向电压超过晶闸管的正向转折电压，会引起晶闸管硬开通，它不仅使电路工作失常，且多次硬开通后元器件正向转折电压要降低,甚至失去正向阻断能力而损坏。因此必须抑制晶闸管上可能出现的过电压,采取过电压保护措施。

### 1. 晶闸管关断过电压及其保护

晶闸管从导通到阻断时,和开关电路一样,因线路电感(主要是变压器漏感)释放能量会产生过电压。由于晶闸管在导通期间,载流子充满元件内部,所以元器件在关断过程中,正向电流下降到零时,元器件内部仍残存着载流子。这些积蓄载流子在反向电压作用下瞬时出现较大的反向电流,使积蓄载流子迅速消失,这时反向电流减小的速度极快,即 $di/dt$ 极大。晶闸管关断过程中电流与管压降的变化如图 1-22 所示。

因此,即使和元器件串联的线路电感 $L$ 很小,电感产生的感应电势 $L(di/dt)$ 值仍很大,这个电势与电源电压串联,反向加在已恢复阻断的元器件上,可能导致晶闸管的反向击穿。这种由于晶闸管关断引起的过电压,称为关断过电压,其数值可达工作电压峰值的 5~6 倍,所以必须采取抑制措施。

如图 1-23(a)所示,晶闸管两端的电压波形在管子关断的瞬时出现反向电压尖峰(毛刺)即为关断过电压。当整流器输出端接续流二极管时,续流二极管由导通转为截止的瞬间,也是立即承受反向电压的,所以同样会产生关断过电压,故对续流二极管也应采取过电压保护措施。

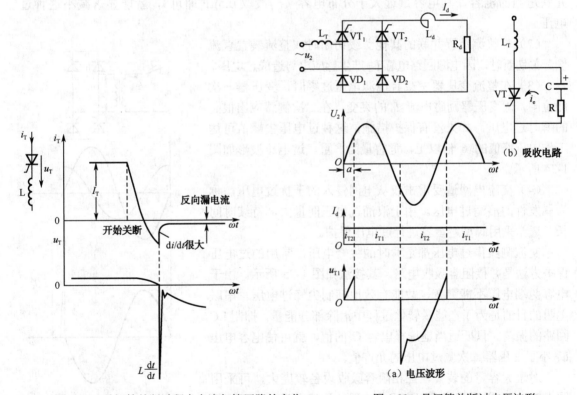

图 1-22 晶闸管关断过程中电流与管压降的变化　　图 1-23 晶闸管关断过电压波形

对于这种呈尖峰状的瞬时过电压,最常用的保护方法是在晶闸管两端并联电容,利用电容两端电压瞬时不能突变的特性,吸收尖峰过电压,把电压限制在管子允许的范围。实际电路中,电容与电阻串联组成过电压阻容吸收电路,如图 1-23(b)所示。串联电阻的作用如下。

（1）阻尼 $L_T C$ 电路振荡。由于电路总有电感存在，在晶闸管阻断时，$L_T$、C、R 与外电源刚好组成一个串联电路，如不串联电阻，电容两端将会产生比电源电压高得多的振荡电压，加到晶闸管上，可能使元器件损坏。

（2）限制晶闸管开通损耗与电流上升率。因晶闸管承受正向电压未导通时，电容上已充电，极性如图 1-23（b）所示。在元器件触发导通的瞬间，电容立即经管子放电，若没有电阻限流，这个放电电流峰值很大，不仅增加管子开通损耗，而且流过管子的电流上升率过大，可能使管子损坏。

阻容吸收电路要尽量靠近晶闸管，引线要短，最好采用无感电阻，以取得较好的保护效果。

### 2. 交流侧过电压及保护

由于交流侧电路在接通、断开时出现的暂态过程，所以，在晶闸管整流桥路输入端会出现过电压，也称为交流侧操作过电压，通常发生在下列几种情况下。

（1）当高压电源供电或变压比很大的变压器在高压侧合闸的瞬间，由于一、二次绕组之间存在分布电容，故一次侧高压经分布电容耦合到二次侧，出现瞬时过电压。绕组间的分布电容很小，只要在单相变压器一次侧或在三相变压器二次侧星形中点与地之间，并联适当的电容，其电容量远大于分布电容（一般取 0.5μF 即可），就能显著减小这种过电压。

（2）与整流装置并联的其他负载切断时或整流装置直流侧开关切断时，因电源回路电感 $L_T$ 产生感应电势造成过电压。

（3）在整流变压器空载且电源电压过零时，变压器一次侧拉闸，因变压器励磁电流 $I_0$ 的突变，在二次侧感应出很高的瞬时过电压，如果没有保护措施，这种过电压尖峰值可达工作电压峰值的 6 倍以上，危害最为严重。过电压波形如图 1-24 所示。

（4）交流电网遭受雷击或从电网侵入的干扰过电压，称为偶发性的浪涌过电压。由于浪涌过电压能量大，持续时间长，通常采用阀型避雷器进行过电压保护。

交流侧操作过电压都是瞬时的尖峰电压，常用的过电压保护方法是并接阻容吸收电路，其接法如图 1-25 所示。由于电容两端电压不能突变，故能有效地抑制尖峰过电压。串联电阻的目的是为了在能量转化过程中消除部分能量，抑制 LC 回路的振荡。只要适当地选择电容 C 的值，就可使电容电压 $U_C$ 小于变压器二次侧过电压的允许值。

对于大容量的装置，三相阻容吸收设备较庞大，可采用图 1-25（d）所示整流式阻容吸收电路。虽然多了一个三相整流桥，但只用一个电容，由于只承受直流电压，故可采用体积小得多的电解电容，而且还可以避免晶闸管导通时电容的放电电流通过管子。阻容吸收保护简单可靠，应用较广泛，但会发生雷击或从电网侵入很大的浪涌电压，对于这种能量较大

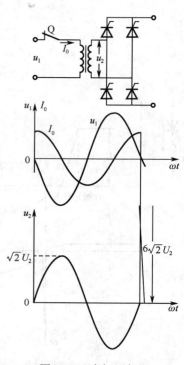

图 1-24 过电压波形

的过电压就不能完全抑制。根据稳压管的稳压原理，目前较多采用非线性电阻吸收装置，通常用压敏电阻接入整流变压器二次侧，以吸收较大的过电压能量。

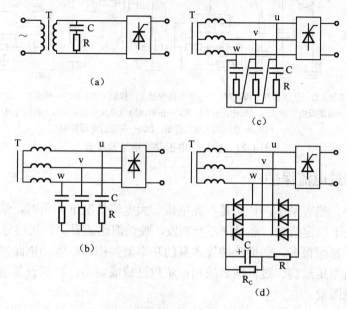

图 1-25 交流侧阻容吸收电路的接法

金属氧化物压敏电阻是近几年发展的一种新型过电压保护元件。它是由氧化锌、氧化铋等烧结制成的非线性电阻元件，在每一颗氧化锌晶粒外面裹着一层薄薄的氧化铋，构成与硅稳压管类似的半导体结构，具有正反向都很陡的稳压特性，压敏电阻的伏安特性如图 1-26 所示。正常工作时压敏电阻没有被击穿，漏电流极小（微安级），故损耗小，遇到尖峰过电压时，可通过高达数千安培的放电电流，因此抑制过电压的能力强。此外，它还具有反应快、体积小、价格便宜等优点，是一种较理想的保护元件。

由于压敏电阻正反向特性对称，因此在单相电路中用一个压敏电阻，而在三相电路中用三个压敏电阻接成星形或三角形，图 1-25 所示的 R、C 位置换成压敏电阻即可实现保护。压敏电阻的主要缺点是持续平均功率太小，仅有数瓦，一旦工作电压超过它的额定电压，很短时间内就被烧毁。

压敏电阻的主要特性参数如下。

（1）标称电压 $U_{1mA}$：指流过直流电流为 1mA 时压敏电阻两端的电压值。

（2）流通容量：用前沿 8μs，脉冲宽度为 20μs 的波形冲击电流，每隔 5min 冲击一次，共冲击 10 次，标称电压变化在 10% 以内的最大冲击电流值（单位为 kA）。

（3）残压比 $U_Y/U_{1mA}$：放电电流达到规定值 $I_Y$ 时的电压 $U_Y$ 与标称电压 $U_{1mA}$ 之比。

压敏电阻的标称电压可按 $U_{1mA}=1.3\sqrt{2}U$ 选取，其中，$U$ 为压敏电阻两端正常工作时承受的电压有效值。

各种过电压保护措施及位置如图 1-27 所示，各电力电子装置可根据具体情况采用其中几种保护方式。

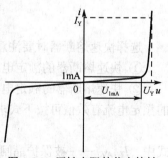

图 1-26 压敏电阻的伏安特性

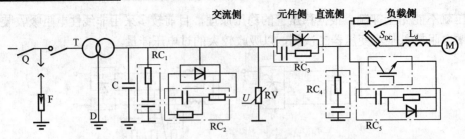

F—避雷器；D—变压器静电屏蔽层；C—静电感应过电压抑制电容；$RC_1$—阀侧浪涌过电压抑制；
$RC_2$—阀侧反向阻断式浪涌过电压抑制；RV—压敏电阻过电压抑制；$RC_3$—换相过电压抑制；
$RC_4$—直流侧过电压抑制；$RC_5$—关断过电压抑制

图 1-27　各种过电压保护措施及位置

### 1.6.2　晶闸管的过电流保护

晶闸管体积小、热容量小，特别是在高电压、大电流情况下应用时，结温须严格控制。当晶闸管中电流大于额定值时，热量来不及散发，使结温迅速升高，最终导致管芯被烧毁。

产生过电流的原因很多，如变流装置本身的功率器件损坏；驱动电路发生故障；控制系统发生故障；交流电压过高、过低或者缺相；负载过载或短路；相邻设备故障影响等，都是导致晶闸管过电流因素。

过电流保护较常用的方法有以下几种。

（1）快速熔断器保护。快速熔断器是最简单有效的过电流保护器件。快速熔断器的熔体是由银质熔丝（片）埋于石英砂内。它与普通熔断器相比，具有快速熔断的特性，熔断时间小于 20ms，可在晶闸管损坏之前快速熔断，切断短路故障回路。

快速熔断器的使用一般有如图 1-28 所示的三种接法，其中在桥臂中串接熔断器的保护效果最好，但使用的熔断器较多。图 1-28（c）所示是在直流侧接一只熔断器，它只能保护负载出现的故障，当晶闸管本身短路时则无法起保护作用。

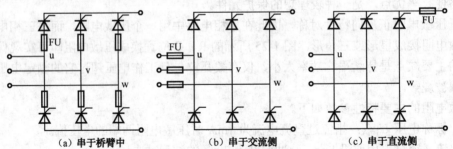

(a) 串于桥臂中　　　　(b) 串于交流侧　　　　(c) 串于直流侧

图 1-28　快速熔断器保护的接法

选择快速熔断器时要注意如下。

① 快速熔断器的额定电压应大于线路正常工作电压有效值。

② 快速熔断器的额定电流应大于或等于熔体的额定电流，串于桥臂中的快速熔断器熔体的额定电流有效值可按下式求取。

$$1.57 I_{T(AV)} \geq I_{FU} \geq I_{TM}$$

式中　$I_{T(AV)}$——被保护晶闸管的额定电流；

　　　$I_{FU}$——熔断器熔体电流有效值；

　　　$I_{TM}$——流过晶闸管电流有效值。

（2）电子线路控制的过电流保护电路如图 1-29 所示，它可在过电流时快速对触发脉冲实现移相控制，及时封锁整流电路；也可在过电流时切断主电路电源，达到保护目的。

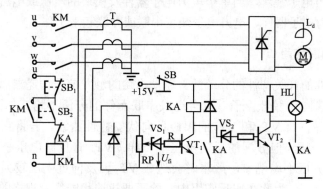

图 1-29　过电流保护电路

过电流保护过程：通过电流互感器 T 检测主回路的电流大小，一旦出现过电流，电流反馈电压 $U_{fi}$ 增大，稳压管 $VS_1$ 被击穿，晶体管 $VT_1$ 导通。一方面，由于 $VT_1$ 导通，集电极变为低电位，$VS_2$ 截止。输出高电平去控制触发电路，使触发脉冲 $\alpha$ 迅速增大，使主电路输出电压迅速下降，负载电流也迅速减小，达到限制电流的目的。另一方面，由于 $VT_1$ 导通使继电器 KA 得电并自锁，主电路接触器 KM 失电断开，切断交流电源，实现过电流保护；调节电位器 RP，可调节被限制的电流大小；HL 为过流指示灯，过电流故障排除后，按下 SB 按钮，使保护电路恢复状态。

在大容量的电力变流系统中，通常将电子过电流保护装置、快速熔断器及其他继电保护措施同时使用。一般情况下，总是让电子过电流保护装置等措施先起保护作用，而快速熔断器作为最后一道保护，以尽量避免直接烧断快速熔断器。

除了上述过电压和过电流保护措施之外，通常还在交流侧或者整流电路的每个桥臂中串入空心电感或套入磁环（电感量为 20～30μH），用于限制电压变化率 $du/dt$、电流变化率 $di/dt$。对一些重要的且易发生短路的设备，或者工作频率较高、很难用快速熔断器保护的全控型器件，需要采用电子电路进行过电流保护。除了对电动机启动的冲击电流等变化较慢的过电流，可以利用控制系统本身调节器对电流的限制作用之外，需设置专门的过电流保护电子电路，检测到过电流之后直接调节触发或驱动电路，或者关断被保护器件。过电流保护措施如图 1-30 所示。

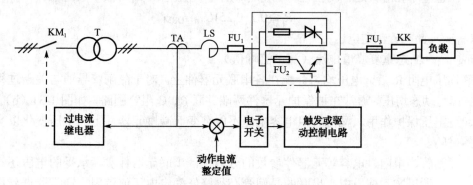

KM—接触器；T—变压器；TA—电流互感器；LS—空心电感
FU—快速熔断器；KK—直流快速开关

图 1-30　过电流保护措施

### 1.6.3 电力电子器件的串、并联使用

对较大型的电力电子装置，当单个电力电子器件及模块的电压或电流定额不能满足要求时，往往需要将电力电子器件、电力电子装置串联或并联起来工作。

**1. 晶闸管的串联使用**

由于串联元器件的开关特性的分散性、驱动电路的触发信号传递滞后、时间分散性等因素的存在，即使挑选同一型号管子，也会造成串联元件的分压不均。如图1-31（a）所示，曲线①、②分别为晶闸管 $VT_1$ 和 $VT_2$ 的阳极反向伏安特性曲线。若将它们串联使用时，流过的反向电流虽然一样，但分配的反向电压不一样：$VT_1$ 管反向电压小、$VT_2$ 管反向电压大。存在着明显的分压不均现象，严重时会造成 $VT_2$ 因反向过电压较大而先被击穿损坏，$VT_1$ 随之也被击穿损坏。为此在实际应用中，除了要挑选相同型号规格的元件外，还要采取均压措施。

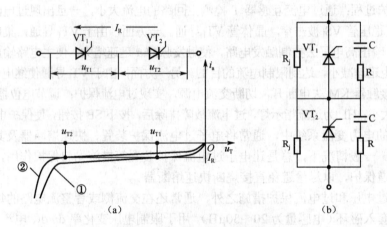

图1-31 晶闸管串联与均压措施

如图1-31（b）所示，在串联元器件上并联阻值相等的均压电阻 $R_j$。由于 $R_j$ 阻值比管子的漏电阻小得多，所以并联 $R_j$ 后元器件两端的电阻值基本相等，因而在正反向阻断状态时所承受的电压也基本相等，这种均压也称为静态均压。均压电阻 $R_j$ 可按下式选取：

$$R_j \leqslant (0.1 \sim 0.25) U_{Tn} / I_{DRM}$$

式中　$U_{Tn}$——晶闸管额定电压；

$I_{DRM}$——断态重复峰值电流（漏电流峰值）。

并联均压电阻 $R_j$ 后，电压均匀分配在各串联元器件上。对于晶闸管导通与关断过程中的均压，被称为动态均压。通常在被保护元器件两端并联 R、C 阻容回路，如图1-31（b）所示，它既可起过电压保护作用，又可利用电容电压不能突变而减慢元器件上的电压变化以实现动态均压的目的。

由于晶闸管、电阻、电容等元器件参数的分散性，串联元器件实际承受的电压还不能达到完全均匀，所以实际使用中，串联的晶闸管必须降低额定电压值使用，通常降低到额定值的80%～90%。

## 2. 晶闸管的并联使用

采用相同型号规格的晶闸管并联,可以增大变流装置的输出电流。由于并联元器件的正向特性不一致,就会造成电流分配的不均匀,如图1-32(a)所示。为使并联元器件电流均匀,应采取均流措施。

1)电阻均流法

图1-32(b)为串联电阻均流电路。均流电阻 $R_j$ 的数值选择原则是以元器件最大工作电流时,电阻压降 $U_{Rj}$ 为元器件正向压降 $U_{T(AV)}$ 的1~2倍。50A 的元器件均流电阻为 $0.04\Omega$。由于电阻功耗较大,所以它只适用于小电流晶闸管。

2)电抗均流法

图1-32(c)为串联电抗器均流电路,其均流原理是利用电抗器上感应电动势的作用,使管子的电压分配发生变化,原来电流大的管子管压降降下来,电流小的管子管压降升上去,以迫使并联元器件中电流分配基本一致。

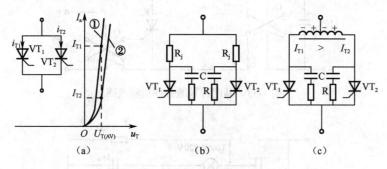

图1-32 晶闸管并联与均流措施

同样,虽然采用了均流措施,并联元器件中电流分配仍然不可能完全一样,故在选择每种管子的定额电流时,还必须适当放大电流的余量,可按以下经验公式求取:

$$I_{T(AV)} = \frac{(1.5 \sim 2)I_{TM}}{(0.8 \sim 0.9)1.57n} = (1.19 \sim 1.4)\frac{I_{TM}}{n}$$

式中  $n$ ——并联的元件个数;

$I_{TM}$ ——流过桥臂的电流值(可能出现的最大电流有效值)。

## 3. 电力 MOSFET 和 IGBT 并联运行的特点

电力 MOSFET 的通态电阻 $R_{on}$ 具有正的温度系数,并联使用时具有电流自动均衡的能力,因而并联使用比较容易,但也要注意选用通态电阻 $R_{on}$、开启电压 $U_T$、跨导 $G_{fs}$ 和输入电容 $C_{iss}$ 尽量相近的器件;电路走线和布局应尽量做到对称;为了更好地动态均流,有时可以在源极电路中串入小电感,起到均流电抗器的作用。

IGBT 的通态压降在 1/2 或 1/3 额定电流以下的区段具有负的温度系数,在 1/2 或 1/3 额定电流以上的区段则具有正的温度系数,因而 IGBT 在并联使用时也具有电流的自动均衡能力,与电力 MOSFET 类似,易于并联使用。当然,实际并联时,在器件参数选择、电路布局和走线等方面也应尽量一致。

# 技能训练

## 训练项目1  晶闸管的导通、关断条件

### 1. 实训目的

（1）研究晶闸管导通条件。
（2）研究晶闸管关断条件。

### 2. 实训线路

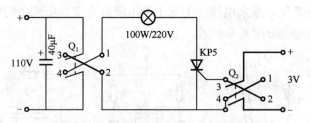

图1-33  晶闸管导通条件实验电路

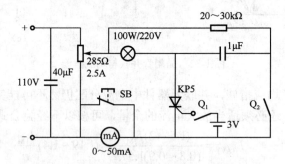

图1-34  晶闸管关断条件实验电路

### 3. 实训设备

（1）直流电源：110V，1只。
（2）电容器：40μF/300V，1只。
（3）电容器：1μF/300V，1只。
（4）灯泡：220V/100W，1只。
（5）干电池：2×1.5V，1组。
（6）晶闸管：KP5-5，好、坏各1只。
（7）单刀开关：2只。
（8）双刀双掷开关：2只。
（9）常闭单按钮：1只。
（10）电阻：20～30kΩ/5W，1只。

(11) 滑线电阻：PR285Ω/5A，1 只。
(12) 万用表：1 块。
(13) 直流电流表：0～50mA，1 块。

4. 实训内容及步骤

1) 晶闸管的导通条件（按图 1-33 接线）

（1）当 110V 直流电源电压的正极加到晶闸管的阳极时（即双刀开关 $Q_1$ 右投），不接门极电压或接上反向电压（即双刀开关 $Q_2$ 右投）观察灯泡是否亮？当门极承受正向电压（即 $Q_2$ 左投）灯泡是否亮？

（2）当 110V 直流电源电压的负极加到晶闸管的阳极时，给门极加上负压或正压，观察灯是否亮。

（3）当灯泡亮时，切断门极电源（即断开 $Q_2$），灯是否继续亮。

（4）当灯泡亮时，给门极加上反向电压（即 $Q_2$ 右投），观察灯泡是否继续亮。

2) 晶闸管关断条件的实训

按图 1-34 接线，接通 110V 直流电源。

（1）合上开关 $Q_1$ 晶闸管导通，灯泡发亮。

（2）断开开关 $Q_1$，再合上开关 $Q_2$，灯泡熄灭。

（3）合上开关 $Q_1$，断开开关 $Q_2$，晶闸管导通灯亮。调节滑线电阻，使电源电压减小，这时灯泡慢慢地暗淡下来。在灯泡完全熄灭之前，按下按钮 SB 让电流从毫安表通过，继续减小电源电压，使流过晶闸管的阳极电流逐渐地减少到某值（一般几十毫安），毫安表指针突然降到零，然后再调节滑线电阻使电源电压再升高，这时观察灯不再发亮，这说明晶闸管完全关断，恢复阻断状态。

毫安表从某值突然降到零，该值电流就是被测晶闸管维持电流 $I_H$。

5. 实训现象的分析

在做晶闸管关断条件实训时，如果关断电容值取太小（如取 0.1μF），就会发现晶闸管难以关断，这是由于电容值太小，当 $Q_2$ 接通放电时因其放电时间太快，小于晶闸管关断所需的时间，致使晶闸管难以关断。

6. 实训说明及注意问题

在做关断实训时，一定要在灯泡快要熄灭，通过灯泡的电流极小时，方准按下常闭按钮 SB，否则将损坏表头。

7. 实训报告提纲及要求

（1）根据实训内容写出晶闸管导通条件和关断条件。

（2）说明关断电容 1μF 的作用以及电容值大小对晶闸管关断的影响。

## 训练项目 2  光控频闪指示灯电路安装、调试

### 1. 实训目的

（1）加深对晶闸管工作原理的理解。
（2）训练电子线路安装调试能力。

### 2. 实训线路

实训线路图如图 1-1 所示。

### 3. 实训设备

（1）交流电源：220V，1 个。
（2）电容器：200μF/50V，1 只。
（3）电容器：0.47μF/400V，1 只。
（4）灯泡：220V/40W，1 只。
（5）光敏电阻（$R_G$）：MG45，1 只。
（6）晶闸管：2N6565，1 只。
（7）稳压管：2CW21，1 只。
（8）二极管：1N4001，2 只。
（9）集成电路：LM358，1 只。
（10）电阻（$R_0$、$R_1$）：50kΩ，2 只。
（11）电阻（$R_2$）：10kΩ，1 只。
（12）电阻（$R_3$、$R_4$）：500Ω，2 只。
（13）电位器：47kΩ，1 只。
（14）发光二极管（红）：1 只。
（15）万用表：1 块。

### 4. 实训内容及步骤

（1）按图 1-1 焊接好线路，检查电路是否正确。
（2）接通 220V 电源，观察元器件有无异常。
（3）用万用表测量 $C_2$ 两端电压，是否为 6V。
（4）测量 $R_2$ 和 $R_G$ 两端电压，记录其数值，观察发光二极管和灯泡是否亮。
（5）遮蔽 $R_G$ 光线，观察发光二极管和灯泡是否亮，测量此时 $R_2$ 和 $R_G$ 两端电压，记录其数值。
（6）移动遮蔽物，使 $R_G$ 采光部位的光线缓慢变化，观察发光二极管和灯泡亮、暗变化。测量 $R_2$ 和 $R_G$ 两端电压，记录其数值。
（7）将电阻 $R_2$ 换成电位器，调整阻值，并观察 $R_G$ 光线变化情况。总结电位器阻值与光线变化的规律。

### 5. 实训现象的分析

白天光线强，光敏电阻 $R_G$ 阻值小于 $R_2$ 阻值，晶闸管不导通，指示灯 $H_L$ 不发光。当光线暗时，照在 $R_G$ 上的自然光减弱，其阻值增大使灯点亮。根据光线变化实现灯光自动控制，节约电能。

### 6. 实训说明及注意问题

因为电源电压较高，实训操作时应注意安全，更换元器件时要关闭电源；带电测量时不要触碰 $C_1$、$VD_1$、HL、VT 等元器件，防止发生触电事故。

### 7. 实训报告提纲及要求

（1）根据实训内容写出照明灯点亮和变暗条件。
（2）列表整理记录数据。
（3）通过表格数据说明电阻 $R_2$ 阻值大小和光线强弱的关系。

1. 使晶闸管导通的条件是什么？怎样才能使晶闸管由导通状态变为截止状态？
2. 导通后去除门极信号对晶闸管的导通状态是否有影响？导通后流过晶闸管的电流取决于什么？导通后负载上的电压等于多少？
3. 晶闸管的关断条件是什么？关断后，晶闸管的阳极和阴极之间的电压等于多少？
4. 解释普通晶闸管的型号 KP100-7E 中各项的意义。
5. 如何用万用表来判别晶闸管的管脚和性能？
6. 比较普通晶闸管与可关断晶闸管的特点及使用有何异同？
7. 说明 GTO 的工作原理及其可以关断的原因。
8. GTO 与普通晶闸管同为 PNPN 结构，为什么 GTO 可以自行关断，而晶闸管却不能？
9. 型号为 KP100-3、维持电流为 4mA 的晶闸管，使用在如图 1-34 所示的电路中是否合理？为什么？（不考虑电压、电流的安全裕量。）

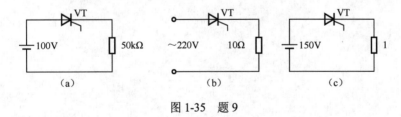

图 1-35 题 9

10. 如果流过晶闸管的阳极电流上升率太快，元器件会引起什么后果？如果阳极正向电压上升率太快又会引起什么后果？
11. 指出图 1-36 中①～⑦各保护元器件的名称及作用。

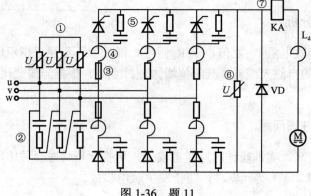

图 1-36 题 11

# 项目 2  直流电动机调速电路的设计与制作

**教学目标**

理解和掌握各种整流电路的结构、工作原理。
掌握整流电路的波形分析方法、参数计算方法。
会分析变压器漏抗对整流电路波形的影响。
熟练掌握整流电路的接线与调试方法。
能对整流电路的一般故障进行检修和排除。

**引例：直流电动机调速电路**

直流电动机转速与电动机电枢电压成正比，因此改变电枢两端电压就可以实现电动机调速，连续改变电枢两端电压，电动机可以实现连续平滑调速。两只晶闸管和两支二极管构成单向半控桥式整流电路向直流电动机供电，单结晶体管触发电路为晶闸管提供触发脉冲，电动机两端电压为反馈信号，与给定信号综合进行电压调节，稳定输出电压，使电动机在不同负载下运行稳定。直流电动机调速电路如图 2-1 所示。

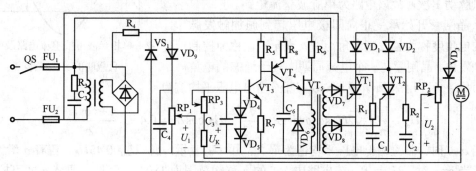

图 2-1  直流电动机调速电路

**相关知识**

## 2.1  单相可控整流电路

单相可控整流电路的交流侧接单相电源，本节讲述几种典型的单相可控整流电路，包括其工作原理、计算等，并重点讲述不同负载对电路工作的影响。

## 2.1.1 单相半波可控整流电路

**1. 电阻负载**

图 2-2 为单相半波可控整流电路及带电阻负载时的工作波形。图 2-2（a）中，变压器 T 起变换电压和隔离的作用，其一次和二次电压瞬时值分别用 $u_1$ 和 $u_2$ 表示，有效值分别用 $U_1$ 和 $U_2$ 表示，其中 $U_2$ 的大小由直流输出电压 $u_d$ 的平均值 $U_d$ 确定。

在生产实际中，一些负载基本是电阻性的，如电阻加热炉、电解、电镀等。电阻负载的特点是电压与电流成正比，并且两者波形相同。

在晶闸管 VT 处于断态时，电路中无电流，负载电阻两端电压为零，$u_2$ 全部施加于 VT 两端。在 $u_2$ 正半周，VT 承受正向阳极电压期间的 $\omega t_1$ 时刻给 VT 门极加触发脉冲，如图 2-2（c）所示，则 VT 开通。忽略晶闸管通态电压，则直流输出电压瞬时值 $u_d$ 与 $u_2$ 相等。在 $\omega t=\pi$（即 $u_2$ 降为零）时，电路中电流也降至零，VT 关断之后，$u_d$、$i_d$ 均为零。图 2-2（d）、（e）分别给出了 $u_d$ 和晶闸管两端电压 $u_{VT}$ 的波形。$i_d$ 的波形与 $u_d$ 波形相同。

改变触发时刻，$u_d$ 和 $i_d$ 波形随之改变，直流输出电压 $u_d$ 为极性不变但瞬时值变化的脉动直流，其波形只在 $u_2$ 正半周内出现，故称为半波整流。又因电路中采用了可控器件晶闸管，且交流输入为单相，故该电路称为单相半波可控整流电路。整流电压 $u_d$ 的波形在一个电源周期中只脉动 1 次，故该电路为单脉波整流电路。

从晶闸管开始承受正向阳极电压起到施加触发脉冲止的电角度称为触发延迟角，用 $\alpha$ 表示，也称为控制角或触发角。晶闸管在一个电源周期中处于通态的电角度称为导通角，用 $\theta$ 表示，$\theta = \pi - \alpha$。直流输出电压平均值为

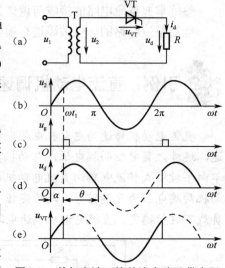

图 2-2 单相半波可控整流电路及带电阻负载时的工作波形

$$U_d = \frac{1}{2\pi}\int_\alpha^\pi \sqrt{2}U_2 \sin\omega t\, d(\omega t) = \frac{\sqrt{2}U_2}{2\pi}(1+\cos\alpha) = 0.45U_2\frac{1+\cos\alpha}{2} \quad (2\text{-}1)$$

当 $\alpha=0$ 时，整流输出电压平均值为最大，用 $U_{d0}$ 表示，$U_d=U_{d0}=0.45U_2$。随着 $\alpha$ 增大，$U_d$ 减小；当 $\alpha=\pi$ 时，$U_d = 0$，该电路中 VT 的 $\alpha$ 移相范围为 180°。可见，调节 $\alpha$ 即可控制 $U_d$ 的大小。这种通过控制触发脉冲的相位来控制直流输出电压大小的方式称为相位控制方式，简称相控方式。

**2. 阻感负载**

在生产实践中，更常见的负载是既有电阻也有电感，当负载中感抗 $\omega L$ 与电阻 $R$ 相比不可忽略时即为阻感负载。若 $\omega L \gg R$，则负载主要呈现为电感，称为电感负载，如电机的励磁绕组等。

电感对电流变化有阻碍作用。流过电感器件的电流变化时，在其两端产生感应电动势 $L\dfrac{di}{dt}$，它的极性是阻止电流变化的，当电流增加时，它的极性阻止电流增加；当电流减小时，

它的极性反过来阻止电流减小。这使得流过电感的电流不能发生突变，这是阻感负载的特点，也是理解整流电路带阻感负载工作情况的关键之一。

图 2-3 为带阻感负载的单相半波可控整流电路及波形。当晶闸管 VT 处于断态时，电路中电流 $i_d = 0$，负载上电压为 0，$u_2$ 全部加在 VT 两端。在 $\omega t_1$ 时刻（即触发角 $\alpha$ 处），触发 VT 使其开通，$u_2$ 加于负载两端，因电感 L 的存在，使 $i_d$ 不能突变，$i_d$ 从 0 开始增加，如图 2-3（e）所示，同时 L 的感应电动势试图阻止 $i_d$ 增加。这时，交流电源一方面供给电阻 R 消耗的能量，另一方面供给电感 L 吸收的磁场能量。到 $u_2$ 由正变负的过零点处，$i_d$ 已经处于减小的过程中，但尚未降到零，因此 VT 仍处于通态。此后，L 中储存的能量逐渐释放，一方面供给电阻消耗的能量，另一方面供给变压器二次绕组吸收的能量，从而维持 $i_d$ 流动。至 $\omega t_2$ 时刻，电感能量释放完毕，$i_d$ 降至零，VT 关断并立即承受反压，如图 2-3（f）所示的晶闸管 VT 两端电压 $u_{VT}$ 的波形。由图 2-3（d）的 $u_d$ 波形还可看出，由于电感的存在，延迟了 VT 的关断时刻，使波形 $u_d$ 出现负的部分，与带电阻负载时相比，其平均值 $U_d$ 下降了。

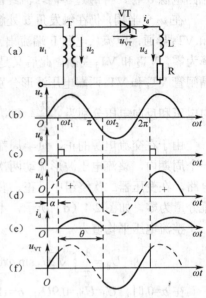

图 2-3 带阻感负载的单相半波可控整流电路与波形

由以上分析可以总结出电力电子电路的一个基本特点，进而引出电力电子电路分析的一条基本思路。

单相半波可控整流电路的特点是简单，但输出脉动大，变压器二次电流中含有直流分量，造成变压器铁芯直流磁化。为使变压器铁芯不饱和，需增大铁芯截面积，增大设备的容量。但实际上很少应用此种电路。分析该电路的主要目的在于利用其简单易学的特点，建立起整流电路的基本概念。

### 2.1.2 单相桥式全控整流电路

单相整流电路中应用较多的是单相桥式全控整流电路，如图 2-4（a）所示，所接负载为电阻负载，下面首先分析这种情况。

#### 1. 电阻负载

在单相桥式全控整流电路中，晶闸管 $VT_1$ 和 $VT_4$ 组成一对桥臂，$VT_2$ 和 $VT_3$ 组成另一对桥臂。在 $u_2$ 正半周（即 a 点电位高于 b 点电位），若 4 个晶闸管均不导通，负载电流 $i_d$ 为零，$u_d$ 也为零，$VT_1$、$VT_4$ 串联承受电压 $u_2$，设 $VT_1$ 和 $VT_4$ 的漏电阻相等，则各承受 $u_2$ 的一半。若在触发角 $\alpha$ 处给 $VT_1$ 和 $VT_4$ 加触发脉冲，$VT_1$ 和 $VT_4$ 立即导通，电流从电源 a 端经 $VT_1$、R、$VT_4$

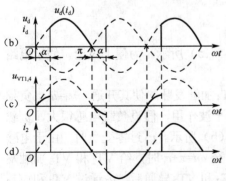

图 2-4 带电阻负载的单相桥式全控整流电路与波形

流回电源 b 端。当 $u_2$ 过零时,流经晶闸管的电流也降到零,$VT_1$ 和 $VT_4$ 关断。

在 $u_2$ 负半周,仍在触发角 α 处触发 $VT_2$ 和 $VT_3$($VT_2$ 和 $VT_3$ 的 α=0 位于 $\omega t=\pi$ 处),$VT_2$ 和 $VT_3$ 导通,电流从电源 b 端流出,经 $VT_3$、R、$VT_2$ 流回电源 a 端。当 $u_2$ 过零时,电流又降为零,$VT_2$ 和 $VT_3$ 关断。此后又是 $VT_1$ 和 $VT_4$ 导通,如此循环地工作下去,整流电压 $u_d$ 和晶闸管 $VT_1$ 和 $VT_4$ 两端电压波形分别如图 2-4(b)和图 2-4(c)所示。晶闸管承受的最大正向电压和反向电压分别为 $\dfrac{\sqrt{2}U_2}{2}$ 和 $\sqrt{2}U_2$。

由于在交流电源的正、负半周都有整流输出电流流过负载,故该电路为全波整流。在 $u_2$ 一个周期内,整流电压波形脉动两次,脉动次数多于半波整流电路,该电路属于双脉波整流电路。在变压器二次绕组中,正、负两个半周电流方向相反且波形对称,平均值为零,即直流分量为零,如图 2-4(d)所示,不存在变压器直流磁化问题,变压器绕组的利用率也高。

整流电压平均值为

$$U_d = \dfrac{1}{\pi}\int_{\alpha}^{\pi}\sqrt{2}U_2\sin\omega t\,d(\omega t) = \dfrac{2\sqrt{2}U_2}{\pi}\dfrac{(1+\cos\alpha)}{2} = 0.9U_2\dfrac{1+\cos\alpha}{2} \tag{2-2}$$

在 α=0 时,$U_d=U_{d0}=0.9U_2$;α=180° 时,$U_d=0$。可见,触发角 α 的移相范围为 180°。

向负载输出的直流电流平均值为

$$I_d = \dfrac{U_d}{R} = \dfrac{2\sqrt{2}U_2}{\pi R}\dfrac{1+\cos\alpha}{2} = 0.9\dfrac{U_2}{R}\dfrac{1+\cos\alpha}{2} \tag{2-3}$$

晶闸管 $VT_1$、$VT_4$ 和 $VT_2$、$VT_3$ 轮流导通,流过晶闸管的电流平均值只有输出直流电流平均值的一半,即

$$I_{dVT} = \dfrac{1}{2}I_d = 0.45\dfrac{U_2}{R}\dfrac{1+\cos\alpha}{2} \tag{2-4}$$

在计算选择晶闸管额定电流、变压器容量、熔断器及负载电阻的有功功率等参量时,需考虑发热问题,为此要计算电流有效值。

变压器二次电流有效值 $I_2$ 与输出直流电流有效值 $I$ 相等,即

$$I = I_2 \tag{2-5}$$

流过晶闸管的电流有效值为

$$I_{VT} = \dfrac{1}{\sqrt{2}}I \tag{2-6}$$

### 2. 阻感负载

带阻感负载的单相桥式全控整流电路与波形如图 2-5(a)所示。为便于讨论,假设电路已工作于稳态。

在 $u_2$ 正半周期,在触发角 α 处给晶闸管 $VT_1$ 和 $VT_4$ 加触发脉冲使其开通,$u_d=u_2$。负载中有电感存在使负载电流不能突变,电感对负载电流起平波作用,假设负载电感很大,负载电流 $i_d$ 为连续波形且近似为一水平线,其波形如图 2-5(b)所示。$u_2$ 过零变负时,由于电感的作用使晶闸管 $VT_1$ 和 $VT_4$ 仍有电流流过,并不关断。至 $\omega t=\pi+\alpha$ 时,给 $VT_2$ 和 $VT_3$ 加触发脉冲,因 $VT_2$ 和 $VT_3$ 本已承受正电压,故两管导通。$VT_2$ 和 $VT_3$ 导通后,$u_2$ 通过 $VT_2$ 和 $VT_3$ 分别向 $VT_1$ 和 $VT_4$ 施加反向电压,使 $VT_1$ 和 $VT_4$ 关断,流过 $VT_1$ 和 $VT_4$ 的电流迅速转移到 $VT_2$ 和 $VT_3$,此过程称为换相,也称为换流。至下一周期重复上述过程,如此循环下去,$i_d$

波形如图 2-5（b）所示，其平均值为

$$U_{\mathrm{d}} = \frac{1}{\pi}\int_{\alpha}^{\pi+\alpha}\sqrt{2}U_2\sin\omega t\,\mathrm{d}(\omega t) = \frac{2\sqrt{2}}{\pi}U_2\cos\alpha = 0.9U_2\cos\alpha \qquad (2\text{-}7)$$

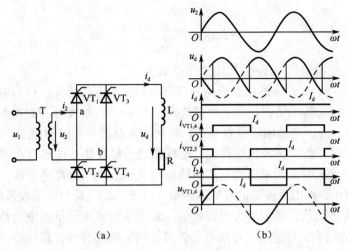

（a） （b）

图 2-5　带阻感负载的单相桥式全控整流电路与波形

在 $\alpha=0$ 时，$U_{\mathrm{d}}=U_{\mathrm{d0}}=0.9U_2$；$\alpha=90°$ 时，$U_{\mathrm{d}}=0$。触发角 $\alpha$ 的移相范围为 $90°$。

单相桥式全控整流电路带阻感负载时，晶闸管 $VT_1$、$VT_4$ 两端的电压波形如图 2-4（b）所示，晶闸管承受的最大正、反向电压均为 $\sqrt{2}U_2$。

晶闸管导通角 $\theta$ 与 $\alpha$ 无关，均为 $180°$，其电流波形如图 2-5（b）所示，平均值和有效值分别为

$$I_{\mathrm{dVT}} = \frac{1}{2}I_{\mathrm{d}} \quad \text{和} \quad I_{\mathrm{VT}} = \frac{I_{\mathrm{d}}}{\sqrt{2}} = 0.707I_{\mathrm{d}} \qquad (2\text{-}8)$$

变压器二次电流 $i_2$ 的波形为正、负各 $180°$ 的矩形波，其相位由 $\alpha$ 决定，有效值 $I_2=I_{\mathrm{d}}$。

### 3. 反电动势负载

当整流器带蓄电池、直流电动机的电枢（忽略其中的电感）等负载时，负载可看成一个直流电压源，对于整流电路，它们就是反电动势负载，如图 2-6 所示。当忽略主电路各部分的电感时，只有在 $u_2$ 瞬时值大于反电动势（即 $u_2>E$）时，晶闸管承受正电压，才有导通的可能。

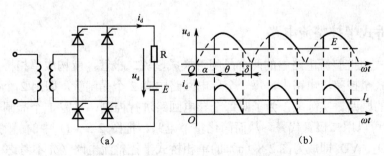

（a） （b）

图 2-6　带反电动势—电阻负载的单相桥式全控整流电路与波形

晶闸管导通之后，$u_d=u_2$，$i_d=\dfrac{u_d-E}{R}$，直至 $u_2=E$，$i_d$ 降至 0 使得晶闸管关断，此后 $u_d=E$。与电阻负载相比，晶闸管提前了电角度 $\delta$ 停止导通，$u_d$ 和 $i_d$ 的波形如图 2-6 所示，$\delta$ 称为停止导通角。

$$\delta = \arcsin \frac{E}{\sqrt{2}U_2} \tag{2-9}$$

在 $\alpha$ 相同时，整流输出电压 $U_d$ 比电阻负载时大。

如图 2-6（b）所示，$i_d$ 波形在一周期内有部分时间为零的情况，称为电流断续。与此对应，若 $i_d$ 波形不出现为零的情况，称为电流连续。当 $\alpha<\delta$，触发脉冲到来时，晶闸管承受负电压，不可能导通。为了使晶闸管可靠导通，要求触发脉冲有足够的宽度，保证当 $\omega t=\delta$ 晶闸管开始承受正电压时，触发脉冲仍然存在。这样相当于触发角被推迟为 $\delta$，即 $\alpha=\delta$。

负载为直流电动机时，如果出现电流断续则电动机的机械特性将变软。从图 2-6（b）可看出，导通角 $\theta$ 越小，则电流波形的底部就越窄。电流平均值是与电流波形的面积成比例的，因而为了增大电流平均值，必须增大电流峰值，这要求较多地降低反电动势。因此，当电流断续时，随着 $I_d$ 的增大，转速 $n$（与反电动势成比例）降落较大，机械特性较软，相当于整流电源的内阻增大。较大的电流峰值在电动机换向时容易产生火花。同时，对于相等的电流平均值，若电流波形底部越窄，则其有效值越大，要求电源的容量也越大。

为了克服以上缺点，一般在主电路中直流输出侧串联一个平波电抗器，用来减少电流的脉动和延长晶闸管导通的时间。有了电感，当 $u_2<E$，甚至 $u_2$ 值变负时，晶闸管仍可导通。只要电感量足够大就能使电流连续，晶闸管每次导通 180°，这时整流电压 $u_d$ 的波形和负载电流 $i_d$ 的波形与电感负载电流连续时的波形相同，$i_d$ 的计算公式也相同。针对电动机在低速轻载运行时电流连续的临界情况，给出了 $u_d$ 和 $i_d$ 的波形，如图 2-7 所示。

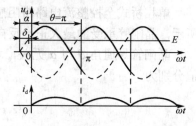

图 2-7 反电动势负载、串接平波电抗器时单相桥式全控整流电路波形

为保证电流连续所需的电感量 $L$ 可由下式求出：

$$L=\frac{2\sqrt{2}U_2}{\pi\omega I_{dmin}}=2.87\times 10^{-3}\frac{U_2}{I_{dmin}} \tag{2-10}$$

其中，$U_2$ 的单位为 V；$I_{dmin}$ 的单位为 A；$\omega$ 是工频角速度；$L$ 为主电路的总电感量，单位为 H。

## 2.1.3 单相桥式半控整流电路

将单相桥式全控整流电路中的两个晶闸管换成整流二极管，就构成单相桥式半控整流电路。在单相桥式全控整流电路中，每一个导电回路中有 2 个晶闸管，即用 2 个晶闸管同时导通以控制导电的回路。实际上，为了对每个导电回路进行控制，只需 1 个晶闸管就可以了，另 1 个晶闸管可以用二极管代替，从而简化整个电路。把图 2-5（a）中的晶闸管 $VT_2$、$VT_4$ 换成二极管 $VD_2$、$VD_4$ 即成为图 2-8（a）的单相桥式半控整流电路（先不考虑 $VD_R$）。

半控电路与全控电路在电阻负载时的工作情况相同，这里无须讨论。以下针对电感负载进行讨论。

与全控桥时相似，假设负载中电感很大，且电路已工作于稳态。在 $u_2$ 正半周，在触发角 $\alpha$ 处给晶闸管 $VT_1$ 加触发脉冲，$u_2$ 经 $VT_1$ 和 $VD_4$ 向负载供电。$u_2$ 过零变负时，因电感作用使电流连续，$VT_1$ 继续导通。但因 a 点电位低于 b 点电位，使得电流从 $VD_4$ 转移至 $VD_2$，$VD_4$ 关断，电流不再流经变压器二次绕组，而是由 $VT_1$ 和 $VD_2$ 续流。此阶段，忽略器件的通态压降，则 $U_d=0$，不像全控桥电路那样出现 $u_d$ 为负的情况。

在 $u_2$ 负半周触发角 $\alpha$ 时刻触发 $VT_3$，$VT_3$ 导通，则向 $VT_1$ 加反压使之关断，$u_2$ 经 $VT_3$ 和 $VD_2$ 向负载供电。$u_2$ 过零变正时，$VD_4$ 导通，$VD_2$ 关断。$VT_3$ 和 $VD_4$ 续流，$u_d$ 又为零。此后重复以上过程。

单相桥式半控整流电路在实际应用中要加设续流二极管 $VD_R$，以避免可能发生的失控现象。实际运行中，若无续流二极管，则当 $\alpha$ 突然增大至 180° 或触发脉冲丢失时，由于电感储能不经变压器二次绕组释放，只是消耗在负载电阻上，会发生一个晶闸管持续导通而两个二极管轮流导通的情况，这使 $u_d$ 成为正弦半波，即半周期 $u_d$ 为正弦，另外半周期 $u_d$ 为零，其平均值保持恒定，相当于单相半波不可控整流电路时的波形，称为失控。例如，当 VT1 导通时切断触发电路，则当 u2 变负时，由于电感的作用，负载电流由 VT1 和 VD2 续流，当 u2 又为正时，因 VT1 是导通的，u2 又经 VT1 和 VD4 向负载供电，出现失控现象。有续流二极管 VDR 时，续流过程由 VDR 完成，在续流阶段晶闸管关断，这就避免了某一个晶闸管持续导通，从而避免失控的现象。同时，续流期间导电回路中只有一个管压降，有利于降低损耗。

有续流二极管时，电路中各部分的波形如图 2-8（b）所示。当电感足够大时，可以近似地把整流电流波形看成平直的，这在工程上是允许的，为工程计算带来很大的方便。

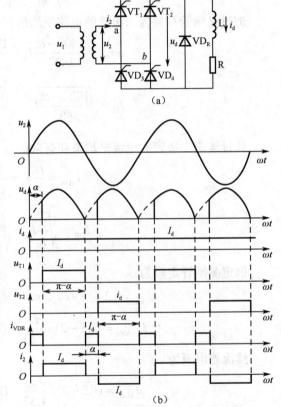

图 2-8 单相桥式半控整流电路与波形

有续流二极管电路时，整流电压平均值与电阻负载时相同。

流过晶闸管与整流二极管的电流平均值为

$$I_{dT} = \frac{\pi - \alpha}{2\pi} I_d \tag{2-11}$$

流过晶闸管与整流二极管的电流有效值为

$$I_T = \sqrt{\frac{\pi - \alpha}{2\pi}} I_d \tag{2-12}$$

流过续流二极管的电流平均值与有效值分别为

$$I_{dDR} = \frac{2\alpha}{2\pi} I_d = \frac{\alpha}{\pi} I_d \tag{2-13}$$

$$I_{DR} = \sqrt{\frac{\alpha}{\pi}} I_d \qquad (2-14)$$

例：某电感性负载采用带续流二极管的单相桥式半控整流电路供电，已知负载电阻为5Ω，输入电压为220V，晶闸管控制角 $\alpha=30°$，求流过晶闸管、二极管的电流平均值及有效值。

解：首先求出输出电压平均值

$$U_d = 0.9U_2 \frac{1+\cos\alpha}{2} = 0.9 \times 220 \times \frac{1+\cos 30°}{2} \text{V} = 184.7\text{V}$$

负载电流平均值为

$$I_d = U_d/R_d = (184.7/5)\text{A} = 36.9\text{A}$$

流过晶闸管与整流二极管的电流平均值和有效值为

$$I_{dT} = \frac{180°-\alpha}{360°} I_d = \frac{180°-30°}{360°} \times 36.9\text{A} = 15.4\text{A}$$

$$I_T = \sqrt{\frac{180°-\alpha}{360°}} I_d = \sqrt{\frac{180°-30°}{360°}} \times 36.9\text{A} = 23.8\text{A}$$

流过续流二极管的电流平均值和有效值为

$$I_{dDR} = \frac{\alpha}{\pi} I_d = \frac{30°}{180°} \times 36.9\text{A} = 6.2\text{A}$$

$$I_{DR} = \sqrt{\frac{\alpha}{\pi}} I_d = \sqrt{\frac{30°}{180°}} \times 36.9\text{A} = 15.1\text{A}$$

确定晶闸管定额为

$$U_{Tn} = (2 \sim 3)U_{TM} = (2 \sim 3) \times \sqrt{2} \times 220\text{V} = 625 \sim 936\text{V}$$

$$I_{T(AV)} = (1.5 \sim 2) \times \frac{I_T}{1.57} = (1.5 \sim 2) \times \frac{23.8}{1.57}\text{A} = 22.7 \sim 30.2\text{A}$$

续流管电流为

$$I_{VDR} = (1.5 \sim 2) \times \frac{I_{DR}}{1.57} = (1.5 \sim 2) \times \frac{15.1}{1.57}\text{A} = 14.4 \sim 19.2\text{A}$$

取系列值为 $I_{T(AV)} = 30\text{A}$；$I_{VDR} = 20\text{A}$；$U_{Tn} = 800\text{V}$。

选择晶闸管型号为 KP30-8。

整流管型号为 ZP30-8。

续流管型号为 ZP20-8。

单相桥式半控整流电路的另一种接法如图 2-9 所示，相当于把图 2-5（a）中的 VT$_3$ 和 VT$_4$ 换为二极管 VD$_3$ 和 VD$_4$，这样可以省去续流二极管 VD$_R$，续流由 VD$_3$ 和 VD$_4$ 来实现。需要注意的是，这种接法的两个晶闸管阴极电位不同，二者的触发电路需要隔离。

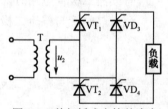

图 2-9 单相桥式半控整流电路的另一种接法

### 2.1.4 单相全波可控整流电路

单相全波可控整流电路也是一种实用的单相可控整流电路，又称单相双半波可控整流电路，其带电阻负载时的电路如图 2-10 所示。

单相全波可控整流电路中，变压器 T 带中心抽头，在 $u_2$ 正半周，$VT_1$ 工作，变压器二次绕组上半部分流过电流。$u_2$ 负半周，$VT_2$ 工作，变压器二次绕组下半部分流过反方向的电流。图 2-10 给出了 $u_d$ 和变压器一次侧的电流 $i_1$ 的波形。由波形可知，单相全波可控整流电路的 $u_d$ 波形与单相桥式全控整流电路的 $u_d$ 波形一样，交流输入端电流波形也一样，变压器也不存在直流磁化的问题。当接其他负载时，也有相同的结论。因此，单相全波可控整流电路与单相桥式全控整流电路从直流输出端或从交流输入端看均是基本一致的，两者的区别如下。

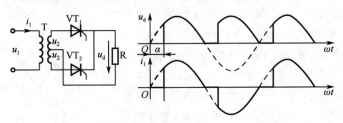

图 2-10 单相全波可控整流电路及波形

（1）单相全波可控整流电路中变压器的二次绕组带中心抽头，结构较复杂。绕组及铁心对铜、铁等材料的消耗比单相桥式全控整流电路多，在当今世界上有色金属资源有限的情况下，这是不利的。

（2）单相全波可控整流电路中只用 2 个晶闸管，比单相桥式全控整流电路少 2 个，相应地，晶闸管的门极驱动电路也少 2 个；但是在单相全波可控整流电路中，晶闸管承受的最大电压是 $2\sqrt{2}U_2$，是单相桥式全控整流电路的 2 倍。

（3）单相全波可控整流电路中，导电回路只含 1 个晶闸管，比单相桥式全控整流电路少 1 个，因而也少了一个管压降。

由上述分析得知，单相全波可控整流电路适宜用于小功率、低输出电压的场合应用。

## 2.2 三相可控整流电路

整流负载容量较大，或要求直流电压脉动较小时，应采用三相整流电路，其交流侧由三相电源供电。三相可控整流电路中，最基本的是三相半波可控整流电路，应用最为广泛的三相桥式全控整流电路、双反星形可控整流电路及十二脉波可控整流电路等，均可在三相半波可控整流电路的基础上进行分析。

### 2.2.1 三相半波可控整流电路

三相半波可控整流电路又称为三相零式可控整流电路。之所以称为三相零式，是因为整流变压器的二次绕组只能接成星形，有一个变压器的零点，而一次绕组多接成三角形，以减少三次谐波对电网的影响。

三相零式电路又称为三相半波电路，它包括三相半波共阴极组整流电路及三相半波共阳极组整流电路两种。

**1. 电阻负载**

三相半波可控整流电路如图 2-11（a）所示。为得到零线，变压器二次绕组必须接成星形，而一次绕组接成三角形，避免三次谐波流入电网。三个晶闸管分别接入 u、v、w 三相电源，它们的阴极连接在一起，称为共阴极接法，这种接法的触发电路有公共端，连线方便。

假设将电路中的晶闸管换成二极管，并用 VD 表示，该电路就成为三相半波不可控整流电路，下面首先分析其工作情况。此时，3 个二极管对应的相电压中哪一个的值最大，则该相所对应的二极管导通，并使另两相的二极管承受反向电压而关断，输出的整流电压即为该相的相电压，波形如图 2-11（d）所示。在一个周期中，器件工作情况如下：在 $\omega t_1 \sim \omega t_2$ 期间，u 相电压最高，VD$_1$ 导通，$u_d=u_u$；在 $\omega t_2 \sim \omega t_3$ 期间，v 相电压最高，VD$_2$ 导通，$u_d=u_v$；在 $\omega t_3 \sim \omega t_4$ 期间，w 相电压最高，VD$_3$ 导通，$u_d=u_w$。此后，在下一周期相当于 $\omega t_1$ 的位置（即 $\omega t_4$ 时刻），VD$_1$ 又导通，重复前一周期的工作情况。如此，一个周期中 VD$_1$、VD$_2$、VD$_3$ 轮流导通，每管各导通 120°。$u_d$ 波形为三个相电压在正半周期的包络线。

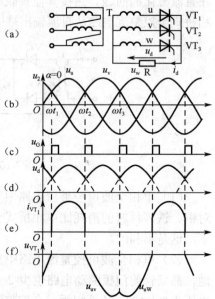

图 2-11 三相半波可控整流电路电阻负载 $\alpha=0°$ 时的波形

在相电压的交点 $\omega t_1$、$\omega t_2$、$\omega t_3$ 处，均出现了二极管换相，即电流由一个二极管向另一个二极管转移，称这些交点为自然换相点。对三相半波可控整流电路而言，自然换相点是各相晶闸管能触发导通的最早时刻，将其作为计算各晶闸管触发角 $\alpha$ 的起点，即 $\alpha=0°$，要改变触发角只能在此基础上增大，即沿时间坐标轴向右移。若在自然换相点处触发相应的晶闸管导通，则电路的工作情况与以上分析的二极管整流工作情况一样。从单相可控整流电路可知，各种单相可控整流电路的自然换相点是变压器二次电压 $u_2$ 的过零点。

当 $\alpha=0°$ 时，变压器二次侧 u 相绕组和晶闸管 VT$_1$ 的电流波形如图 2-11（e）所示，另两相电流波形形状相同，相位依次滞后 120°，可见变压器二次绕组电流有直流分量。

图 2-12 是 $\alpha=30°$ 时的波形。从输出电压、电流的波形可看出，这时负载电流处于连续和断续的临界状态，各相仍导电 120°。

在 $\alpha>30°$，如 $\alpha=60°$ 时，整流电压的波形如图 2-13 所示，当导通一相的相电压过零变负时，该相晶闸管关断。此时下一相晶闸管虽承受正电压，但它的触发脉冲还未到，不会导通，因此输出电压电流均为零，直到触发脉冲出现为止。这种情况下，负载电流断续，各晶闸管导通角为 90°，小于 120°。

若 $\alpha$ 继续增大，整流电压将越来越小，$\alpha=150°$ 时，整流输出电压为零。故电阻负载时 $\alpha$ 的移相范围为 150°。

整流电压平均值的计算分以下两种情况。

（1）$\alpha \leq 30°$ 时，负载电流连续，有

$$U_d = \frac{1}{\frac{2\pi}{3}} \int_{\frac{\pi}{6}+\alpha}^{\frac{5\pi}{6}+\alpha} \sqrt{2}U_2 \sin \omega t \, d(\omega t) = \frac{3\sqrt{6}}{2\pi} U_2 \cos \alpha = 1.17 U_2 \cos \alpha \tag{2-15}$$

$\alpha=0$ 时，$U_d$ 最大，即

$$U_d = U_{d0} = 1.17 U_2$$

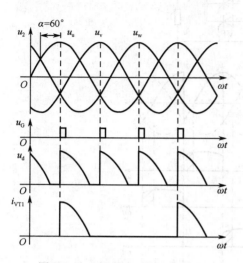

图 2-12 三相半波可控整流电路
电阻负载 $\alpha=30°$ 时的波形

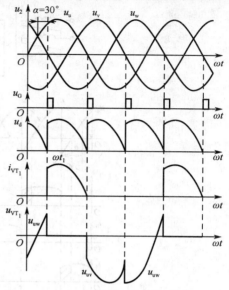

图 2-13 三相半波可控整流电路
电阻负载 $\alpha=60°$ 时的波形

(2) $\alpha \geqslant 30°$ 时，负载电流断续，晶闸管导通角减小，此时有

$$U_\mathrm{d} = \frac{1}{\frac{2\pi}{3}} \int_{\frac{\pi}{6}+\alpha}^{\pi} \sqrt{2} U_2 \sin \omega t \mathrm{d}(\omega t) = \frac{3\sqrt{2}}{2\pi} U_2 \left[1+\cos\left(\frac{\pi}{6}+\alpha\right)\right] = 0.675 U_2 \left[1+\cos\left(\frac{\pi}{6}+\alpha\right)\right] \quad (2\text{-}16)$$

负载电流平均值为

$$I_\mathrm{d} = \frac{U_\mathrm{d}}{R} \quad (2\text{-}17)$$

晶闸管承受的最大反向电压为变压器二次线电压峰值，即

$$U_\mathrm{RM} = \sqrt{2} \times \sqrt{3} U_2 = \sqrt{6} U_2 = 2.45 U_2 \quad (2\text{-}18)$$

## 2. 阻感负载

如果负载为阻感负载，且 $L$ 很大，如图 2-14 所示，整流电流 $u_\mathrm{d}$ 的波形基本是平直的，流过晶闸管的电流接近矩形波。

$\alpha \leqslant 30°$ 时，整流电压波形与电阻负载时相同，因为两种负载情况下，负载电流均连续。

$\alpha > 30°$ 时，$\alpha=60°$ 时的波形如图 2-14 所示。当 $u_2$ 过零时，由于电感的存在，阻止电流下降，因而 $\mathrm{VT}_1$ 继续导通，直到下一相晶闸管 $\mathrm{VT}_2$ 的触发脉冲到来，才发生换流，由 $\mathrm{VT}_2$ 导通向负载供电，同时向 $\mathrm{VT}_1$ 施加反向电压使其关断。这种情况下 $u_\mathrm{d}$ 波形中出现负的部分，若 $\alpha$ 增大，$u_\mathrm{d}$ 波形中负的部分将增多，至 $\alpha=90°$ 时，$u_\mathrm{d}$ 波形中正、负面积相等，$u_\mathrm{d}$ 的平均值为零。可见阻感负载时，$\alpha$ 的移相范围为 $90°$。

由于负载电流连续，$U_\mathrm{d}$ 可由式（2-15）求出，即

$$U_\mathrm{d} = 1.17 U_2 \cos\alpha$$

变压器二次电流即晶闸管电流的有效值为

$$I_2 = I_\mathrm{T} = \frac{1}{\sqrt{3}} I_\mathrm{d} = 0.577 I_\mathrm{d} \quad (2\text{-}19)$$

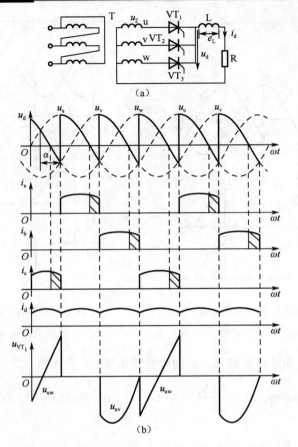

图 2-14 三相半波可控整流电路阻感负载 α=60°时的波形

由此可求出晶闸管的额定电流为

$$I_{T(AV)} = \frac{I_T}{1.57} = 0.386 I_d \tag{2-20}$$

晶闸管两端电压波形如图 2-14 所示,由于负载电流连续,因此晶闸管最大正、反向电压峰值均为变压器二次线电压峰值,即

$$U_{FM} = U_{RM} = 2.45\, U_2 \tag{2-21}$$

图 2-14 中所给 $i_d$ 波形有一定的脉动,与分析单相整流电路阻感负载时图 2-5 所示的 $i_d$ 波形有所不同。这是电路工作的实际情况,因为负载中电感量不可能也不必非常大,往往只要能保证负载电流连续即可,这样 $i_d$ 实际上是有波动的,波形不是完全平直的水平线。通常,为简化分析及定量计算,可以将 $i_d$ 近似为一条水平线,这样的近似对分析和计算的准确性并不产生很大影响。

三相半波可控整流电路的主要缺点在于其变压器二次电流中含有直流分量,为此其应用较少。

### 3. 共阳极可控整流电路

把三只晶闸管的阳极公共端连在一起就构成了共阳极接法的三相半波可控整流电路,由于晶闸管只有在阳极电位高于阴极电位时才能导通,因此在共阳极接法中,工作在整流状态的晶闸管只有在电源相电压负半周才能被触发导通,换相总是换到阴极电位更负的那一相。

其工作情况、波形和数量关系与共阴极接法时相仿，仅输出极性相反。三相半波共阳极可控整流电路及波形如图 2-15 所示。

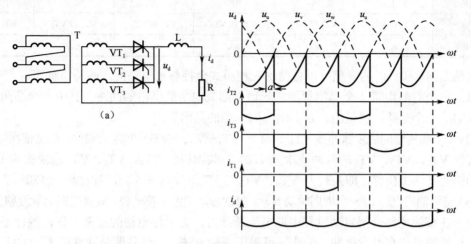

图 2-15　三相半波共阳极可控整流电路及波形

## 2.2.2　三相桥式全控整流电路

三相半波可控整流的变压器存在直流磁化的问题，会造成变压器发热和利用率下降。目前在各种整流电路中，应用最为广泛的是三相桥式全控整流电路，如图 2-16 所示。将其中阴极连接在一起的 3 个晶闸管（VT$_1$、VT$_3$、VT$_5$）称为共阴极组；阳极连接在一起的 3 个晶闸管（VT$_4$、VT$_6$、VT$_2$）称为共阳极组。此外，希望晶闸管按 1～6 的顺序导通，为此将晶闸管按图 2-16 所示的顺序编号，即共阴极组中与 u、v、w 三相电源相接的 3 个晶闸管分别为 VT$_1$、VT$_3$、VT$_5$，共阳极组中与 u、v、w 三相电源相接的 3 个晶闸管分别为 VT$_4$、VT$_6$、VT$_2$。从后面的分析可知，按此编号，晶闸管的导通顺序为 VT$_1$—VT$_2$—VT$_3$—VT$_4$—VT$_5$—VT$_6$。

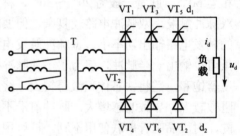

图 2-16　三相桥式全控整流电路

**1. 电阻负载**

可以采用与分析三相半波可控整流电路时类似的方法，假设将电路中的晶闸管换成二极管，这种情况也就相当于晶闸管触发角 $α=0°$ 时的情况。此时，对于共阴极组的 3 个晶闸管阳极所接交流电压值最高的一个导通。而对于共阳极组的 3 个晶闸管，则是阴极所接交流电压值最低（或者说负得最多）的一个导通。这样，任意时刻共阳极组和共阴极组中各有 1 个晶闸管处于导通状态，施加于负载上的电压为线电压。$α=0°$ 时工作波形如图 2-17 所示。为了说明各晶闸管的工作情况，将波形中的一个周期等分为 6 段，每段为 60°，各时段对应的输出电压及导通的晶闸管的情况如表 2-1 所示。

由图 2-17 中变压器二次绕组相电压与线电压波形的对应关系看出，各自然换相点既是相电压的交点，同时也是线电压的交点。在分析的波形时，既可从相电压波形分析，也可以从线电压波形分析。

表 2-1  各时段对应的输出电压及导通的晶闸管的情况

| 时段 | I | II | III | IV | V | VI |
|---|---|---|---|---|---|---|
| 导通晶闸管 | VT$_6$ 和 VT$_1$ | VT$_1$ 和 VT$_2$ | VT$_2$ 和 VT$_3$ | VT$_3$ 和 VT$_4$ | VT$_4$ 和 VT$_5$ | VT$_5$ 和 VT$_6$ |
| 输出电压 | $u_{uv}$ | $u_{uw}$ | $u_{vw}$ | $u_{vu}$ | $u_{wu}$ | $u_{wv}$ |

从触发角 $\alpha=0°$ 时的情况可以总结出三相桥式全控整流电路的一些特点如下。

（1）每个时刻均需 2 个晶闸管同时导通，形成向负载供电的回路，其中一个晶闸管是共阴极组的，一个是共阳极组的，且不能为同一相的晶闸管。

（2）6 个晶闸管的触发脉冲按 VT$_1$—VT$_2$—VT$_3$—VT$_4$—VT$_5$—VT$_6$ 的顺序，相位依次差 60°；共阴极组 VT$_1$、VT$_3$、VT$_5$ 的脉冲依次差 120°，共阳极组 VT$_4$、VT$_6$、YT$_2$ 也依次差 120°；同一相的上下两个桥臂，即 VT$_1$ 与 VT$_4$、VT$_3$ 与 VT$_6$、VT$_5$ 与 VT$_2$，脉冲相差 180°。

（3）整流输出电压 $u_d$ 一个周期脉动 6 次，每次脉动的波形都一样，故该电路为脉波整流电路。

（4）在整流电路合闸启动过程中或电流断续时，为确保电路的正常工作，须保证同时导通的 2 个晶闸管均有触发脉冲。为此，可采用两种方法：一种是使脉冲宽度大于 60°（一般取 80°～100°），称为宽脉冲触发。另一种方法是，在触发某个晶闸管的同时，给该序号前一个的晶闸管补发脉冲。即用两个窄脉冲代替宽脉冲，两个窄脉冲的前沿相差 60°，脉宽一般为 20°～30°，称为双脉冲触发。双脉冲电路较复杂，但要求的触发电路输出功率小。宽脉冲触发电路虽可少输出一半脉冲，但为了不使脉冲变压器饱和，需将铁芯体积做得较大，绕组匝数较多，导致漏感增大，脉冲前沿不够陡，对于晶闸管串联使用不利。虽可用去磁绕组改善这种情况，但又使触发电路复杂化。因此，常用的是双脉冲触发。

（5）$\alpha=0°$ 时，晶闸管承受的电压波形如图 2-17 所示。图 2-17 中仅给出 VT$_1$ 的电压波形。将此波形与三相半波可控整流电路的 VT$_1$ 电压波形比较可见，两者是相同的，晶闸管承受最大正、反向电压的关系也与三相半波的一样。

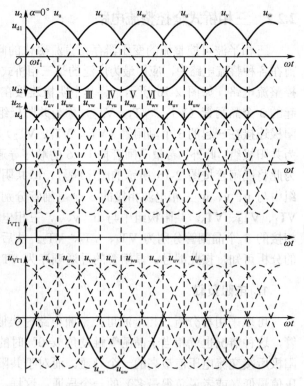

图 2-17  三相桥式全控整流电路电阻负载 $\alpha=0°$ 时波形

图 2-17 中还给出了晶闸管 VT$_1$ 流过电流 $i_{VT1}$ 的波形，由此波形可以看出，晶闸管一个周期中有 120° 处于通态，240° 处于断态，由于负载为电阻，故晶闸管处于通态时的电流波形与相应时段的 $i_d$ 波形相同。

图 2-18 给出了 $\alpha=60°$ 时的波形，电路工作情况仍可对照表 2-1 分析。$u_d$ 波形中每段线电压的波形继续向后移，$u_d$ 平均值继续降低。$\alpha=60°$ 时 $i_d$ 出现了为零的点。

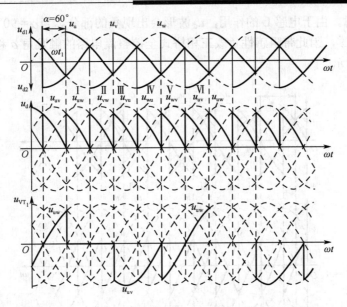

图 2-18　三相桥式全控整流电路电阻负载 α=60° 时的波形

由以上分析可见，当 α≤60° 时，$u_d$ 和 $i_d$ 波形均连续。当 α>60° 时，$u_d$ 和 $i_d$ 波形断续。图 2-19 给出了 α=90° 时电阻负载情况下的工作波形，此时 $u_d$ 波形每 60° 中有 30° 为零。

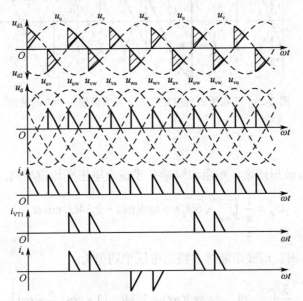

图 2-19　三相桥式全控整流电路电阻负载 α=90° 时的波形

如果继续增大 α 至 120°，整流输出电压 $u_d$ 波形将全为零，其平均值也为零。可见，带电阻负载时三相桥式全控整流电路触发角 α 的移相范围是 120°。

### 2. 阻感负载

当 α≤60° 时，$i_d$ 波形连续，电路的工作情况与带电阻负载时相似，各晶闸管的通断情况、输出整流电压 $u_d$ 波形、晶闸管承受的电压波形等都一样。区别在于由于电感的作用，使得负载电流波形变得平直，当电感足够大的时候，负载电流的波形可近似为一条水平线。

当 $\alpha>60°$ 时，由于电感 L 的作用，$u_d$ 波形会出现负的部分。当 $\alpha=90°$ 时，$u_d$ 波形上下对称，平均值为零，因此带阻感性负载三相桥式全控整流电路的触发角 $\alpha$ 移相范围为 $90°$。波形如图 2-20 所示。

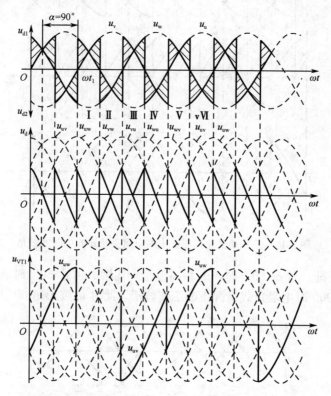

图 2-20 三相桥式全控整流电路阻感负载 $\alpha=90°$ 时波形

### 3. 参数计算

当 $\alpha \leq 60°$ 时，$u_d$ 波形连续，电阻和阻感负载整流电压平均值相同，即

$$U_d = \frac{1}{\frac{\pi}{3}} \int_{\frac{\pi}{3}+\alpha}^{\frac{2\pi}{3}+\alpha} \sqrt{6} U_2 \sin \omega t\, d(\omega t) = 2.34 U_2 \cos \alpha \tag{2-22}$$

电阻负载 $\alpha>60°$ 时，$u_d$ 波形断续，整流电压平均值为

$$U_d = \frac{3}{\pi} \int_{\frac{\pi}{3}+\alpha}^{\pi} \sqrt{6} U_2 \sin \omega t\, d(\omega t) = 2.34 U_2 \left[1 + \cos\left(\frac{\pi}{3}+\alpha\right)\right] \tag{2-23}$$

负载电流平均值为

$$I_d = U_d / R \tag{2-24}$$

变压器二次电流有效值为

$$I_2 = \sqrt{\frac{1}{2\pi}\left(I_d^2 \times \frac{2\pi}{3} + (-I_d)^2 \times \frac{2\pi}{3}\right)} = \sqrt{\frac{2}{3}} I_d = 0.816 I_d \tag{2-25}$$

### 2.2.3 带平衡电抗器的双反星形可控整流电路

在电解电镀等工业应用中，经常需要低电压大电流（如几十伏，几千至几万安）的可调直流电源。如果采用三相桥式电路，每个电流回路有两个管压降损耗，降低了效率。在这种情况下，可采用带平衡电抗器的双反星形可控整流电路，简称双反星形电路。

整流变压器的二次侧每相有两个匝数相同极性相反的绕组，分别接成两组三相半波电路，即 u、v、w 一组，u'、v'、w' 一组。u 与 u'绕在同一相铁芯上，如图 2-21 所示，"·"表示同名端。同样，v 与 v'、w 与 w'都绕在各自的同一相铁芯上，故得名双反星形电路。变压器二次侧两绕组的极性相反可消除铁芯的直流磁化，设置电感量为 $L_p$ 的平衡电抗器是为保证两组三相半波整流电路能同时导电，每组承担一半负载。因此与三相桥式整流电路相比，在采用相同数量晶闸管的条件下，输出电流可大一倍。触发角 α=0°时，两组整流电压、电流的波形如图 2-22 所示。

在图 2-22 中，两组的相电压互差 180°，因而相电流也互差 180°，幅值相等都是 $I_d/2$。以 u 相而言，相电流 $i_u$ 与 $i'_u$ 出现的时刻虽不同，但它们的平均值都是 $I_d/6$，因为平均电流相等而绕组的极性相反，所以直流安匝互相抵消。因此，本电路是利用绕组的极性相反来消除直流磁势。

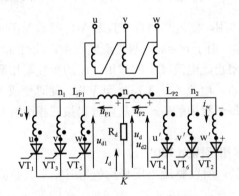

图 2-21 带平衡电抗器的双反星形可控整流电路

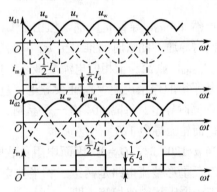

图 2-22 双反星形电路 α=0 时的波形

两个星形的中间点接有带中间抽头的平衡电抗器，因为两个电源的电压平均值和瞬时值均相等时，才能使负载电流平均分配。在双反星形电路中，虽然两组整流电压的平均值 $U_{d1}$ 和 $U_{d2}$ 是相等的，但是它们的脉动波相差 60°，它们的瞬时值是不同的，如图 2-23（a）所示。现在把 6 个晶闸管的阴极连接在一起，因而两个星形的中点 $n_1$ 和 $n_2$ 间的电压便等于 $u_{d1}$ 和 $u_{d2}$ 之差，其波形是三倍频的近似三角波，如图 2-23（b）所示。这个电压加在平衡电抗器 $L_p$ 上，产生电流 $i_p$，它通过两组星形自成回路，不流到负载中去，称为环流或平衡电流。考虑到 $i_p$ 后，每组三相半波承担的电流分别为 $I_d/2 \pm i_p$。为了使两组电流尽可能平均分配，一般使 $L_p$ 的值足够大，以便限制环流在其负载额定电流的 1%～2%以内。

在图 2-21 的双反星形电路中，如不接平衡电抗器，即成为六相半波整流电路，在任一瞬间只能有一个晶闸管导电，其余 5 个晶闸管均承受反向电压而阻断，每管最大的导通角为 60°，每管的平均电流为 $I_d/6$。

在图 2-23（a）中取任一瞬间（如 $\omega t_1$），这时 $u'_v$ 及 $u_u$ 均为正值，然而 $u'_v$ 大于 $u_u$，如果两组三相半波整流电路的中点 $n_1$ 和 $n_2$ 直接相连，则必然只有 v'相的晶闸管能导电。接了平衡电抗器后，$n_1$ 和 $n_2$ 间的电位差加在 $L_p$ 的两端，它补偿了 $u'_v$ 和 $u_u$ 的电动势差，使得 $u'_v$ 和 $u_u$

相的晶闸管能同时导电，如图 2-24 所示。由于在 $\omega t_1$ 时 $u'_v$ 比 $u_u$ 电压高，$VT_6$ 导通，此电流在流经 $L_p$ 时，$L_p$ 上要产生感应电动势 $u_p$，它的方向是要阻止电流增大，如图 2-24 所标出的极性。可以导出平衡电抗器两端电压和整流输出电压的数学表达式为

$$u_p = u_{d2} - u_{d1} \tag{2-26}$$

$$u_d = u_{d2} - \frac{1}{2}u_p = u_{d1} + \frac{1}{2}u_p = \frac{1}{2}(u_{d1} + u_{d2}) \tag{2-27}$$

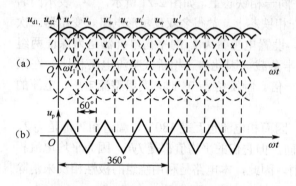
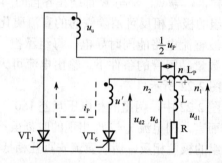

图 2-23 平衡电抗器作用下输出电压波形　　图 2-24 平衡电抗器作用下两个晶闸管同时导电的情况

虽然 $u'_v > u_u$，导致 $u_{d2} > u_{d1}$，但由于 $L_p$ 的平衡作用，使得晶闸管 $VT_6$ 和 $VT_1$ 都承受正向电压而同时导通。随着时间推迟至 $u'_v$ 和 $u_u$ 的交点时，由于 $u'_v = u_u$，两管继续导电，此时 $u_p = 0$。之后 $u'_v < u_u$，则流经 $v'$ 相的电流要减小，但 $L_p$ 有阻止此电流减小的作用，$u_p$ 的极性则相反，$L_p$ 仍起平衡的作用，使 $VT_6$ 继续导电，直到 $u'_w > u'_v$，电流才从 $VT_6$ 换至 $VT_2$。此时变成 $VT_1$ 和 $VT_2$ 同时导电。每隔 60° 有一个晶闸管换相。每一组中的每一个晶闸管仍按三相半波的导电规律而轮流导电 120°。

当 $\alpha = 120°$ 时，$U_d = 0$，因而电阻负载时 $\alpha$ 的移相范围为 120°。

双反星形整流电路是两组三相半波电路的并联，所以整流电压平均值与三相半波整流电路的整流电压平均值相等，即

$$U_d = 1.17 U_2 \cos\alpha \tag{2-28}$$

把双反星形整流电路与三相桥式整流电路进行比较可得出以下结论。

（1）三相桥式整流电路是两组三相半波整流电路串联，而双反星形整流电路是两组三相半波整流电路并联，且后者要用平衡电抗器。

（2）当变压器二次电压有效值 $U_2$ 相等时，双反星形整流电路的整流电压平均值 $U_d$ 是三相桥式整流电路的 1/2，而整流电流平均值 $I_d$ 是三相桥式电路的 2 倍。

（3）在两种电路中，晶闸管的导通及触发脉冲的分配关系是一样的，整流电压 $u_d$ 仍和整流电流 $i_d$ 的波形形状一样。

拓展知识

## 2.3　变压器漏抗对整流电路的影响

只要是带有电源变压器的变流电路，不可避免地存在着变压器绕组的漏感。在分析单相

和三相可控整流电路的电感性负载整流电压的过程中,忽略了漏感的影响,假设晶闸管的换相是瞬时完成的。在分析中,每相的漏感可以用一个集中的电感来表示,如图 2-25(a)中的 $L_T$,且其值是折算到变压器二次侧的,由于电感要阻止电流的变化,因此它使流过晶闸管的电流不能突变,相邻两相所接晶闸管的换流(也称为换相)不可能瞬时完成,存在着两个晶闸管同时导通换流的过程,也就是存在着换相重叠角的问题。

### 1. 换流期间整流输出电压 $u_d'$

下面以三相半波可控整流带大电感负载电路为例。如图 2-25(a)所示,$L_T$ 为变压器每相折算到二次绕组的漏感参数。图 2-25(b)是在触发角为 α 时电压与电流波形,在 $\omega t_1$ 时刻触发 $VT_1$,由于变压器漏抗存在,流过 $VT_3$ 的 v 相电流 $i_v$ 只能从零开始上升,而 $VT_1$ 的 u 相电流从 $I_d$ 开始下降,当 $\omega t=\omega t_2$ 时,v 相电流已上升到 $I_d$,u 相电流已下降到零,$VT_1$ 管被关断,即换流结束。把 $\omega t_1 \sim \omega t_2$ 这段时间称为换流时间,其相应的电角度定义为换相重叠角,用 γ 表示。通常 γ 越大,则相应换流时间越长,当 α 一定时,γ 的大小与变压器的漏抗及负载电流大小成正比。

在负载电流从 u 相换到 v 相过程中,$VT_1$ 和 $VT_3$ 同时导通,相当于这两相之间出现短路。短路电压 $u_v$、$u_u$ 在这两相漏抗的回路中产生一个短路电流 $i_k$,如图 2-25(a)中虚线所示。如果忽略变压器内阻压降和晶闸管的管压降,短路电压被两相漏感感应电动势所平衡,则

$$u_v - u_u = 2L_T \frac{di_k}{dt} \tag{2-29}$$

这样,两相换流期间电路输出整流电压 $u_d'$ 为

$$u_d' = u_v - L_T \frac{di_k}{dt} = u_u + L_T \frac{di_k}{dt} = u_v - \frac{u_v - u_u}{2} = \frac{u_u + u_v}{2} \tag{2-30}$$

由式(2-30)可知,在换相过程中输出整流电压 $u_d'$ 是 $u_u$ 与 $u_v$ 这两相电压的平均值,如图 2-25(b)所示。可见,在相同 α 时,与不考虑变压器漏抗(即 γ=0)时整流输出电压波形相比,一个周期内少了三块阴影面积(若三相全控桥则少六块阴影面积)。这三块面积对应的换相压降平均值 $\Delta U_d$ 为

$$\begin{aligned} \Delta U_d &= \frac{3}{2\pi} \int_\alpha^{\alpha+\gamma} (u_v - u_d') \mathrm{d}(\omega t) = \frac{3}{2\pi} \int_\alpha^{\alpha+\gamma} \left( u_v - \frac{u_u + u_v}{2} \right) \mathrm{d}(\omega t) \\ &= \frac{3}{2\pi} \int_\alpha^{\alpha+\gamma} L_T \frac{di_k}{dt} \mathrm{d}(\omega t) = \frac{3}{2\pi} \int_\alpha^{\alpha+\gamma} L_T \omega \frac{di_k}{\mathrm{d}(\omega t)} \mathrm{d}(\omega t) = \frac{3X_T}{2\pi} I_d \end{aligned} \tag{2-31}$$

式中 $X_T$——变压器每相折算到二次侧绕组的漏抗,它可根据变压器的铭牌数据求得,即 $X_T = U_2 u_k \%/I_{2N}$;

$u_k\%$——变压器的短路电压百分比,一般为 5%~10%;

$U_2$——变压器二次侧相电压有效值;

$I_{2N}$——变压器二次侧额定相电流。

同理,如果是 m 相可控整流电路(三相全控桥整流电路时 m=6),其换相压降平均值为

$$\Delta U_d = \frac{mX_T}{2\pi} I_d \tag{2-32}$$

可见，换相平均压降$\Delta U_d$的大小与负载电流$I_d$成正比，这相当于可控整流电路增加了一项内电阻，其阻值为$mX_T/2\pi$，区别仅在于这项内阻并不消耗有功功率。

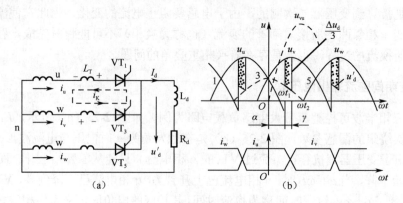

图2-25 变压器漏抗对整流电路的影响

**2. 考虑变压器漏抗等因素后的整流输出电压平均值$U_d$**

可控整流电路对直流负载来说，是一个有一定内阻的可变直流电源，其内阻应包括换相等效电阻$mX_T/2\pi$、变压器绕组导线电阻$R_T$（变压器一次侧绕组折算到二次侧后，再与二次侧每相电阻相加之和）及晶闸管压降的等效内阻$\Delta U_T/I_{T(AV)}$。所以，三相半波大电感负载的可控整流电路在考虑以上这些压降之后，整流输出电压平均值$U_d$为

$$U_d = 1.17U_2\cos\alpha - \frac{3}{2\pi}X_T I_d - R_T I_d - \Delta U_T$$
$$= 1.17U_2\cos\alpha - R_i I_d - \Delta U_T \tag{2-33}$$

式中　$\Delta U_T$——晶闸管通态平均电压（即管压降），一般以每管1V计算；

$R_i$——整流变压器等效内阻，$R_i = 3X_T/2\pi + R_T$。

同理，三相全控桥整流电路带大电感负载考虑换相压降等因素后输出整流电压平均值为

$$U_d = 2.34U_2\cos\alpha - \frac{6}{2\pi}X_T I_d - 2R_T I_d - 2\Delta U_T$$
$$= 2.34U_2\cos\alpha - R_i I_d - 2\Delta U_T \tag{2-34}$$

三相全控桥整流电路的等效内阻$R_i$和晶闸管导通时的管压降均是三相半波整流电路的两倍。经分析可知，变压器漏抗的存在能限制短路电流和抑制电流、电压的变化率。但漏抗的存在，产生了换相重叠，使整流电路的交流输入端电压波形也要发生畸变，使电源电压波形出现很小的缺口和毛刺，同时也要影响到晶闸管上的电压波形。这种畸变波形将对自身的控制电路以及其他设备的正常工作带来不良影响。因此，实际的整流电源装置的输入端应加滤波器，以消除这种畸变波形。另外，漏抗还会使整流装置的功率因数变差，电压脉动系数增加，输出电压的调整率也降低。

## 2.4　有源逆变电路

在生产实践中，存在着与整流过程相反的要求，即要求把直流电转变成交流电，这种对应于整流的逆向过程，定义为逆变。例如，卷扬机下降或电力机车下坡行驶时，使直流电动

机作为发电机制动运行，电动机车的位能转变为电能反送到交流电网中去。把直流电逆变成交流电的电路称为逆变电路。当交流侧和电网连接时，这种逆变电路称为有源逆变电路。有源逆变电路常用于直流可逆调速系统、交流绕线转子异步电动机串级调速及高压直流输电等方面。对于可控整流电路而言，只要满足一定的条件，就可以工作于有源逆变状态。此时，电路形式并未发生变化，只是电路工作条件转变，因此有源逆变可作为整流电路的一种工作状态进行分析。

通常将这种既工作在整流状态又工作在逆变状态的整流电路称为变流电路。如果变流电路的交流侧不与电网连接，而直接接到负载，即把直流电逆变为某一频率或可调频率的交流电供给负载，称为无源逆变（将在后续内容中介绍）。

以下先从直流发电机、电动机系统入手研究其间电能流转的关系，再转入变流器中分析交流电和直流电之间电能的流转，以掌握实现有源逆变的条件。

### 2.4.1 有源逆变的工作原理

两个直流电源 $E_1$ 和 $E_2$ 可有三种相连的电路形式，如图 2-26 所示。

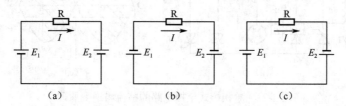

图 2-26 两直流电源间的功率传递

图 2-26（a）所示为两电源极性相对连接，设 $E_1 > E_2$，电流 $I$ 从 $E_1$ 流向 $E_2$，大小为

$$I = \frac{E_1 - E_2}{R} \tag{2-35}$$

式中 $R$——回路总电阻。

电源 $E_1$ 发出的功率 $p_1 = E_1 I$，电源 $E_2$ 吸取的功率 $p_2 = E_2 I$，电阻消耗的功率 $p_R = (E_1 - E_2)I = I^2 R$。

图 2-26（b）所示为将两电源极性反过来连接，同时 $E_2 > E_1$，则电流方向不变，但功率反送。

图 2-26（c）所示为相当于两个电源顺极性相接向电阻 $R$ 供电，这时电流大小为

$$I = \frac{E_1 + E_2}{R} \tag{2-36}$$

此时，两电源都输出功率，$p_1 = E_1 I$，$p_2 = E_2 I$；电阻上消耗的功率 $P_R = (E_1 + E_2)I$。如果电阻 $R$ 仅为回路电阻，数值很小，则会形成很大的电流 $I$，实际上相当于两个电源间短路。

由上述分析可得以下结论。

（1）电流从电源正极端流出者为输出功率，电流从电源正极端流入者为吸收功率。

（2）两个电源极性相对连接，电流总是从电动势高的电源流向电动势低的电源，电流大小取决于两电动势之差和回路电阻。如果回路电阻很小，尽管两电动势之差不大，也可以产生足够大的电流，使两电源间交换很大的功率。

（3）两电源顺极性相接时，电动势数值相加，若回路电阻很小，则形成短路。实际应用中要避免这种情况发生。

## 2.4.2 有源逆变产生的条件

图 2-27 为两组单相桥式全控电路，通过开关 Q 与直流电动机负载相接。假若 Q 掷向左边位置，I 组晶闸管的触发角 $α_I<90°$，电路工作在整流状态，输出波形如图 2-27（b）所示。输出电压 $U_{dI}$ 为上正下负，电动机处于电动运行，流过电枢的电流为 $i_1$，电动机的反电动势 $E$ 为上正下负。这时交流电源通过晶闸管装置供出功率，电动机吸收功率，这相当于图 2-26（a）所示情况。

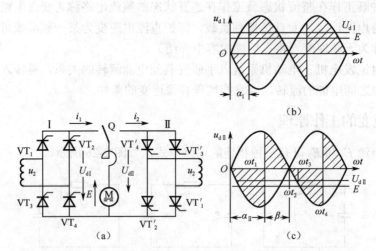

图 2-27 单相桥式全控电路的整流与逆变原理

当开关 Q 快速掷向右边，由于机械惯性，电动机的电动势 $E$ 不变，仍为上正下负，同时给 II 组晶闸管加触发脉冲，使 $α_{II}<90°$，输出电压 $U_{dII}$ 为下正上负，则形成两电源顺极性相连，因回路的电阻很小，将产生很大电流，相当于短路事故，这是不允许的，这就是图 2-26（c）所示的情况。

因此，当开关 Q 掷向右边位置时，应同时使单相全控桥电路的触发角 $α$ 调整到大于 $90°$，这时输出电压为 $U_{dII}=U_{d0}\cos α$，因 $α_{II}>90°$，$U_{dII}$ 为负值，极性为上正下负，且使 $|U_d|<|E|$，假若电动机转速暂不变，因而 $E$ 也不变，晶闸管在 $E$ 和 $u_2$ 的作用下导通，产生电流 $I_2$。此时电动机供出能量，运行在发电制动状态，晶闸管装置吸收的能量送回电网。这就是有源逆变，与图 2-26（b）所示情况一样。

由图 2-27（c）中的波形可见，单相全控桥式电路工作在逆变时的输出电压控制原理与整流时相同，只是触发角 $α>90°$，表示为

$$U_{dII}=0.9U_2\cos α$$

为计算方便，引入逆变角 $β$，令 $α=π-β$，用电角度表示时为 $α=180°-β$，所以逆变角为 $β$ 时的触发脉冲位置可从 $α=180°$ 时刻向左移 $β$ 来确定。

$$U_{dII}=0.9U_2\cos α= 0.9U_2\cos(180°-β)=-0.9U_2\cos β \quad (2-37)$$

由以上分析可见，在有源逆变时，晶闸管在交流电源的负半周导通的时间较长，即输出电压波形负面积大于正面积，电压平均值 $U_d<0$，直流平均功率的传递方向是由电动机返送到交流电源；当装置工作在整流时，为正面积大于负面积，平均电压 $U_d>0$，直流平均功率的传递方向是交流电源经变流器送往直流负载。所以同一套变流装置，当 $α<90°$ 时，工作在整流状态；当 $α>90°$ 时，工作在逆变状态；当 $α=β=90°$ 时，输出电压平均值 $U_d=0$，电流 $I_d$ 也为

零，交直流两侧无能量交换。对于半控桥式晶闸管电路或直流侧并接有续流二极管的电路，不可能输出负电压，所以不能实现有源逆变。

实现有源逆变的条件可归纳如下。

（1）变流装置的直流侧必须外接有电压极性与晶闸管导通方向一致的直流电源 $E$，且 $|E|>|U_d|$。

（2）变流器必须工作在 $\beta<90°$（$\alpha>90°$）区间，使 $U_d<0$，才能将直流功率逆变为交流功率返送电网。

（3）为了保证变流装置回路中的电流连续，逆变电路中一定要串接大电抗。

### 2.4.3 逆变失败与最小逆变角限制

变流器工作在有源逆变状态时，若出现输出电压平均值与直流电源 $E$ 顺极性串联，必然形成很大的短路电流流过晶闸管和负载，造成过电流事故，这种现象称为逆变失败或逆变颠覆。

造成逆变失败的原因很多，主要有下列几种情况。

（1）触发电路工作不可靠，不能适时、准确地给各晶闸管分配脉冲，如脉冲丢失或脉冲延时等，致使晶闸管不能正常换相，使交流电源电压和直流电动势顺向串联，形成短路。

（2）晶闸管发生故障，在应该阻断期间，器件失去阻断能力，或在应该导通期间器件不能导通，造成逆变失败。

（3）在逆变工作时，交流电源发生缺相或突然消失，由于直流电动势 $E$ 的存在，晶闸管仍可导通，此时变流器的交流侧由于失去了同直流电动势极性相反的交流电压，则直流电动势将通过晶闸管使电路短路。

（4）换相的裕量角不足，引起换相失败。现以图 2-28（a）所示的三相半波可控整流电路为例，讨论变压器漏抗引起重叠角对变流电路换相的影响，设负载回路的电感量足够大。

图 2-28（a）中的 $L_T$ 为变压器每相折算到二次绕组的漏感集中参数，图 2-28（b）是逆变角 $\beta$（$\alpha>90°$ 区间）换流过程中电压与电流的波形，在 $\omega t_1$ 时刻触发 $VT_3$，由于变压器漏抗存在，流过 $VT_3$ 的 v 相电流 $i_v$ 只能从零开始上升，而 $VT_1$ 的 u 相电流从 $I_d$ 开始下降，当 $\omega t=\omega t_2$ 时，v 相电流已上升到 $I_d$，u 相电流已下降到零，$VT_1$ 被关断，即换流结束。把 $\omega t_1 \sim \omega t_2$ 这段时间称为换流时间，其相应的电角度定义为换相重叠角，用 $\gamma$ 表示。通常 $\gamma$ 越大，则相应换流时间需要越长，当 $\alpha$ 一定时，$\gamma$ 的大小与变压器的漏抗及负载电流大小成正比。

在负载电流从 u 相换到 v 相过程中，$VT_1$ 和 $VT_3$ 同时导通，相当于这两相之间出现短路。短路电压 $u_v-u_u$ 在这两相漏抗的回路中产生一个短路电流，如果忽略变压器内阻压降和晶闸管的管压降，短路电压被两相漏感产生的感应电动势所平衡。与不考虑变压器漏抗（即 $\gamma=0$）时整流输出电压波形相比，一个周期缺少了图 2-28（b）所示 $u_d$ 波形中的三块面积（三相全控桥整流电路就出现六块面积）。缺少的这三块面积对应的电压称为换相压降，其平均值为

$$\Delta U_d = \frac{m}{2\pi}X_T I_d$$

式中　$X_T$——变压器每相折算到二次绕组的漏抗，可由变压器的铭牌数据求得，即
　　　　$X_T=U_2 u_K\%/I_{2N}$；

　　　　$u_K\%$——变压器的短路电压百分比，一般为 5%～10%；

　　　　$U_2$——变压器二次电压有效值；

　　　　$I_{2N}$——变压器二次侧额定相电流；

$m$——相数（三相全控桥 m=6、三相半波 m=3）。

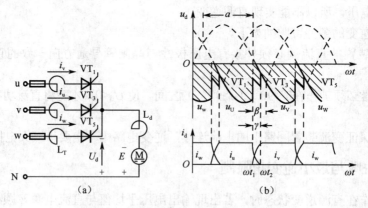

图 2-28 交流电抗对变流电路换相的影响

换相平均压降 $\Delta U_d$ 大小与负载电流 $I_d$ 成正比，这相当于可控整流电路增加了一项内电阻，其阻值为 $mX_T/2\pi$，区别仅在于这项内阻并不消耗有功功率。

换相重叠角的存在会给逆变工作带来不利的后果，在上述换相过程分析中，逆变电路工作在 $\beta>\gamma$ 时，经过换相过程后，v 相电压 $u_v$ 仍高于 u 相电压 $u_u$，所以换相结束时，能使 $VT_1$ 承受反压而关断。如果换相的裕量角不足，即 $\beta<\gamma$ 时，换相尚未结束，电路的工作状态到达自然换相点之后，$u_u$ 将高于 $u_v$，晶闸管 $VT_3$ 承受反向电压而重新关断，使得应该关断的 $VT_1$ 不能关断却继续导通，且 u 相电压随着时间的推迟越来越高，与电动势顺向串联导致逆变失败。

综上所述，为了防止逆变失败，对逆变装置所用晶闸管参数和性能要进行合理选择，并设置过电压、过电流保护环节，触发电路的工作一定要安全可靠，输出的触发脉冲逆变角最小值要严格加以限制。

逆变角最小值 $\beta_{\min}$ 应考虑以下因素。

（1）换相重叠角 $\gamma$

此值与整流变压器漏抗、变流器接线形式及工作电流都有关系。若逆变角 $\beta$ 小于换相重叠角 $\gamma$，就会造成逆变失败。一般 $\gamma$ 应为 15°～25° 电角度。

（2）晶闸管关断时间 $t_g$ 所对应的角度 $\delta_0$

$t_g$ 的大小由晶闸管参数决定，一般为 200～300μs，对应的电角度为 4°～6°。

（3）安全裕量角 $\theta$

考虑触发脉冲间隔不均匀、电网波动、畸变与温度的影响，还必须留有一个安全裕量角，一般取 $\theta$ 为 10° 左右。

综合以上因素，最小逆变角为

$$\beta_{\min} \geq \gamma + \delta_0 + \theta \approx 30° \sim 35°$$

为了防止触发脉冲进入 $\beta_{\min}$ 区内，可在触发电路中加一保护电路，使得在调整 $\beta$ 减小时，不能进入 $\beta_{\min}$ 区内；也可以在 $\beta_{\min}$ 处设置产生附加安全脉冲的装置，此脉冲位置固定，一旦工作脉冲移入 $\beta_{\min}$ 区内，则安全脉冲保证在 $\beta_{\min}$ 处发出，触发晶闸管防止逆变失败。

## 技能训练

### 训练项目 单相半控桥式整流电路实验

**1. 实训目的**

(1) 加深对单相桥式半控整流电路带电阻性、电阻电感性、反电势负载时工作情况的理解。

(2) 了解续流二极管在单相桥式半控整流电路中的作用,学会对实验中出现的问题加以分析和解决。

**2. 实训线路及原理**

实验电路如图 2-29 所示,由两组锯齿波同步移相触发电路给共阴极的两个晶闸管提供触发脉冲,整流电路的负载可根据要求选择电阻性、电阻电感性和反电势负载。实验原理可参见教材中的有关内容。

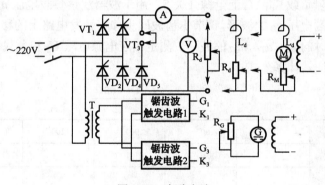

图 2-29 实验电路

**3. 实训内容**

(1) 单相桥式半控整流电路带电阻性负载。
(2) 单相桥式半控整流电路带电阻电感性负载。
(3) 单相桥式半控整流电路带反电势负载。

**4. 实训设备**

(1) 主控制屏 DK01。
(2) 直流电动机—直流发电机—测速发电机组。
(3) DK11 组件挂箱。
(4) 双臂滑线电阻器。
(5) 双踪慢扫描示波器。
(6) 万用表。

### 5. 预习要求

（1）阅读教材中有关单相桥式半控整流电路的有关内容，弄清单相桥式半控整流电路带不同负载时的工作原理。

（2）了解续流二极管在单相桥式半控整流电路中的作用。

### 6. 思考题

（1）单相桥式半控整流电路在什么情况下会发生失控现象？

（2）在加续流二极管前后，单相桥式半控整流电路中晶闸管两端的电压波形如何？

### 7. 实训方法

（1）按图 2-29 接线，可用晶闸管和二极管来组成单相半控桥。触发电路采用锯齿波同步移相触发电路，将实验设备上的"触发选择开关"拨至"锯齿波"，同步变压器一次绕组接 220 V 交流电压。将选择开关分别拨至"单相桥式"和"开"的位置，将锯齿波触发电路的输出脉冲端"$G_1$"、"$K_1$"和"$G_3$"、"$K_3$"分别接至半控桥中晶闸管 $VT_1$ 和 $VT_3$ 的门极和阴极。

（2）单相桥式半控整流电路带电阻性负载。

电路接可调电阻负载 $R_d$，合上电源开关 S，用示波器观察负载电压 $u_d$、晶闸管两端电压 $u_T$ 和整流二极管两端电压 $u_D$ 的波形，调节锯齿波同步移相触发电路上的移相控制电位器 $RP_1$，观察并记录不同 α 时的 $u_d$、$u_T$、$u_{D2}$ 的波形，测定相应电源电压 $U_2$ 和负载电压 $U_d$ 的数值，记录于下表中，并验证。计算公式：

$$U_d = 0.9 U_2 \frac{1+\cos\alpha}{2}$$

| α | 30° | 60° | 90° | 120° | 150° | 180° |
|---|---|---|---|---|---|---|
| $U_2$ | | | | | | |
| $U_d$（记录值） | | | | | | |
| $U_d / U_2$ | | | | | | |
| $U_d$（计算值） | | | | | | |

（3）单相桥式半控整流电路带电阻电感性负载。

① 断开主电路后，将负载改为电阻电感性负载，即将平波电抗器 $L_d$(700mH)与电阻 $R_d$ 串联。

② 不接续流二极管 $VD_5$，接通主电路，用示波器观察不同 α 时的 $u_d$、$u_{D2}$、$i_d$ 的波形，并测定相应 $U_2$、$U_d$ 的数值，记录于下表中。

| α | $U_2$ | $U_d$（记录值） | $U_d / U_2$ | $U_d$（计算值） |
|---|---|---|---|---|
| 30° | | | | |
| 60° | | | | |
| 90° | | | | |

③ 在 α=60° 时，移去触发脉冲（可将锯齿波同步触发电路上的"$G_3$"或"$K_3$"拔掉)，用示波器观察并记录移去脉冲前后的 $u_d$、$u_{T1}$、$u_{T3}$、$u_{D2}$ 的波形。

④ 接上续流二极管 $VD_5$，接通主电路，用示波器观察不同 $\alpha$ 时的 $u_d$、$u_{D2}$、$i_d$ 的波形，并测定相应 $U_2$、$U_d$ 的数值，记录于下表中。

| $\alpha$ | $U_2$ | $U_d$（记录值） | $U_d/U_2$ | $U_d$（计算值） |
|---|---|---|---|---|
| 30° | | | | |
| 60° | | | | |
| 90° | | | | |

⑤ 在接有续流二极管 $VD_5$ 及 $\alpha=60°$ 时，移去触发脉冲（可将锯齿波同步触发电路上的 "$G_3$" 或 "$K_3$" 拔掉），用示波器观察并记录移去脉冲前后的 $u_d$、$u_{T1}$、$u_{T3}$、$u_{D2}$ 和 $u_{D5}$ 的波形。

（4）单相桥式半控整流电路带反电势负载。

① 断开主电路，将负载改为直流电动机，不接平波电抗器 $L_d$，调节锯齿波同步触发电路上的 $RP_1$，使 $U_d$ 由零逐渐上升到额定值，用示波器观察并记录不同 $\alpha$ 时的输出电压 $u_d$ 和电动机电枢两端电压 $u_a$ 的波形。

② 接上平波电抗器，重复上述实验。

## 8. 实训报告

（1）画出：电阻性负载、电阻电感性负载时 $U_d/U_2=\varphi(\alpha)$ 的曲线。

（2）画出：电阻性负载、电阻电感性负载时 $\alpha$ 分别为 30°、60°、90° 时的 $u_d$、$u_T$ 的波形。

（3）说明续流二极管对消除失控现象的作用。

## 思考题

1. 什么是控制角 $\alpha$、导通角 $\theta$、平均电压 $U_d$、平均电流 $I_d$、有效值电压 $U_2$？
2. 什么是有效值电流 $I_T$、$I_2$？
3. 为什么要求触发脉冲电压 $u_g$ 一定要在晶闸管承受正向电压时出现？
4. 已知单相半波可控整流电路带电阻负载，如图 2-2（a）所示。$U_2=220V$，要求整流输出电压 $U_d=75V$，平均电流 $I_d=20A$，试选择晶闸管的额定电压 $U_{Tn}$、额定电流 $I_{T(AV)}$ 为多少（取安全裕量为 2）？
5. 单相全控桥式整流电路带电阻性负载，在所有晶闸管均无触发时，每个晶闸管所承受的正、反向电压 $u_T$ 是多少？在有一个桥路导通时，情况又如何？
6. 单相桥式全控整流电路如图 2-4（a）所示。要求输出的直流平均电压 $U_d=12\sim30V$ 连续可调，平均电流 $I_d=20A$，最小控制角 $\alpha_{min}=20°$，并考虑每只晶闸管的平均通态压降 $U_{T(AV)}=1V$，线路压降为 1V，试求：

（1）当 $\alpha_{min}=20°$ 时，变压器二次侧 $U_2$、$I_2$ 是多少？

（2）当输出电压 $U_d=12V$ 时，$\alpha$、$I_2$ 是多少？

7. 试比较单相全控桥和半控桥两种整流电路的优缺点，在实际应用时如何选择？
8. 单相半控桥式整流电路，纯电阻性负载，若其中一只晶闸管的阳、阴极间被烧断，试画出整流二极管、晶闸管和负载两端的电压波形。
9. 三相半波整流电路，采用晶闸管整流，晶闸管额定电压 700V，额定电流 200A，不考虑安全余量，求此整流器可以输出的最大电压、电流是多少？
10. 三相半波可控整流电路带大电感负载，$R_d=10\Omega$，相电压 $u_2=220V$。求：$\alpha=45°$ 时负载直流电压 $U_d$、

画出 $u_d$、$i_{T2}$、$u_{T3}$ 波形。

11. 三相全控桥式整流电路带大电感负载，已知：$U_2$=100V，电感内阻为 10Ω，求：$α$=45°时 $U_d$、$I_d$、$I_{dT}$ 和 $I_T$ 的值；并画出 $u_d$、$i_{T1}$、$u_{T1}$、$i_u$ 的波形。

12. 什么叫有源逆变？实现有源逆变的两个条件是什么？

13. 逆变角 $β$ 与触发角 $α$ 是什么关系？

14. 什么叫逆变失败？造成逆变失败的原因是什么？为什么要限制最小逆变角？

# 项目 3  晶闸管触发电路的制作与分析

  **教学目标**

掌握单结晶体管的结构、工作原理、伏安特性及测试方法。
掌握锯齿波触发电路的工作原理。
掌握锯齿波触发电路与主电路电压同步的原理，掌握脉冲变压器的作用。
熟悉国产 KC 系列集成触发器和 TAC785 集成触发器，了解其各引脚功能，掌握其典型的电路应用。
了解典型的数字触发器。

  **引例：单结晶体管触发电路**

单结晶体管触发电路具有简单、可靠、触发脉冲前沿陡、抗干扰能力强，以及温度补偿性能好等优点，在单相晶闸管交流电路和要求不高的三相半波晶闸管交流装置中有很多的应用。单结晶体管触发电路如图 3-1 所示，它是由同步电路和脉冲移相与形成电路两部分组成的。

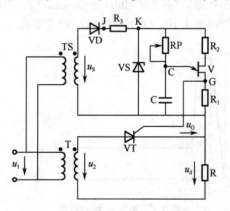

图 3-1  单结晶体管触发电路

同步电路由同步变压器 TS、整流二极管 VD、电阻 $R_3$ 及稳压管 VS 组成。同步变压器一次侧与晶闸管整流电路接在同一电源上。交流电压经同步变压器降压、单相半波整流，再经过稳压管稳压削波，形成一个梯形波电压，作为单结晶体管触发电路的供电电压。每个梯形波正好对应电源电压的半个周期，梯形波电压的零点与晶闸管阳极电压过零点一致，从而实现触发电路与整流主电路的同步。

脉冲移相电路由电位器 RP 和电容 C 组成，脉冲形成电路由单结晶体管 V、温度补偿电阻 $R_2$ 和输出电阻 $R_1$ 组成。当改变电路中电位器 RP 的阻值时，就可以改变对电容 C 的充电时间常数，如 $R_{RP}\uparrow \rightarrow i_c\uparrow \rightarrow$ 出现第一个脉冲的时间后移 $\rightarrow \alpha\uparrow \rightarrow U_d\downarrow$。

## 相关知识

## 3.1 对晶闸管触发电路的要求

各类电力电子器件的门（栅）极控制电路都应提供符合器件要求的触发电压与电流，对于全控器件还应提供符合一定要求的关断脉冲。触发信号可为直流、交流或脉冲电压。由于晶闸管触发导通后，门极触发信号即失去控制作用，为了减小门极的损耗，一般不采用直流或交流信号触发晶闸管，而广泛采用脉冲触发信号。

**1. 触发信号应有足够的功率（电压与电流）**

晶闸管是电流控制型器件，在门极必须注入足够的电流才能触发导通。触发电路提供的触发电压与电流必须大于产品参数提供的门极触发电压与触发电流值，但不能超过规定的门极最大允许峰值电压与峰值电流。由于触发信号是脉冲形式，只要触发功率不超过规定值，触发电压、电流的幅值短时间内可大大超过铭牌规定值。

**2. 对触发信号的波形要求**

脉冲应有一定宽度以保证在触发期间阳极电流能达到擎住电流而维持导通，触发脉冲的前沿应尽可能陡。为了快速而可靠地触发大功率晶闸管，常在脉冲的前沿叠加一个强触发脉冲，如图3-2所示。普通晶闸管的导通时间约为6μs，故触发脉冲的宽度至少应有6μs以上。对于电感性负载，由于电感会抵制电流上升，因而触发脉冲的宽度应更大一些，通常为0.5～1ms。

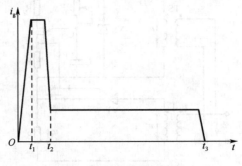

图3-2 触发信号的波形

**3. 触发脉冲的同步及移相范围**

为使晶闸管在每个周期都在相同的触发角$\alpha$触发导通，这就要求触发脉冲的频率与阳极电压的频率一致，且触发脉冲的前沿与阳极电压应保持固定的相位关系，这叫做触发脉冲与阳极电压同步。不同的电路或相同的电路在不同负载、不同用途时，要求$\alpha$的变化范围（移相范围），即触发脉冲前沿与阳极电压的相位变化范围不同，所用触发电路的脉冲移相范围必须能满足实际的需要。

### 4. 防止干扰与误触发

晶闸管的误导通往往是由于干扰信号进入门极电路而引起的，因此需要对触发电路施加屏蔽、隔离等抗干扰措施。

## 3.2　单结晶体管的结构及伏安特性

单结晶体管又称为双基极二极管，具有一个 PN 结，其内部结构如图 3-3（a）所示，其等效电路如图 3-3（b）所示。

（a）单结晶体管的内部结构　　　（b）单结晶体管的等效电路

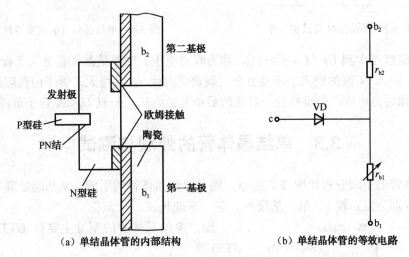

图 3-3　单结晶体管的内部结构与等效电路

单结晶体管的图形符号如图 3-4 所示。

图 3-4　单结晶体管的图形符号

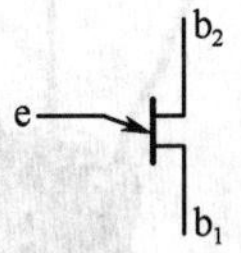

单结晶体管试验电路如图 3-5 所示，S 接通时两个基极之间的电压 $U_{bb}$ 由 $r_{b1}$、$r_{b2}$ 分压，管子内部 A 点电压为

$$U_A = \frac{r_{b1}}{r_{b1} + r_{b2}} U_{bb} = \eta U_{bb}$$

式中　$\eta$——单结晶体管的分压比，它由内部结构决定，通常在 0.3～0.9 之间。

单结晶体管的伏安特性曲线如图 3-6 所示。电压 $U_e$ 从零开始增大，当 $U_e<U_A$ 时，二极管 VD 反偏，只有很小的反向漏电流，$I_e$ 为负值，如图 3-6 中 $ab$ 段曲线所示。

当 $U_e$ 增大到与 $U_A$ 相等时，二极管 VD 两端零电压，$I_e$ 为零，如图 3-6 中的 $b$ 点所示。

当 $U_A<U_e<U_A+U_D=U_A+0.7\text{V}$ 时，二极管 VD 两端开始正向电压，但未完全导通，$I_e$ 大于零，但数值很小。

当 $U_e>U_A+U_D=U_A+0.7\text{V}$ 时，二极管导通，$I_e$ 流入发射极，由于发射极 P 区的空穴不断注入 N 区，使 N 区 $r_{b1}$ 段中的载流子增加，$r_{b1}$ 阻值减小，导致 $U_A$ 值下降，使 $I_e$ 进一步增大。$I_e$ 增大使 $r_{b1}$ 进一步减小，因此在器件内部形成强烈正反馈，使单结晶体管瞬时导通。当 $r_{b1}$ 值的下降超过 $I_e$ 的增大时，从器件 e、$b_1$ 端观察，$U_e$ 随 $I_e$ 增加而减小，即动态电阻 $\Delta r_{eb1}\left(=\dfrac{\Delta U_e}{\Delta I_e}\right)$ 为负值，这就是单结晶体管所特有的负阻特性。

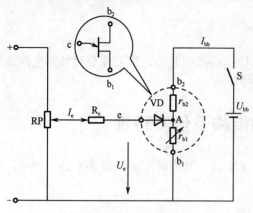

图 3-5 单结晶体管试验电路

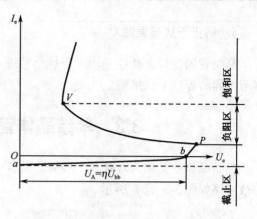

图 3-6 单结晶体管的伏安特性曲线

当 $U_e$ 再继续增大到 $U_P$（$U_P=U_A+U_D$，称为峰点电压）时单结晶体管进入负载状态，当 $I_e$ 再继续增大，注入 N 区的空穴来不及复合，剩余空穴使 $r_{b1}$ 值增大，管子由负阻进入正阻饱和状态。$U_V$ 称谷点电压，是维持管子导通的最小发射电压，一旦 $U_e<U_V$ 管子重新截止。

## 3.3 单结晶体管的外观与测试

单结晶体管的引脚分布如图 3-7 所示，面对单结晶体管的引脚，从凸起处顺时针旋转，其三个引脚分别为发射极 e、第一基极 $b_1$、第二基极 $b_2$。

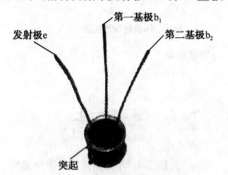

图 3-7 单结晶体管的引脚分布

国产单结晶体管的型号主要有 BT31、BT33、BT35 等。

采用万用表来测试管子的三个电极，通过各引脚之间的相互关系对管子的好坏进行简单的辨别，常用的方法是万用表置于 $R\times 1k$ 挡，将万用表红表笔接 e 端，黑表笔接 $b_1$ 端，测量 e、$b_1$ 两端的电阻。再将万用表黑表笔接 $b_2$ 端，红表笔接 e 端，测量 $b_2$、e 两端的电阻。若单结晶体管正常，两次测量的电阻值均较大，通常在几十千欧。

将万用表黑表笔接 e 端，红表笔接 $b_1$ 端，再次测量 $b_1$、e 两端的电阻。再将万用表黑表笔接 e 端，红表笔接 $b_2$ 端，再次测量 $b_2$、e 两端的电阻。若单结晶体管正常，两次测量的电阻值均较小，通常在几千欧，且 $r_{b1}>r_{b2}$。

将万用表红表笔接 $b_1$ 端，黑表笔接 $b_2$ 端，测量 $b_1$、$b_2$ 两端的电阻。再将万用表黑表笔接 $b_1$ 端，红表笔接 $b_2$ 端，再次测量 $b_1$、$b_2$ 两端的电阻。若单结晶体管正常，$b_1$、$b_2$ 间的电阻 $r_{bb}$ 应为固定值。

## 3.4 单结晶体管自激振荡电路

利用单结晶体管的负阻特性和 RC 电路的充放电特性，可以组成单结晶体管自激振荡电路，如图 3-8 所示。

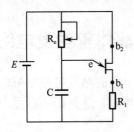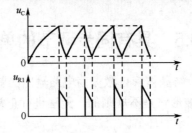

图 3-8 单结晶体管自激振荡电路

设电源未接通时，电容 C 上的电压为零。电源接通后，通过电阻 $R_e$ 对电容 C 充电，充电时间常数为 $R_eC$；当电容电压达到单结晶体管的峰点电压 $U_P$ 时，单结晶体管进入负阻区，并很快饱和导通，电容 C 通过 $eb_1$ 结向电阻 $R_1$ 放电，在 $R_1$ 上产生脉冲电压 $u_{R1}$。在放电过程中，$u_C$ 按指数曲线下降到谷点电压 $U_V$，单结晶体管由导通迅速转变为截止，$R_1$ 上的脉冲电压终止。此后，C 又开始下一次充电，重复上述过程。由于放电时间常数$(R_1+r_{b1})C$ 远远小于充电时间常数 $R_eC$，故在电容两端得到的是锯齿波电压，在电阻 $R_1$ 上得到的是尖脉冲电压。

值得注意的是，$R_e$ 的值太大或太小时，电路不能产生振荡。$R_e$ 的值太大时，充电电流在 $R_e$ 上的压降太大，使电容 C 上的充电电压始终达不到峰点电压 $U_P$，单结晶体管不能进入负阻区，一直处于截止状态，电路无法振荡；当 $R_e$ 的值太小时，单结晶体管导通后的 $I_e$ 将一直大于 $I_V$，单结晶体管关断不了。因此满足电路振荡的 $R_e$ 的取值范围为

$$\frac{E-U_P}{I_P} \geq R_e \geq \frac{E-U_V}{I_V}$$

为了防止 $R_e$ 取值过小，电路不能振荡，一般采取满足振荡条件的小值固定电阻 r 与另一可调电阻 R 相串联，以调整到合适的频率。若忽略电容 C 放电时间，则电路的自激振荡频率近似为

$$f=\frac{1}{T}=\frac{1}{R_eC\ln\dfrac{1}{1-\eta}}$$

图 3-9 所示电路中，$R_1$ 上的脉冲电压宽度取决于电容放电时间常数；$R_2$ 是温度补偿电阻，作用是保持振荡频率的稳定。例如，当温度升高时，由于管子 PN 结具有负的温度系数，$U_D$ 减小，而 $r_{bb}$ 具有正的温度系数，$r_{bb}$ 增大，$R_2$ 上的压降略减小，则使加在管子 $b_1$、$b_2$ 上的电压略升高，使得 $U_A$ 略增大，从而使峰点电压 $U_P=U_A+U_D$ 基本不变。

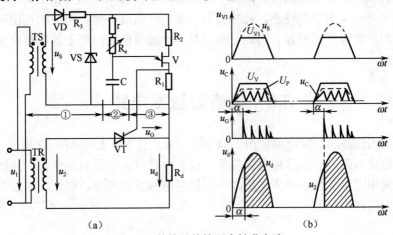

图 3-9 单结晶体管同步触发电路

## 3.5 具有同步环节的单结晶体管触发电路

如采用上述单结晶体管自激振荡电路输出的脉冲电压去触发可控整流电路中的晶闸管，得到的电压 $u_d$ 的波形将是不规则的，无法进行正常的控制，这是因为触发电路缺少与主电路晶闸管保持电压同步的环节。

图 3-9（a）是加了同步环节的单结晶体管触发电路，主电路为单相半波整流电路。图中 VT 在每个周期内以同样的控制角 $\alpha$ 触发导通，触发脉冲必须在电源电压每次过零后，滞后 $\alpha$ 角出现。为了使触发脉冲与电源电压的相位配合同步，我们采用一个同步变压器，它的一次侧接主电路电源，二次侧经二极管半波整流、稳压削波后得到梯形波，作为触发电路电源，也作为同步信号。当主电路电压过零时，触发电路的同步电压也过零，单结晶体管的 $U_{bb}$ 电压也降为零，使电容 C 放电到零，保证了下一个周期电容 C 从零开始充电，起到了同步作用。图 7-8b 表示出了电路中有关元件两端的电压波形。从图 3-9（b）可以看出，每周期中电容 C 的充放电不止一次，晶闸管由第一个脉冲触发导通，后面的脉冲不起作用。改变 $R_e$ 的阻值大小，可改变电容充电速度，达到调节 $\alpha$ 的目的。

实际应用中，常用晶体管代替图 3-9 所示电路中的 $R_e$，以便实现自动移相，同时脉冲的输出一般通过脉冲变压器 TP，以实现输出的两个脉冲之间、触发电路与主电路之间的电气隔离，如图 3-10 所示。

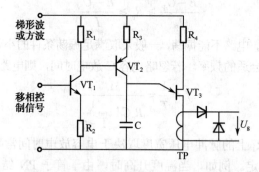

图 3-10 单结晶体管触发电路的其他形式

单结晶体管触发电路虽较简单，但由于它的参数差异较大，在多相电路中，触发脉冲不易做到一致。此外其输出功率较小，脉冲较窄，虽加有温度补偿，但在大范围的温度变化时仍会出现误差，控制线性度不好。因此，单结晶体管触发电路只用于控制精度要求不高的单相晶闸管系统。

## 3.6 锯齿波触发电路

同步信号为锯齿波的触发电路如图 3-11 所示，其工作波形如图图 3-12 所示。锯齿波触发电路由锯齿波形成电路、同步移相电路与脉冲放大电路组成，具有强触发、双脉冲和脉冲封锁功能。因为采用锯齿波作为同步电压，不直接受电网波动影响，锯齿波触发电路在中大容量晶闸管系统中得到广泛使用。

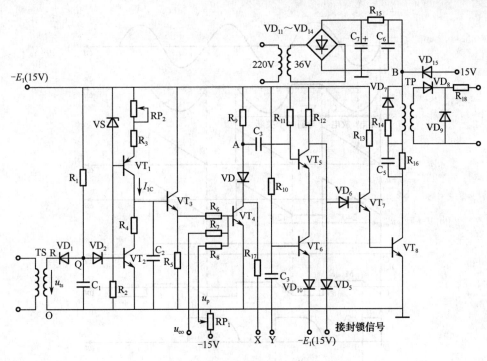

图 3-11 同步信号为锯齿波的触发电路

**1. 锯齿波形成、同步移相环节**

1）锯齿波形成

锯齿波形成电路由 $VT_1$、$VT_2$、$VT_3$ 和 $C_2$ 等元器件组成，其中 $VT_1$、$VS$、$RP_2$ 和 $R_3$ 为一恒流源电路。$VT_2$ 截止时，恒流源电流 $I_{1C}$ 对电容 $C_2$ 充电，如图 3-13 所示。

当 $VT_2$ 导通时，由于 $R_4$ 阻值很小．所以 $C_2$ 迅速放电，使 $u_{b3}$ 迅速降到零，如图 3-14 所示。当 $VT_2$ 周期性地导通和关断时，$u_{b3}$ 便形成一锯齿波，同样 $u_{e3}$ 也是一个锯齿波电压，射极跟随器 $VT_3$ 的作用是减小控制回路的电流对锯齿波电压的影响。调节电位器 $RP_2$，即改变 $C_2$ 的恒定充电电流 $I_{1C}$，可调节锯齿波的斜率。

2）同步移相环节

$VT_4$ 的基极电位由锯齿波电压 $u_h$、控制电压 $u_{co}$、直流偏移电压 $u_p$ 三者共同决定。如果 $u_{co}=0$，$u_p$ 为负值，$u_{b4}$ 点的波形由 $u_h+u_p$ 确定。当 $u_{co}$ 为正值时，$u_{b4}$ 点的波形由 $u_h+u_p+u_{co}$ 确定。

$u_{b4}$ 电压等于 0.7V 后，$VT_4$ 导通，使电路输出脉冲。之后，$u_{b4}$ 一直被钳位在 0.7V。M 点是 $VT_4$ 由截止到导通的转折点，也就是脉冲的前沿。

因此，当 $u_p$ 为某固定值时，改变 $u_{co}$ 便可改变 M 点的时间坐标，即改变了脉冲产生的时刻，脉冲被移相。可见，加 $u_p$ 的目的是为了确定控制电压 $u_{co}=0$ 时脉冲的初始相位。

**2. 同步环节**

同步环节是由同步变压器 TB 和做同步开关用的晶体管 $VT_2$ 组成的。

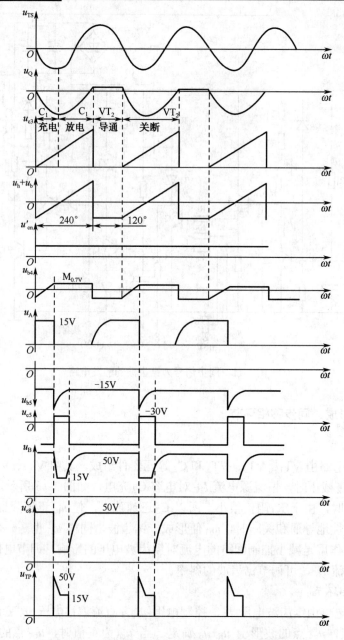

图 3-12 同步信号为锯齿波的触发电路的工作波形

同步变压器 TS 的二次电压经二极管 $VD_1$ 间接加在 $VT_2$ 的基极上。当二次电压波形在负半周的下降段时，$VD_1$ 导通，电容 $C_1$ 被迅速充电。因 O 点接地为零电位，R 点为负电位，Q 点电位与 R 点相近，故在这一阶段 $VT_2$ 基极因反向偏置而截止。在负半周的上升段，15V 电源通过 $R_1$ 给电容 $C_1$ 反向充电，其上升速度比输入波形慢，故 $VD_1$ 截止。

当 Q 点电位达 1.4V 时，$VT_2$ 导通，Q 点电位被钳位在 1.4V。直到 TS 二次电压的下一个负半周到来时，$VD_1$ 重新导通，$C_1$ 迅速放电后又被充电，$VT_2$ 截止。如此周而复始。在一个正弦波周期内，$VT_2$ 包括截止与导通两个状态，对应锯齿波波形恰好是一个周期，与主电路电源频率和相位完全同步，达到同步的目的。

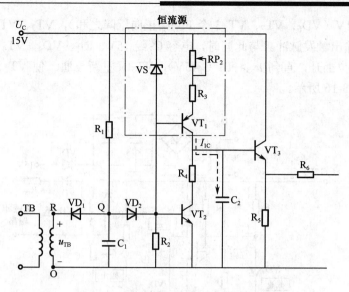

图 3-13  恒流源电路 $I_{1C}$ 对电容 $C_2$ 充电

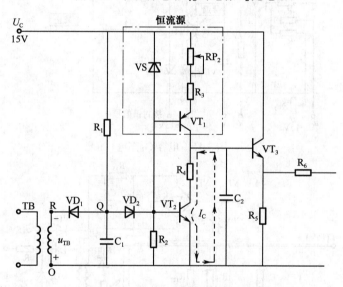

图 3-14  当 $VT_2$ 导通时电容 $C_2$ 放电

可以看出，Q 点电位从同步电压负半周上升段开始时刻到达 1.4V 的时间越长，$VT_2$ 截止时间就越长，锯齿波就越宽。锯齿波的宽度是由充电时间常数 $R_1 C_1$ 决定的，可达 240°，其波形如图 3-12 中 $u_Q$ 所示。

### 3. 脉冲形成、放大环节

脉冲形成环节由 $VT_4$、$VT_5$ 组成，$VT_7$、$VT_8$ 组成脉冲放大电路。

控制电压 $u_{co}$ 加在 $VT_4$ 的基极上。$u_{co}=0$ 时，$VT_4$ 截止，$VT_5$ 饱和导通。$VT_7$、$VT_8$ 处于截止状态，脉冲变压器 TP 的二次侧无脉冲输出。电容 $C_3$ 充电，充满后电容两端电压接近 $+2E_1$（30V），如图 3-15 所示。

当 $VT_4$ 导通，A 点电位由 $+E_1$（15V）下降到 1.0V 左右，由于 $C_3$ 两端的电压不能突变，$VT_5$ 的基极电位迅速降至 $-2E_1$（-30V），$VT_5$ 立即截止。$VT_5$ 的集电极电压由 $-E_1$（-15V）上升到钳位电压 2.1V（VD$_6$、VT$_7$、VT$_8$ 3 个 PN 结正向压降之和），VT$_7$、VT$_8$ 导通，脉冲变压器 TP 的二次侧输出触发脉冲。与此同时，电容 C$_3$ 经 15V、R$_{11}$、VD$_4$、VT$_4$ 放电和反向充电，使 VT$_5$ 的基极电位上升，直到 $u_{b5}$>-E$_1$（-15V），VT$_5$ 又重新导通。使 VT$_7$、VT$_8$ 截止，输出脉冲终止，如图 3-16 所示。

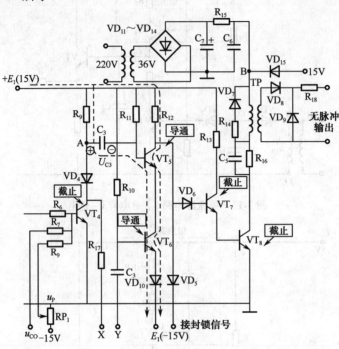

图 3-15 电容 C$_3$ 充电

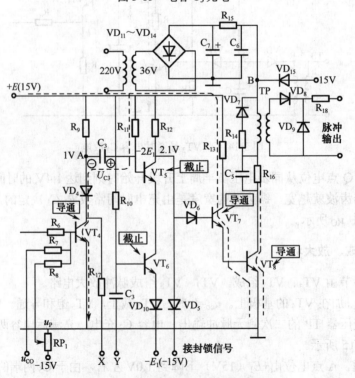

图 3-16 电容 C$_3$ 放电和反向充电

输出脉冲前沿由 VT$_4$ 导通时刻确定，脉冲宽度与反向充电回路时间常数 $R_{11}C_3$ 有关。

### 4. 双窄脉冲形成环节

VT$_5$、VT$_6$ 构成或门。VT$_5$、VT$_6$ 无论哪一个截止都会使 VT$_7$、VT$_8$ 导通输出脉冲。

第一个脉冲由本相触发单元的 $u_{co}$ 对应的触发角 $\alpha$ 所产生，使 VT$_4$ 由截止变为导通，造成 VT$_5$ 瞬时截止，于是 VT$_8$ 导通输出脉冲。

第二个脉冲是由滞后 60°相位的后一相触发单元产生（通过 VT$_6$），在其生成第一个脉冲时刻将其信号引至本相触发单元的基极，使 VT$_6$ 瞬时截止，于是本相触发单元的 VT$_8$ 又导通，第二次输出一个脉冲，因而得到间隔 60°的双脉冲。其中，VD$_4$ 和 R$_{17}$ 的作用主要是防止双脉冲信号互相干扰。

### 5. 强触发环节

单相桥式整流获得近似 50V 直流电压做电源。在 VT$_8$ 导通前，50V 直流电源经 R$_{15}$ 对 C$_6$ 充电，B 点电位为 50V。

当 VT$_8$ 导通时，C$_6$ 经脉冲变压器 TP 一次侧、R$_{16}$、VT$_8$ 迅速放电，由于放电回路电阻很小，B 点电位迅速下降，当 B 点电位下跳到 14.3V 时，VD$_{15}$ 导通。脉冲变压器 TP 改由 15V 稳压电源供电。这时，虽然 50V 电源也在向 C$_6$ 充电，使其电压回升，但由于充电回路时间常数较大，B 点电位只能被 15V 电源钳位在 14.3V。电容 C$_5$ 的作用是为了提高强触发脉冲前沿。

加强触发后，脉冲变压器 TP 的一次电压 $u_{TP}$ 波形如图 3-12 所示。晶闸管采用强触发可缩短开通时间，提高管子承受电流上升率的能力。

在触发电路的输出级中常采用脉冲变压器，常见脉冲变压器如图 3-17 所示，其主要作用如下。

（1）阻抗匹配，降低脉冲电压，增大输出电流，更好地触发晶闸管。

（2）可改变脉冲正负极性或同时送出两组独立脉冲。

（3）将触发电路与主电路在电气上隔离，有利于防干扰，更安全。

图 3-17 常见脉冲变压器

## 3.7 触发电路的定相

### 3.7.1 概述

触发器输出脉冲要与主电路交流电源同步，为此不论什么类型的触发器，均须有一个与主电路交流电源电压频率相同、相位差固定的交流电压（称为同步电压）作为触发器输出脉冲相位的基准，在控制电压不变的情况下，使得触发器输出的脉冲对于交流电压相位保持稳定。

变流器一般由主变压器、同步变压器、主电路、触发器及控制电路组成，如图3-18所示。要求触发器输出脉冲$\alpha<90°$时变流器工作在整流状态；$\alpha>90°$时变流器工作在有源逆变状态。

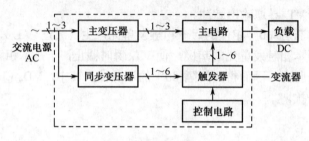

图3-18 触发器定相

触发器的定相就是根据触发器特性、主电路情况、主变压器和同步变压器的连接组，将触发器与主电路之间、触发器与同步变压器之间、主变压器与主电路之间、主变压器和同步变压器与交流电源之间正确地连接起来，以保证变流器的正常工作。

### 3.7.2 触发器定相的方法

向晶闸管整流电路供电的交流侧电源通常来自电网，电网电压的频率不是固定不变的，而是会在允许范围内波动。触发电路除了应当保证工作频率与主电路交流电源的频率一致外，还应保证让每个晶闸管的触发脉冲与施加于晶闸管的交流电压保持固定、正确的相位关系，这就是触发电路的定相。

为保证触发电路和主电路频率一致，利用一个同步变压器将其一次侧接入为主电路供电的电网，由其二次侧提供同步电压信号，这样由同步电压决定的触发脉冲频率与主电路晶闸管电压频率始终是一致的。接下来的问题是触发电路的定相，即选择同步电压信号的相位，以保证触发脉冲相位正确。触发电路的定相由多方面的因素确定，主要包括相控电路的主电路结构、触发电路结构等。下面以主电路为三相桥式全控整流电路、采用锯齿波同步的触发电路的情况为例，讲述触发电路的定相。

触发电路定相的关键是确定同步信号与晶闸管阳极电压的关系。三相全控桥电路的主电路电压与同步电压的关系如图3-19所示。

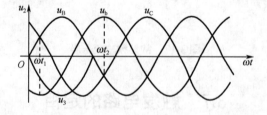

图3-19 三相全控桥电路的主电路电压与同步电压的关系

对于晶闸管$VT_1$，其阳极与交流侧电压$u_a$相接，可简单表示为$VT_1$所接主电路电压为$+u_a$，$VT_1$的触发脉冲在0°～180°的范围为$\omega t_1 \sim \omega t_2$。

采用锯齿波同步的触发电路时，同步信号负半周的起点对应于锯齿波的起点，通常使锯齿波的上升段为 240°，上升段起始的 30° 和上升结束的 30° 线性度不好，舍去不用，使用中间的 180°，锯齿波的中点与同步信号的 300° 位置对应。

三相桥整流器大量用于直流电动机调度系统，且通常要求可实现再生制动。使 $U_d=0$ 的触发角 $\alpha=90°$。当 $\alpha<90°$ 时为整流工作，$\alpha>90°$ 时为逆变工作。将 $\alpha=90°$ 点定为锯齿波的中点，锯齿波向前向后各有 90° 的移相范围。于是 $\alpha=0°$ 与同步电压的 300° 对应，也就是 $\alpha=0°$ 与同步电压的 300° 对应。$\alpha$ 对应于 $VT_1$ 阳极电压 $u_a$ 的 30° 的位置，则其同步信号的 180° 应与 $u_a$ 的 0° 对比，说明 $VT_1$ 的同步电压应滞后于 $u_a$ 180°。

对于其他 5 个晶闸管，也存在同样的对应关系，即同步电压应滞后于主电路电压 180°。对于共阴极组的 $VT_4$、$VT_6$ 和 $VT_2$，它们的阴极分别与 $u_a$、$u_b$ 和 $u_c$ 相连，可简单表示它们的主电路电压分别为 $-u_a$、$-u_b$ 和 $-u_c$。

以上内容分析了同步电压与主电路电压的关系，一旦确定了整流变压器和同步变压器的接法，就可选定每一个晶闸管的同步电压信号。

图 3-20 给出了变压器接法的一种情况及相应的矢量图，其中主电路整流变压器为 Dy11 联结，同步变压器为 Dy11、Dy5 联结。这时，同步电压选取的结果如表 3-1 所示。

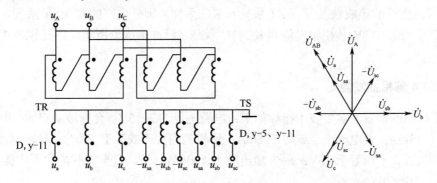

图 3-20 同步变压器和整流变压器的接法及矢量图

表 3-1 三相全控桥各晶闸管的同步电压（采用图 3-20 变压器接法时）

| 晶闸管 | $VT_1$ | $VT_2$ | $VT_3$ | $VT_4$ | $VT_5$ | $VT_6$ |
|---|---|---|---|---|---|---|
| 主电路电压 | $+u_a$ | $-u_c$ | $+u_b$ | $-u_a$ | $+u_c$ | $-u_b$ |
| 同步电压 | $-u_{sa}$ | $+u_{sc}$ | $-u_{sb}$ | $+u_{sa}$ | $-u_{sc}$ | $+u_{sb}$ |

为防止电网电压波形畸变对触发电路产生干扰，可对同步电压进行 R、C 滤波，当 R、C 滤波器滞后角为 60° 时，同步电压选取结果如表 3-2 所示。

表 3-2 三相全控桥各晶闸管的同步电压（有 R、C 滤波滞后 60°）

| 晶闸管 | $VT_1$ | $VT_2$ | $VT_3$ | $VT_4$ | $VT_5$ | $VT_6$ |
|---|---|---|---|---|---|---|
| 主电路电压 | $+u_a$ | $-u_c$ | $+u_b$ | $-u_a$ | $+u_c$ | $-u_b$ |
| 同步电压 | $+u_{sb}$ | $-u_{sa}$ | $+u_{sc}$ | $-u_{sb}$ | $+u_{sa}$ | $-u_{sc}$ |

当变流电路形式不同或整流变压器、同步变压器接法不同时，可参照上述例子确定同步电压信号。

## 3.8 集成触发器

### 3.8.1 国产 KC 系列集成触发器

与分立元件触发电路一样，集成触发器也有同步与移相、脉冲形成与输出等环节，只是集成触发器将触发电路中的晶体管及电阻等元件利用集成技术做在一块芯片上，然后封装并与外电路有关的端子引出。所以，集成触发器与分立元件电路相比，提高了电路的可靠性和通用性，具有体积小、耗电少、成本低、调试方便等优点。但由于电容、输出脉冲变压器等元件集成化有困难，因此集成触发器必须有适当的外接电路配合使用。在选择和使用集成电路触发器时必须根据它的性能，结合使用需要选择合适型号的集成触发器，并根据外接电路要求，配合使用。

目前国内生产的集成触发器有 KJ 系列和 KC 系列，国外生产的有 TCA 系列。下面主要介绍由 KC 系列的 KC04 移相触发器和 KC41C 六路双脉冲形成器所组成的三相桥式全控集成触发器。

**1. KC04 移相触发器**

KC04 移相触发器的主要技术指标如下：电源电压 DC±15V；允许波动±5%；电源正电流小于或等于 15mA；负电流小于或等于 8mA；移相范围大于或等于 170°；脉冲宽度 400μs～2ms；脉冲幅值大于或等于 13V；最大输出能力 100mA；正、负半周脉冲的不均衡度≤3°；环境温度：-10～70℃。

KC04 移相触发器的内部线路与分立元件组成的锯齿波触发电路相似，也是由锯齿波形成、移相控制、脉冲形成及整形放大、脉冲输出等基本环节组成。KC04 移相触发器的管脚分布如图 3-21 所示，各管脚的波形如图 3-22 所示。

对于使用者来说，主要关心的是芯片的外部管脚的功能，下面结合图 3-23 所示的 KC04 电路加以说明。管脚 1 和管脚 15 输出双路脉冲，两路脉冲相位互差 180°，它可以作为三相桥式全控主电路同一相上、下两个桥臂晶闸管的触发脉冲。可以与 KC41C 双脉冲形成器、KC42 脉冲列形成器一起构成六路双窄脉冲触发器。管脚 16 接 +15V 电源，管脚 7 接地，管脚 5 经电阻接-15V 电源。

由管脚 8 输入同步电压 $u_g$。在管脚 3 与管脚 4 之间外接电容形成锯齿波，可通过调节管脚 3 外接的电位器 $RP_1$ 改变锯齿波的斜率。管脚 9 为锯齿波、直流偏置电压 $-u_P$ 和移相控制直流电压 $u_{co}$ 的综合比较输入端。管脚 11 与管脚 12 之间可外接电阻、电容来调节脉冲宽度。管脚 13 可提供脉冲列调制。管脚 14 为脉冲封锁控制。

KC04 移相触发器主要用于单相或三相桥式全控整流装置。KC 系列中还有 KC01、KC09 等。KC01 主要用于单相和三相桥式半控整流电路的移相触发，可获得 60° 的宽脉冲。KC09 是 KC04 的改进型，两者可以互换，适用于单相及三相桥式全控整流电路的移相触发，可输出两路相位差 180° 的脉冲。它们都具有输出带负载能力强、移相性能好，以及抗干扰能力强的特点。

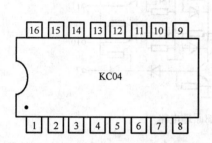

图 3-21　KC04 移相触发器的管脚分布

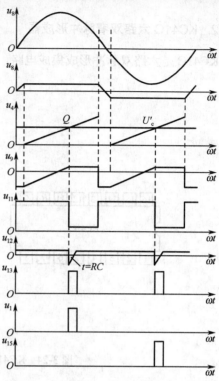

图 3-22　KC04 移相触发器各管脚的波形

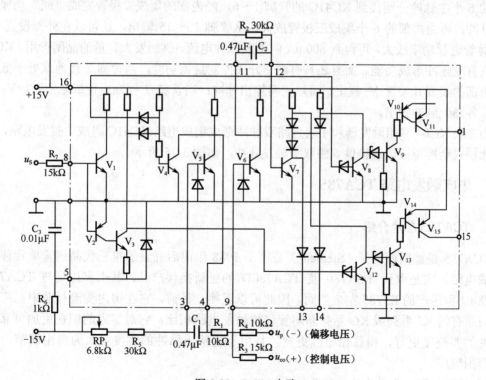

图 3-23　KC04 电路

## 2. KC41C 六路双窄脉冲形成器

KC41C 是六路双脉冲形成集成电路，其外形和内部原理电路如图 3-24 所示。

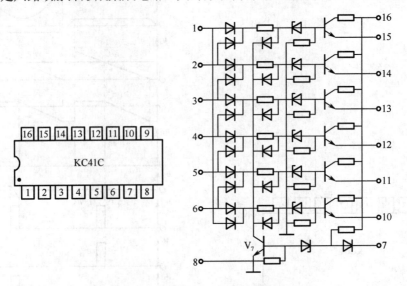

图 3-24　KC41C 的外形和内部原理电路

KC41C 的输入信号通常是 KC04 的输出。把三块 KC04 移相触发器的管脚 1 和管脚 15 产生的 6 个主脉冲分别接到 KC41C 的管脚 1～6，经内部的集成二极管完成"或"功能，形成双脉冲，再由内部的 6 个集成三极管放大，从管脚 10～15 输出，还可以在外部设置 $V_1$～$V_6$ 晶体管进行功率放大，可得到 800mA 的触发脉冲电流，供触发大容量的晶闸管用。KC41C 不仅具有双脉冲形成功能，而且还具有电子开关控制封锁功能，当管脚 7 接地或处于低电位时，内部的集成开关管 $V_7$ 截止，可以正常输出脉冲；当管脚 7 接高电位或悬空时，$V_7$ 饱和导通，各路无脉冲输出。

由 3 块 KC04 移相触发器和 1 块六路双脉冲形成集成电路 KC41C 组成的触发电路，可以为三相桥式全控整流电路提供 6 路双窄触发脉冲，如图 3-25 所示。

### 3.8.2　集成触发电路 TCA785

#### 1. TCA785 芯片介绍

TCA785 是德国西门子（Siemens）公司于 1988 年前后开发的第三代晶闸管单片移相触发集成电路，它是取代 TCA780 及 TCA780D 的更新换代产品，其引脚排列与 TCA780、TCA780D 和国产的 KJ785 完全相同，因此可以互换。目前，它在国内变流行业中已广泛应用。与原有的 KJ 系列或 KC 系列晶闸管移相触发电路相比，它对零点的识别更加可靠，输出脉冲的齐整度更好，而移相范围更宽，且由于它输出脉冲的宽度可人为自由调节，所以适用范围较广。

1）引脚排列、各引脚的功能及用法

TCA785 是双列直插式 16 引脚大规模集成电路。它的引脚排列如图 3-26 所示。

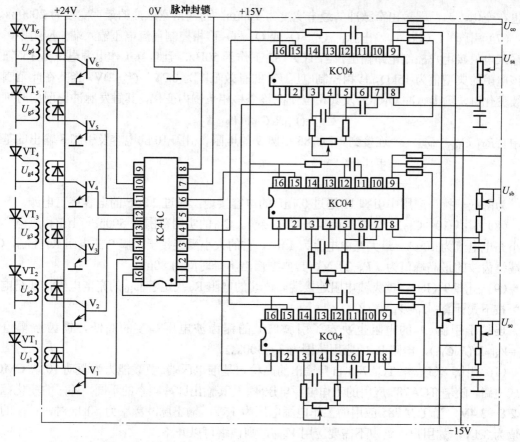

图 3-25 KC04 组成的三相桥式全控整流触发电路

各引脚的名称、功能及用法如下。

（1）引脚 16（$V_S$）：电源端。使用中直接接用户为该集成电路工作提供的工作电源正端。

（2）引脚 1（$O_S$）：接地端。应用中与直流电源 $V_S$、同步电压 VSYNC 及移相控制信号 $V_{11}$ 的地端相连接。

（3）引脚 4（$Q_1$）和 2（$Q_2$）：输出脉冲 1 与 2 的非端。该两端可输出宽度变化的脉冲信号，其相位互差 180°，两路脉冲的宽度均受非脉冲宽度控制端引脚 13（L）的控制。它们的高电平最高幅值为电源电压 $V_S$，允许最大负载电流为 10mA。若该两端输出脉冲在系统中不用时，电路自身结构允许其开路。

（4）引脚 14（$Q_1$）和 15（$Q_2$）：输出脉冲 1 和 2 端。该两端也可输出宽度变化的脉冲，相位同样互差 180°，脉冲宽度受它们的脉宽控制端引脚 12（$C_{12}$）的控制。两路脉冲输出高电平的最高幅值为 $5V_S$。

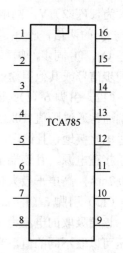

图 3-26 TCA785 的引脚排列

（5）引脚 13（L）：非输出脉冲宽度控制端。该端允许施加电平的范围为 $-0.5V \sim 5V_S$，当该端接地时，$Q_1$、$Q_2$ 为最宽脉冲输出，而当该端接电源电压 $V_S$ 时，$Q_1$、$Q_2$ 为最窄脉冲输出。

（6）引脚 12（C12）：输出 $Q_1$、$Q_2$ 脉宽控制端。应用中，通过一个电容接地，电容 $C_{12}$ 的电容量范围为 150~4700pF，当 $C_{12}$ 在 150~1000pF 范围内变化时，$Q_1$、$Q_2$ 输出脉冲的宽度也在变化,该两端输出窄脉冲的最窄宽度为 100μs,而输出宽脉冲的最宽宽度为 2000μs。

(7) 引脚 11 ($V_{11}$):输出脉冲 $Q_1$、$Q_2$ 或 $\overline{Q_1}$、$\overline{Q_2}$ 移相控制直流电压输入端。应用中,通过输入电阻接用户控制电路输出,当 TCA785 工作于 50Hz,且自身工作电源电压为 15V 时,则该电阻的典型值为 15kΩ,移相控制电压 $V_{11}$ 的有效范围为 0.2V~($V_S$-2)V,当其在此范围内连续变化时,输出脉冲 $Q_1$、$Q_2$ 及其相位便在整个移相范围内变化,其触发脉冲出现的时刻为

$$t_\pi = (V_{11} R_9 C_{10})/(V_{REF} K)$$

式中 $R_9$、$C_{10}$、$V_{REF}$——连接到 TCA785 引脚 9 的电阻、引脚 10 的电容及引脚 8 输出的基准
电压;

$K$——常数。

为降低干扰,应用中引脚 11 通过 0.1μF 的电容接地,通过 2.2μF 的电容接正电源。

(8) 引脚 10 ($C_{10}$):外接锯齿波电容连接端。$C_{10}$ 的实用范围为 500pF~1μF。该电容的最小充电电流为 10μA。最大充电电流为 1mA,它的大小受连接于引脚 9 的电阻 $R_9$ 控制,$C_{11}$ 两端锯齿波的最高峰值为 ($V_S$-2)V,其典型后沿下降时间为 80μs。

(9) 引脚 9 ($R_9$):锯齿波电阻连接端。该端的电阻 $R_9$ 决定着 $C_{10}$ 的充电电流,其充电电流可按下式计算:$I_{10}=V_{REF}K/R_9$

连接于引脚 9 的电阻也决定了引脚 10 的锯齿波电压幅度的高低,锯齿波幅值:$V_{10}=V_{REF}K/(R_9 C_{10})$,电阻 $R_9$ 的应用范围为 3~300kΩ。

(10) 引脚 8 ($V_{REF}$):TCA785 自身输出的高稳定基准电压端。负载能力为驱动 10 块 CMOS 集成电路,随着 TCA785 应用的工作电源电压 $V_S$ 及其输出脉冲频率的不同,$V_{REF}$ 的变化范围为 2.8~3.4V,当 TCA785 应用的工作电源电压为 15V,输出脉冲频率为 50Hz 时,$V_{REF}$ 的典型值为 3.1V,如用户电路中不需要应用 $V_{REF}$,则该端可以开路。

(11) 引脚 7 ($Q_Z$) 和 3 ($Q_V$):TCA785 输出的两个逻辑脉冲信号端。其高电平脉冲幅值最大为 ($V_S$-2)V,高电平最大负载能力为 10mA。$Q_Z$ 为窄脉冲信号,它的频率为输出脉冲 $Q_1$ 与 $Q_2$ 的两倍,是 $Q_1$ 与 $Q_2$ 的或信号,QV 为宽脉冲信号,它的宽度为移相控制角 $\varphi$+180°,它与 $Q_1$、$Q_2$ 同步,频率与 $Q_1$、$Q_2$ 相同,该两逻辑脉冲信号可用来提供给用户的控制电路作为同步信号或其他用途的信号,不用时可开路。

(12) 引脚 6 (I):脉冲信号禁止端。该端的作用是封锁 $Q_1$、$Q_2$ 及 $\overline{Q_1}$、$\overline{Q_2}$ 的输出脉冲,该端通常通过阻值 10kΩ 的电阻接地或接正电源,允许施加的电压范围为-0.5V~$V_S$,当该端通过电阻接地,且该端电压低于 2.5V 时,则封锁功能起作用,输出脉冲被封锁。而该端通过电阻接正电源,且该端电压高于 4V 时,则封锁功能不起作用。该端允许低电平最大灌电流为 0.2mA,高电平最大拉电流为 0.8mA。

(13) 引脚 5 ($V_{SYNC}$):同步电压输入端。应用中须对地端接两个正反向并联的限幅二极管,该端吸取的电流为 20~200μA,随着该端与同步电源之间所接的电阻阻值的不同,同步电压可以取不同的值,当所接电阻为 200kΩ 时,同步电压可直接取 AC 220V。

2) 基本设计特点

TCA785 的基本设计特点:能可靠地对同步交流电源的过零点进行识别,因而可以构成零点开关,方便地进行过零点触发;它具有宽的应用范围,可用来触发普通晶闸管、快速晶闸管、双向晶闸管及作为功率晶体管的控制脉冲,故可用于由这些电力电子器件组成的单管斩波、单相半波、半控桥、全控桥或三相半控、全控整流电路、单相或三相逆变系统或其他拓扑结构电路的变流系统;它的输入、输出与 CMOS 及 TTL 电平兼容,具有较宽的应用电

压范围和较大的负载驱动能力,每路可直接输出 250mA 的驱动电流;其电路结构决定了自身锯齿波电压的范围较宽,对环境温度的适应性较强,可应用于-25～85℃的环境温度和-0.5～18V 的工作电源电压。

(3) 极限参数

电源电压:+8～18V 或±4～9V;

移相电压范围:0.2V～($V_S$-2)V;

输出脉冲最大宽度:180°;

最高工作频率:10～500Hz;

高电平脉冲负载电流:400mA;

低电平允许最大灌电流:250mA;

输出脉冲高、低电平幅值分别为 $V_S$ 和 0.3V;

同步电压随限流电阻不同可为任意值;

最高工作频率:10～500Hz;

工作温度范围:军品-55～+125℃,工业品-25～+85℃,民品 0～+70℃。

## 2. TCA785 内部结构及工作原理简述

TCA785 的内部结构如图 3-27 所示。它由零点鉴别器 ZD、同步寄存器 SR、恒流源 SC、控制比较器 CC、放电晶体管 VD、放电监控器 DM、电平转换及稳压电路 PC、锯齿波发生器 RG 及输出逻辑网络 LN 九个单元组成。它的工作过程:来自同步电压源的同步电压经高阻值的电阻后送给电源零点鉴别器 ZD,经 ZD 检测出其过零点后送同步寄存器寄存,同步寄存器中的零点寄存信号控制锯齿波发生器,锯齿波发生器的电容 $C_{10}$ 由电阻 $R_9$ 决定的恒流源 SC 充电,当电容 $C_{10}$ 两端的锯齿波电压 $V_{10}$ 大于移相控制电压 $V_{11}$ 时,便产生一个脉冲信号送到输出逻辑单元,由此可见:触发脉冲的移相是受移相控制电压 $V_{11}$ 的大小控制的,因而触发脉冲可在 0°～180°范围内移相。对每一个半周,在输出端 $Q_1$ 和 $Q_2$ 出现大约 30μs 宽度的脉冲,该脉冲宽度可由 12 脚的电容 $C_{12}$ 扩展到 180°,如果 12 脚接地,则输出脉冲 $Q_1$、$Q_2$ 的宽度为 180°的宽脉冲,TCA785 各主要管脚的输入、输出电压波形如图 3-28 所示。

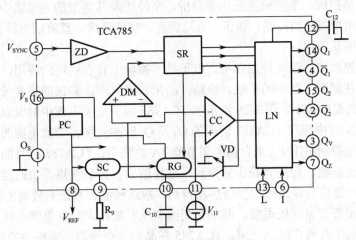

图 3-27 TCA785 的内部结构

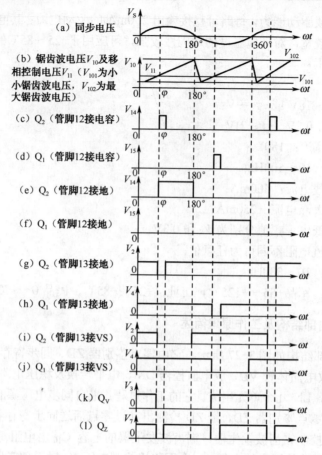

图 3-28　TCA785 各主要管脚的输入、输出电压波形

### 3. 典型应用举例

由于 TCA785 自身的优良性能,决定了它可以方便地用于主电路为单个晶闸管或晶体管电路中,在单相半控桥、全控桥及三相半控桥、全控桥及其他型的主电路中触发晶闸管或晶体管,进而实现用户需要的控温、调压、直流调速、交流调速、直流输电等目的。限于篇幅,本文仅举几例说明其应用。

(1) 用于温控系统。温度控制在电力电子技术领域中有着广泛的应用,如晶闸管及晶体管等电力电子器件制造工艺中的扩散、烧结;晶闸管出厂寿命测试的热疲劳、高温阻断试验等,都需要精确的温度控制。图 3-29 给出了 TCA785 用于这类系统中触发双向晶闸管来控温的详细电路。图 3-29 中应用 TCA785 输出的 $Q_1$ 及 $Q_2$ 脉冲分别在交流电源的正负半周来直接触发晶闸管,移相控制电压 $V_{11}$ 来自温度调节器 TA 的输出,TCA785 自身的工作电源直接由电网电压半波整流滤波、稳压管稳压后得到,这种结构省去了常规需要的控制变压器,使整个电路得以简化,温度反馈通过温度传感器得到,故这种温控系统有较高的控温精度。

(2) 用于晶闸管交流调压系统。晶闸管交流调压系统在大功率电解电镀装置和交流电动机的调压调速系统中有着广泛的应用。TCA785 在晶闸管交流调压系统中的应用如图 3-30 所示。图 3-30 中仅给出了应用一片 TCA785 构成的单相交流调压电路原理图,应用相同的三块电路便可构成三相交流调压系统;为了增强触发能力,便于应用大功率晶闸管,对 TCA785

的输出能力进行了扩大,且采用脉冲变压器隔离,使主回路与移相控制电路完全隔离。

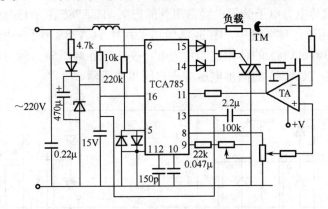

图 3-29 TCA785 在温度控制系统中的应用

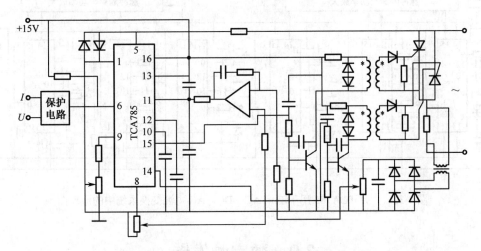

图 3-30 TCA785 在晶闸管交流调压系统中的应用

(3)用于单相、三相桥式半控、全控整流电路中。由于 TCA785 可输出两路相位互差 180°的脉冲信号,所以可方便地用于单相全控、单相半控桥或全控桥式整流电路中。三片 TCA785 可用于三相半波、三相桥式全控或半控整流电路中。图 3-31 以一片 TCA785 用于单相半控整流电路为例,给出了 TCA785 的这种应用示意图。为简化电路,图中仅用了一个脉冲变压器。

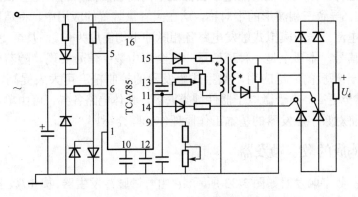

图 3-31 TCA785 在单相半空整流系统中的应用

（4）用于 AC—DC—AC 电源变换系统中，AC—DC—AC 电源变换系统是变频电源、变频调速、不间断电源等电力电子装置中经常用到的方案，TCA785 由于自身移相范围可达 0°～180°，故可方便地用于这种系统中，图 3-32 给出了六片 TCA785 用于三相变频调速系统中的原理图，1#、2#、3#TCA785 的移相控制角为 0°～90°，而 4#、5#、6# TCA785 的移相控制角为 90°～180°，各 TCA785 的同步电压均来自同步变压器。

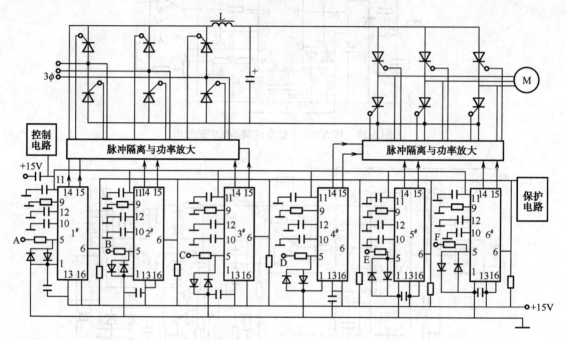

图 3-32　六片 TCA785 用于三相 AC—DC—AC 电源变换系统中的原理图

## 3.9　数字触发器

前面介绍的几种触发器，包括集成触发器，都是利用控制电压的幅值与交流同步电压综合（又称垂直控制）来获得同步和移相脉冲，即用控制电压的模拟量来直接控制触发相位角的，称为模拟触发电路。由于电路元件参数的分散性，各个触发器的移相控制必然存在某种程度的不一致，这样，用同一幅值的电压去控制不同的触发器，将产生各相触发脉冲延迟角（或超前角）误差，导致三相波形的不对称，这在大容量装置的应用中，将造成三相电源的不平衡，中线出现电流。一般模拟式触发电路各相脉冲不均衡度为±3°，甚至更大。

晶闸管触发信号，本质上是一种离散量，完全可由数字信号实现。随着微电子技术的发展，特别是微型计算机的广泛应用，数字式触发器的控制精度可大大提高，其分辨率可达 0.7°～0.003°，甚至更高。由于微电子器件种类繁多，具体电路各异，可由单片机或数字集成电路构成，本节将对数字触发器的基本工作原理作一些介绍。

### 3.9.1　由硬件构成的数字触发器

由硬件构成的数字触发器如图 3-33 所示。它由时钟脉冲发生器、模拟/数字转换器（A/D）、过零检测与隔离、计数器、脉冲放大与隔离等几个基本环节组成，其中核心部分是计数器，它可由计数器芯片或计算机来实现，如图 3-33 的虚框所示。

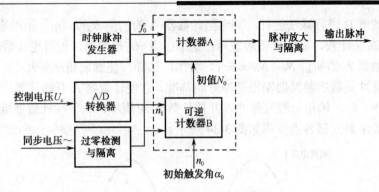

图 3-33 由硬件构成的数字触发器

数字触发器各环节的功能如下。

1. 时钟脉冲发生器

是计数器计数脉冲源，要求脉冲频率稳定，一般由晶体振荡器产生。

2. A/D 转换器

它将输入控制电压 $U_c$ 的模拟量（一般是电压幅值）转换为相应的数字量（即脉冲数）。

3. 过零检测与隔离

过零检测是数字触发器的同步环节，它将交流同步电压过零点、时刻以脉冲形式输出，作为计数器开始计数的时间基准；输入隔离是为了使强弱电隔开，以保护集成电路或微型计算机。

4. 计数器

计数器 A 为加法（或减法）计数器。当为加法计数器时，它从预先设置的初值 $N_0$ 进行加法计数，至计满规定值 $N$ 后输出触发脉冲，计数之差值（$N-N_0$）所需时间决定了触发角 $\alpha$；当为减法计数器时，由初值 $N_0$ 进行减法计数，待减至零时输出触发脉冲，初值 $N_0$ 直接决定触发角 $\alpha$。可逆计数器 B 给计数器 A 设置初值 $N_0$，$N_0$ 由触发器的初始延迟角 $\alpha_0$ 及控制电压 $U_c$ 所决定。

5. 脉冲放大与隔离

将脉冲放大到所需功率并整形到所需宽度，经隔离送至相应晶闸管。通常输出隔离是必不可少的。

在对电路各环节功能了解之后，就不难弄懂电路的工作原理。参照图 3-33 为零时，A/D 转换器输出也为零。设可逆计数器 B 送至计数器 A 的初值 $N_0=n_0$，计数器 A 为减法计数，计数脉冲频率为 $f_0$，则初始触发角为 $\alpha_0$。

$$\alpha_0 = \omega t = \omega \frac{N_0}{f_0} = \omega \frac{n_0}{f_0}$$

式中　$\omega$——电源角频率，$\alpha_0$ 由初值 $n_0$ 决定。

当控制电路 $U_c$ 为某一负值时，A/D 有输出脉冲 $n_1$，它与 $U_c$ 成正比。设控制电压极性"负号"使可逆计数器 B 进行减法运行,则送至计数器 A 的初值 $N_0=n_0-n_1$。当过零脉冲到来后,计数器 A 开始减法计数,显然这使触发角 $\alpha$ 变小;当 $+U_c$ 控制时,使可逆计数器 B 进行加法计算,送至计数器 A 的初值 $N_0$($N_0=n_0+n_1$)增加,这样,使触发角 $\alpha$ 变大。

过零检测脉冲是数字触发器输出脉冲时间基准,它使计数器 A 开始计数。当计数器 A 减至零(或计满 $N$)时,输出一触发脉冲,并使计数器 A 清零,为下次计数做准备。同步电压及减法计数时数字触发器各点波形如图 3-34 所示。

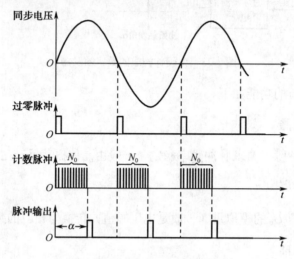

图 3-34 减法计数时数字触发器各点波形

数字触发器的精度,取决于计数器的工作频率和它的容量,对 $n$ 位二进制计数器来说,其分辨率 $\Delta\varphi=180°/2^n$。采用 8 位二进制计数器时,它的分辨率可达 0.7°,而采用 16 位二进制计数器可达 0.0027°。

### 3.9.2 微机数字触发器

随着微机的广泛应用,构成计算机控制的系统或装置越来越多。在有计算机参与的晶闸管变流装置中,计算机除了完成系统有关参数的控制与调节外,还可实现数字触发器的功能,使系统控制更加准确与灵活,且省去多路模拟触发电路。

现以 MCS—96 系列 8098 单片机构成数字触发器为例说明,如图 3-35 所示。与模拟触发器一样,数字触发器也包括了同步电路、移相电路、脉冲形成电路与输出电路四个部分。

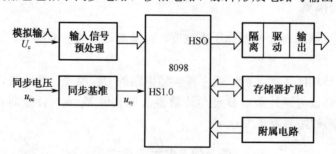

图 3-35 单片机数字触发器

## 1. 脉冲同步

以交流同步电压过零作为参考基准，计算出触发角 $\alpha$ 的大小，定时器按 $\alpha$ 值和触发的顺序分别将脉冲送至相应晶闸管的门极。

数字触发器根据同步基准的不同分为绝对触发方式和相对触发方式。所谓绝对触发方式，是指每一触发脉冲的形成时刻均由同步基准决定，在三相桥式电路中需有六个同步基准交流电压及一个专门的同步变压器；而相对触发方式仅需一个同步基准，当第一个脉冲由同步基准产生后，再以第一个触发脉冲作为下一个触发脉冲的基准，依此类推。对于三相桥式电路而言，当用相对触发方式时，数字触发器要相继以滞后 60°的间隔输出脉冲，但由于电网频率会在 50Hz 附近波动，所以 $\alpha$ 及滞后的 60°电角度的产生必须以电网的一个周期作为 360°电角度来进行计算，为避免积累误差必须进行电网周期的跟踪测量。

同步电压可以用相电压，也可以用线电压，触发器的定相不再需要用同步变压器的连接组来保证相位差，而是在计算第 1 个脉冲（1 号脉冲）的定时值时加以考虑。例如，当以线电压 $u_{ac}$ 作为交流同步电压时，经过过零比较形成的同步基准信号 $u_{sy}$（如图 3-36 所示）用于三相桥电路，它的上跳沿正好是 $\alpha=0°$，在 HSL.0 中断服务程序中就是读取当前触发角 $\alpha$ 的基准，而当用相电压 $u_a$ 作为同步电压时，其过零点就有-30°的相位差。

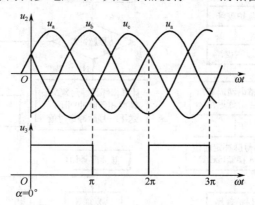

图 3-36 同步基准

## 2. 脉冲移相

当同步信号正跳沿发生时，8098 的 HSL.0 中断立即响应，根据当前输入控制电压 $U_c$ 值计算 $\alpha$ 值。设移相控制特性线性，当+$U_{cm}$ 时，$\alpha_{max}=150°$，当-$U_{cm}$ 时，$\alpha_{min}=30°$，则

$$\alpha = 90° + 60° \times \frac{U_c}{U_{cm}}$$

由于 8098 具有四路、10 位、A/D 转换通道，不需要再外接 A/D 转换电路，但 8098 单片机 A/D 转换器对外加控制电压有一定要求，它只允许 0~5V 的输入电压进行转换，而实际的输入不仅有幅值的差异而且有极性的不同，因此需设置输入信号预处理电路，它的任务是判断输入信号的极性及提取输入信号的幅值。一种可行的办法是：将有极性的输入控制电压 $U_c$ 分成两路，一路直接输入，另一路反相输入，这两路输入均为正限幅值+5V，负限幅值为-0V；这样不管输入正还是负，均为相应的正电压输入，但在不同的通道输入。这样，可根据不同的通道号来判断输入的极性并获得相应的幅值。

8098 单片机使用的晶振为 12MHz，其机器周期为 0.25μs，硬件定时器 $T_1$ 是每 8 个机器周期计数一次，故计数周期为 2μs。采用相对触发方式时，利用相邻同步信号上升沿之间的时间差来计算电网周期。设前一个同步基准到来时定时器 $T_1$ 计数值为 $t_1$，当前同步基准到来时定时器计数值为 $t_2$，则电网周期 $T=t_2-t_1$，单位电角度对应的时间为 $T/360°$，$\alpha$ 电角度对应的时间 $T_{1U}=\alpha T/360°$，$T_{1U}$ 即在同步基准上升沿发生后第一个脉冲的触发时间。改变第一个脉冲产生的时间就意味着脉冲移相。

### 3. 脉冲形成与输出

利用 8098 软硬件定时器、高速输出通道 HSO 和高速输入通道 HSI 的功能，使用软件定时中断实现触发脉冲的产生相输出。HSI.0 和 HSO 的中断服务程序流程图如图 3-37（a）、（b）所示。

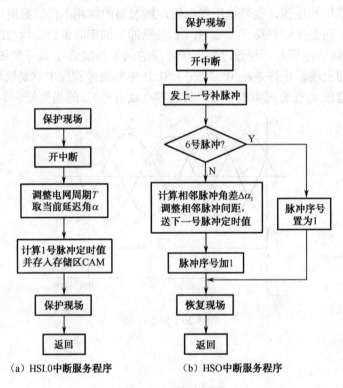

图 3-37 程序流程图

8098 单片机具有六路高速脉冲输出通道 HSO，因此 HSO 六路输出脉冲可分别送至三相桥电路的相应六只晶闸管，但它必须经过光电隔离、功率放大及变压器隔离输出。

8098 单片机具有 64KB 寻址空间，除了 256 个内部特殊存储器外，其余空间均需扩展，用来存放系统控制程序、存储实时采样的数据、各种中间结果及地址缓存等，存储器扩展电路为此而设置。

此外，8098 单片机的附属电路应包括复位电路、模拟基准高精度 5V 电源、12MHz 晶振等。

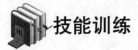

## 训练项目1 安装、测试单结晶体管触发电路

### 1. 实验目的

（1）理解单结晶体管触发电路的工作原理，掌握电路中各元器件的作用。
（2）熟悉单结晶体管触发电路中各点的典型波形。
（3）能够针对电路中出现的现象进行电路调整。

### 2. 实验要求

根据给定的设备和仪器仪表，在规定时间内完成接线、调试、测量工作。
（1）检测电子元器件，判断是否合格。
（2）按照单结晶体管触发电路原理图进行安装。
（3）安装后，通电调试，并根据要求画出波形。

### 3. 实验设备

（1）元器件明细表如下：

| 序 号 | 符 号 | 名 称 | 型号与规格 | 件 数 |
|---|---|---|---|---|
| 1 | $V_1 \sim V_4$、$V_9 \sim V_{11}$ | 二极管 | 1N4001 | 7 |
| 2 | $V_5$ | 稳压管 | 2CW64（18～21V） | 1 |
| 3 | $V_6$ | 单结晶体管 | BT33A | 1 |
| 4 | $V_7$ | 晶体管 | 3CG5C | 1 |
| 5 | $V_8$ | 晶体管 | 3DG6 | 1 |
| 6 | $R_1$ | 电阻 | RT、2（或1.2）kΩ、1W | 1 |
| 7 | $R_2$ | 电阻 | RT、360Ω、1/8W | 1 |
| 8 | $R_3$ | 电阻 | RT、100Ω、1/8W | 1 |
| 9 | $R_4$、$R_6$、$R_8$ | 电阻 | RT、1kΩ、1/8W | 3 |
| 10 | $R_5$、$R_7$ | 电阻 | RT、5.1kΩ、1/8W | 2 |
| 11 | RP | 电位器 | WT、6.8kΩ、0.25W | 1 |
| 12 | $C_1$ | 电容 | 0.22uF/16V | 1 |
| 13 | $C_2$ | 电容 | 200uF/25V | 1 |

（2）电工常用工具、电烙铁、万用表、示波器、印制电路板。
（3）连接导线若干。

### 4. 实验内容及步骤

1）实验电路

单结晶体管触发电路如图3-38所示，图3-38（a）为实际电路，图3-38（b）为电路原理图。

(a) 实际电路

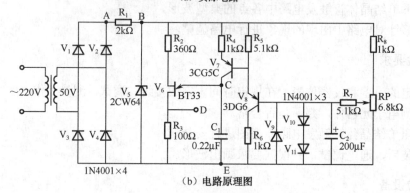

(b) 电路原理图

图 3-38 单结晶体管触发电路

2) 安装步骤

(1) 进行元器件的简单测试,确保能够正常使用后,按照焊接工艺的要求将各元器件固定在铆钉板上。

(2) 按照焊接工艺的要求用导线将进行线路的连接,完成电路的安装。

3) 调试步骤及波形记录

(1) 接通单结晶体管触发电路的电源,观察波形的情况是否正常。在单结晶体管触发电路的调试和使用过程中的检修主要是通过几个点的典型波形来进行判断,可以用示波器分别对图 3-38 (b) 中的 A、B、C、D 4 个点的波形进行测量。其方法是:将示波器 $Y_1$ 探头的接地端接于"E"点,测试端分别接于 A、B、C、D 点,调节旋钮"t/div"和"V/div",使示波器稳定显示至少一个周期的完整波形,测得的波形如图 3-39~图 3-43 所示。

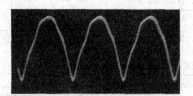
图 3-39 A 点桥式整流后脉动电压的波形

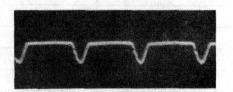
图 3-40 B 点梯形电压的波形

图 3-41 C 点电容充放电形成的锯齿波

图 3-42 C 点调节电位器后得到电容充放电形成的锯齿波

（2）器件的选择对电路的影响。在单结晶体管触发电路中，当所选的稳压二极管的限流电阻阻值太大或稳压二极管容量太小，就会造成触发电路在单结晶体管未导通时稳压二极管可以正常削波，其两端的波形为梯形波，而当单结晶体管导通时，稳压二极管的工作就不正常了。

当电路中电阻 $R_4$ 的阻值过大，在调节电压为最大值时会出现电容 C 两端的锯齿波底宽较大和数量较少的现象，这说明单结晶体管的可供移相范围没有得到充分利用；如果电阻 $R_4$ 的阻值过小，会使电容的充电时间常数太小，在同步电压刚过零上升时，电容 C 两端的电压就已经充到单结晶体管的峰点电压，单结晶体管导通，所产生脉冲的幅度无法触发晶闸管导通；还会使单结晶体管的引脚 e 和 $b_1$ 之间的电流过大，易烧毁管子。

（3）波形分析。调节触发电路板的电位器旋钮，观察并在图 3-44 中记录各点的波形情况。

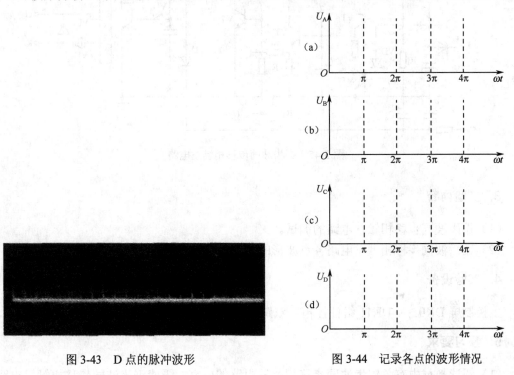

图 3-43　D 点的脉冲波形　　　　图 3-44　记录各点的波形情况

### 5. 注意事项

（1）双踪慢扫描示波器两个探头的地线端应接在电路的同电位点，以防通过两探头的地线造成被测电路短路。示波器探头地线与外壳相连，使用时应注意安全。

（2）实验报告应当以实验事实为依据，不得随意更改实验数据和实验结果。

（3）在实验的过程中应当注意安全，接线完毕后必须经带班教师检查无误后方可通电，严禁私自通电。

## 训练项目 2　锯齿波同步移相触发电路实验

### 1. 实验目的

（1）加深理解锯齿波同步移相触发电路的工作原理及各元件的作用；

(2) 掌握锯齿波同步移相触发电路的调试方法。

### 2. 实验线路及原理

锯齿波同步移相触发电路如图 3-45 所示。锯齿波同步移相触发电路由同步检测、锯齿波形成、移相控制、脉冲形成、脉冲放大等环节组成，其工作原理可参见教材中的相关内容。

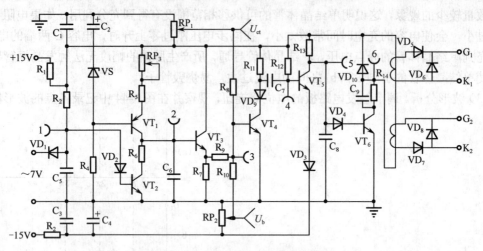

图 3-45　锯齿波同步移相触发电路

### 3. 实验内容

(1) 锯齿波同步移相触发电路的调试。
(2) 锯齿波同步移相触发电路各点波形的观察和分析。

### 4. 实验设备

主控制屏 DK01；DK11 组件挂箱；双踪慢扫描示波器；万用表。

### 5. 预习要求

(1) 阅读教材中有关锯齿波同步移相触发电路的内容，弄清锯齿波同步移相触发电路的工作原理；
(2) 掌握锯齿波同步移相触发电路脉冲初始相位的调整方法。

### 6. 思考题

(1) 锯齿波同步移相触发电路有哪些特点？
(2) 锯齿波同步移相触发电路的移相范围与哪些参数有关？

### 7. 实验方法

(1) 将 DK11 面板左上角的同步变压器原边绕组接 220V 交流电压，"选择触发开关"拨向"锯齿波"，面板左下角的±15V 开关拨向"开"，其上面的开关拨向"触发电路"。将触发电路的输出"$G_1$"、"$K_1$"端接至 DK01 上的某晶闸管的门极和阴极。

（2）接通电源，用示波器观察各观察孔的电压波形。

① 同时观察"1"、"2"孔的电压波形，了解锯齿波宽度和"1"孔电压波形的关系；

② 观察"3"～"5"孔电压波形和输出电压 $u_g$ 的波形，记下各波形的幅值与宽度，并比较"3"孔电压 $u_3$ 和"5"孔电压 $u_5$ 的对应关系；

③ 调节触发脉冲的移相范围

将控制电压 $U_d$ 调至零（调电位器 $RP_1$），用示波器观察"1"孔电压 $u_1$ 和 $u_5$ 的波形，调节偏移电压 $U_b$（即调 $RP_2$），使 $\alpha=180°$，如图 3-46 所示。

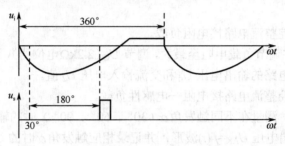

图 3-46　触发脉冲移相范围

④ 调节 $RP_1$，使 $\alpha=60°$，观察并记录 $u_1\sim u_5$ 及输出脉冲电压 $u_g$ 的波形，标出其幅值与宽度并记录在下表中（可在示波器上直接读出，读数时应将示波器的"V/cm"和"t/cm"的旋钮放置在校准位置，以防读数误差）。

| | $u_1$ | $u_2$ | $u_3$ | $u_4$ | $u_5$ | $u_g$ |
|---|---|---|---|---|---|---|
| 幅值（V） | | | | | | |
| 宽度（ms） | | | | | | |

8．实验报告

（1）整理、描绘实验中记录的各点波形，并标出其幅值和宽度。

（2）总结锯齿波同步触发电路移相范围的调试方法，如果要求在 $u_{ct}=0$ 的条件下，使 $\alpha=90°$，如何调整？

（3）讨论、分析实验中出现的各种现象。

## 训练项目 3　集成触发电路与单相桥式全控整流电路实验

1．实验目的

（1）研究单相桥式全控整流电路在电阻负载、电阻—电感性负载及反电势负载时的工作情况。

（2）熟悉 KC04 集成触发电路的工作原理及应用。

2．实验设备

（1）单相桥式全控整流电路板：1 块。

（2）集成触发电路板：1 块。

（3）滑线变阻器：1 个。

(4) 双踪示波器：1 台。

(5) 直流电流表、电压表：各 1 块。

(6) 万用表：1 块。

(7) 直流电机：1 个。

3. **实验电路及原理**

(1) 接通主电路电源，调节主电源电压 $U$=220V，此时集成触发电路应处于工作状态，如图 3-47 所示。

(2) 单相桥式全控整流电路接电阻负载。

接上电阻负载，并调节负载电阻至最大，调节 $U_C$（2.2kΩ电位器），测量在不同 $\alpha$ 角（30°，60°，90°）时整流电路的输出电压 $U_d$ 和交流输入电压 $U_2$ 值。

(3) 单相桥式全控整流电路接电阻—电感性负载。

接上平波电抗器，测量在不同触发角 $\alpha$（30°、60°、90°）时的输出电压 $U_d=f(t)$、负载电流 $i_d=f(t)$ 及晶闸管端电压 $U_{AK}=f(t)$ 波形，并记录相应触发角 $\alpha$ 时的 $U_d$、$U_2$ 值。

改变电感值（$L$=100mH），观察 $\alpha$=90°，$U_d=f(t)$、$i_d=f(t)$ 的波形，并加以分析。

(4) 单相桥式全控整流电路接反电势负载。

① 接入直流电动机，在 $\alpha$=90° 时，观察 $U_d=f(t)$、$i_d=f(t)$ 及 $U_{AK}=f(t)$ 的波形。注意，交流电压 $U_2$ 需从 0V 起调，同时直流电动机必须先加励磁电流。

② 直流电动机回路中串入平波电抗器（$L$=700mH），重复步骤①，进行观察。

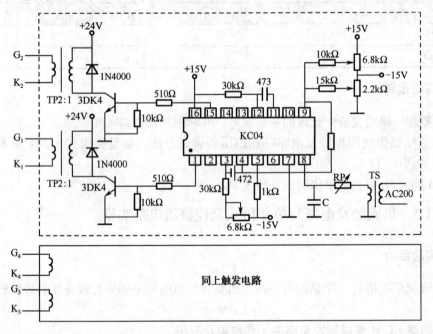

图 3-47 集成触发电路

4. **预习要求**

(1) 阅读电力电子技术教材中有关单相桥式全控整流电路的内容。

(2) 预习教材中有关 KC04 集成触发电路的内容，掌握 KC04 集成触发电路的工作原理。

### 5. 注意事项

（1）调节电阻 $R_d$ 时，若电阻过小，会出现电流过大造成过电流保护动作（熔丝烧断，或仪表警告）；若电阻过大，则可能流过晶闸管的电流小于 $I_H$，造成晶闸管时断时续。

（2）电感的值可根据需要选择，需防止过大的电感造成晶闸管不能导通。

（3）注意同步电压的相位，若出现晶闸管移相范围太小（正常范围为 30°～180°），可尝试改变同步电压组别为极性。

（4）示波器的两根地线由于同外壳相连，必须接等电位，否则易造成短路事故。

（5）接反电动势负载时，需要注意直流电动机必须先加励磁电流。

### 6. 实验报告内容

（1）绘出单相桥式晶闸管全控整流电路接电阻负载情况下，当 $\alpha$=60°、90° 时的 $U_d$、$U_{AK}$ 波形，并加以分析。

（2）绘出单相桥式晶闸管全控整流电路接电阻-电感性负载情况下，当 $\alpha$=90° 时的 $U_d$、$i_d$、$U_{AK}$ 波形，并加以分析。

（3）做出实验整流电路的输入—输出特性 $U_d=f(U_c)$、触发电路特性 $U_c=f(\alpha)$ 及 $U_d/U_2=f(\alpha)$ 曲线。

思考题

1. 简述单结晶体管的简单测试方法。
2. 单结晶体管自激振荡电路是根据单结晶体管的什么特性进行工作的？振荡频率的高低与什么因素有关？
3. 锯齿波触发电路主要有哪几部分构成？简述脉冲形成放大环节的工作原理。
4. 图 3-14 锯齿波移相的晶体管触发电路输出脉冲有什么特点？它的移相范围会有多大？
5. 锯齿波触发电路有什么优点？锯齿波的底宽由什么元件参数决定的？输出脉宽是如何调节的？双窄脉冲与单宽脉冲相比有什么优点？
6. 什么叫同步？说明实现触发电路与主电路同步的步骤？
7. 画出用三块 KJ004 集成触发器组成三相全控桥式可控整流主电路的原理框图，并作定相分析。
8. 试述数字触发器的特点和工作原理。
9. 晶体管触发器电路、集成触发器、数字触发器在输出脉冲形式、移相范围、同步信号要求、适用范围、可靠性、灵活性等方面做比较。
10. 数字触发器根据同步基准的不同，绝对触发方式和相对触发方式各有什么优缺点？

# 项目 4　全控器件的驱动与保护电路分析

 **教学目标**

理解并掌握 IGBT 的驱动电路的使用方法和注意事项。
掌握 GTO、GTR、MOSFET、等全控器件的驱动方法。
会应用 GTO、GTR、MOSFET、IGBT 等全控器件的保护电路。
了解 GTO、GTR、MOSFET、IGBT 等全控器件驱动和保护的注意事项。

 **引例：EXB850 驱动芯片**

EXB850 驱动芯片能驱动高达 150A/600V 的 IGBT 和高达 75A/1200V 的 IGBT，驱动电路信号延迟时间小于 4μs，适用于高达 10kHz 的开关电路。EXB850 驱动芯片的典型应用电路如图 4-1 所示。

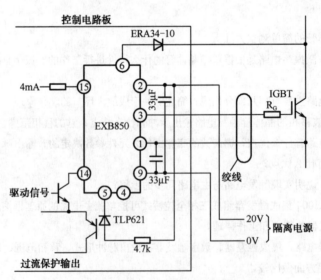

图 4-1　EXB850 驱动芯片的典型应用电路

图 4-1 中，33μF 电容器不是电源滤波电容器，其功能是抑制因供电电源接线阻抗变化而引起的供电电压变化。EXB850 驱动芯片的使用特点如下。

（1）EXB850 驱动芯片是通过检测 IGBT 在导通过程中的饱和压降 $U_{CE}$ 来实施对 IGBT 的过电流保护。对于 IGBT 的过电流处理完全由驱动芯片自身完成，对于电动机驱动用的三相逆变器实现无跳闸控制有较大的益处。

（2）EXB850 驱动芯片对 IGBT 过电流保护的处理采用了软关断方式，因此主电路的

d$u$/d$t$ 比硬关断时小了许多，这对提高 IGBT 工作的可靠性和延长使用寿命有利。

（3）EXB850 驱动芯片内集成了功率放大电路，这在一定程度上提高了驱动电路的抗干扰能力。

（4）EXB850 驱动芯片最大只能驱动 1200V/300A 的 IGBT，并且它本身并不提倡外加功率放大电路。

另外，从图 4-1 中可以看出，该类芯片为单电源供电，IGBT 关断所需的-5V 电压信号是由芯片内部产生的，容易受到外部的干扰。因此，对于 300A 以上的 IGBT 或者 IGBT 并联应用时，应考虑采用其他系列的驱动芯片，如三菱公司的 M57962L 等。

相关知识

## 4.1 绝缘栅双极型晶体管驱动与保护电路

### 4.1.1 对 IGBT 栅极驱动电路的要求

IGBT 应用的关键问题之一是驱动电路的合理设计。由于 IGBT 的开关特性和安全工作区随栅极驱动电路的变化而变化，因而驱动电路性能的好坏严重影响着 IGBT 的寿命。IGBT 通常采用栅极电压驱动，并对驱动电路有许多特殊的要求，概括起来有：

（1）栅极驱动电压脉冲的上升率和下降率要充分大。在 IGBT 开通时，陡峭的上升沿将缩短开通时间，减小开通损耗。在 IGBT 关断时，栅极驱动电路要提供一个下降沿很陡的关断电压，并给栅极 G 与发射极 E 之间施加适当的反向负偏电压，以使 IGBT 快速关断，缩短关断时间，减小关断损耗。

（2）在 IGBT 导通后，栅极驱动电路提供给 IGBT 的驱动电压和电流要具有足够的幅度。该幅度应能维持 IGBT 的功率输出级总是处于饱和状态，当 IGBT 瞬时过载时，栅极驱动电路提供的驱动功率要足以保证 IGBT 不会退出饱和区而损坏。

（3）栅极驱动电路提供给 IGBT 的正向驱动电压+$U_{GE}$ 增加时，IGBT 输出级晶体管的导通压降和开通损耗值将下降。而在实际应用中，IGBT 的栅极驱动电路提供给 IGBT 的正向驱动电压+$U_{GE}$ 要取合适的值，特别是在具有短路工作过程的设备中应用 IGBT 时，其正向驱动电压+$U_{GE}$ 更应选择其所需要的最小值。在开关应用的 IGBT 的栅极电压以 15～10V 为佳。

（4）IGBT 在关断过程中，栅射极施加的反偏压有利于 IGBT 的快速关断，但反向负偏压-$U_{GE}$ 受 IGBT 栅射极之间反向最大耐压的限制，一般为-2～-10V。

（5）IGBT 的栅极驱动电路应尽可能简单、实用，最好自身带有对被驱动 IGBT 的完整保护能力，并且有很强的抗干扰性能，且输出阻抗应尽可能低。

（6）由于 IGBT 在电力电子设备中多用于高压场合，所以驱动电路应与整个控制电路在电位上严格隔离。当同一电力电子设备中使用多个不等电位的 IGBT 时，为了解决电位隔的问题，应使用光隔离器。

（7）栅极驱动电路与 IGBT 之间的配线，由于栅极信号的高频变化很容易互相干扰，为防止造成同一个系统中某一个 IGBT 误导通，因此要求栅极配线走向应与其他电流线尽可能远,且不要将多个 IGBT 的栅极驱动线捆扎在一起。同时,栅极驱动电路到 IGBT 模块栅射极的引线尽可能短。引线应采用绞线或同轴电缆屏蔽线,并从栅极直接接到被驱动 IGBT 栅射极,最好采取焊接的方法。

(8) 当使用 IGBT 作为高速开关时,应特别注意其输入电容的放电与充电时间带来的影响。

(9) 栅极串联电阻阻值对于驱动脉冲的波形有较大的影响,电阻值过小会造成驱动脉冲振荡引起 IGBT 的误导通;过大会造成驱动波形的前、后沿发生延迟和变缓,开关时间增长,也使每个脉冲的开通能耗增加。IGBT 的输入电容 $C_{GE}$ 随着其额定电流容量的增大而增大。IGBT 的栅极串联电阻通常采用推荐的值,如工作频率较低,也可采用前一档较大的电阻值。

### 4.1.2 IGBT 栅极驱动电路

由于 IGBT 的输入特性几乎与 P-MOSFET 相同,因此 P-MOSFET 的驱动电路同样适用于 IGBT。

#### 1. 采用脉冲变压器隔离的栅极驱动电路

采用脉冲变压器隔离的栅极驱动电路如图 4-2 所示。其工作原理:控制脉冲 $u_i$ 经晶体管 VT 放大后送到脉冲变压器,由脉冲变压器耦合,并经 $VS_1$、$VS_2$ 稳压限幅后驱动 IGBT。脉冲变压器的一次侧并联了续流二极管 $VD_1$,以防止 VT 中可能出现的过电压。$R_1$ 限制栅极驱动电流的大小,$R_1$ 两端并联了加速二极管,以提高开通速度。

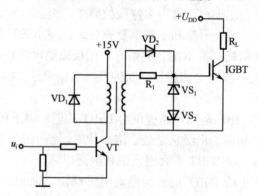

图 4-2 采用脉冲变压器隔离的栅极驱动电路

#### 2. 推挽输出栅极驱动电路

图 4-3 是一种采用光耦合器隔离的由 $VT_1$、$VT_2$ 组成的推挽输出栅极驱动电路。当控制脉冲使光耦合器关断时、光耦合器输出低电平,使 $VT_1$ 截止,$VT_2$ 导通,IGBT 在 $VS_1$ 反偏作用下关断。当控制脉冲使光耦合器导通时,光耦合器输出高电平,$VT_1$ 导通,$VT_2$ 截止,经 $U_{CC}$、$VT_1$、$R_G$ 产生的正向电压使 IGBT 开通。

#### 3. 专用集成驱动电路

1) EXB840/841

EXB 系列 IGBT 专用集成驱动模块是日本富士公司制造的,它们性能好、可靠性高、体积小、应用广泛。EXB840/841 为高速系列的 IGBT 集成驱动电路,工作频率可达 40 kHz;内部装有隔离高电压的光耦合器,隔离电压可达 2500V;具有过电流保护和低速过电流切断电路的功能,保护信号可供控制电路使用;单电源供电,内部电路可将+20V 的单电压转换为+15V 的开栅压和-5V 的关栅压。其内部原理如图 4-4 所示。它是厚膜集成电路矩形扁片状封装,引脚为单列直插式,其中 1 脚与用于反向偏置电源的滤波电容器相连接;2 脚为供电电源(+20 V)端;3 脚为驱动输出端;4 脚用于外接电容器,以防止过流保护电路误动作(绝大部分场合不需要此电容器);5 脚为过流保护输出端;6 脚为集电极电压监视;7 脚、8 脚为空端;9 脚为电源地;10 脚、11 脚为空端;14 脚为驱动信号输入(-)端;15 脚为驱动信号输入(+)端。

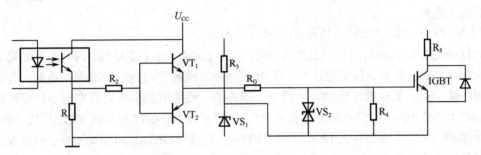

图 4-3 推挽输出栅极驱动电路

EXB840/841 是混合集成电路。EXB840 能驱动高达 150A、600 V 的 IGBT 和高达 75A、1200V 的 IGBT,而 EXB841 则可驱动向达 400A、600V 的 IGBT 和高达 300A、1200V 的 IGBT。其应用电路如图 4-5 所示。因为驱动电路信号延迟不超过 1μs,所以此混合集成电路适用于频率约为 40 kHz 的开关操作,在此频率下使用此混合集成电路时应注意以下事项。

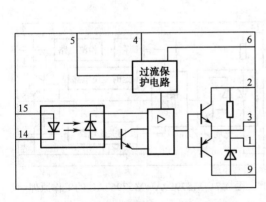

图 4-4 EXB840/841 功能原理框图

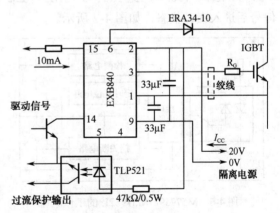

图 4-5 EXB840 应用电路

(1)IGBT 的栅、射极驱动回路接线长度必须小于 1m。
(2)IGBT 的栅、射极驱动回路接线应采用双绞线。
(3)如果在 IGBT 的集电极产生大的电压尖脉冲,则可增加 IGBT 的栅极串联电阻 $R_G$ 来减小尖峰电压。栅极串联电阻的推荐值如表 4-1 所示。

表 4-1 栅极串联电阻的推荐值

| IGBT 额定值 | | 600V | 200A | 300A | 400A |
|---|---|---|---|---|---|
| | | 1200V | 200A | 150A | 200A | 300A |
| $R_G$ | | | 12Ω | 8.2Ω | 5Ω | 3.3Ω |
| $I_{CC}$ | 5kHz | | 20mA | 22mA | 23mA | 27mA |
| | 10kHz | | 24mA | 27mA | 30mA | 37mA |
| | 15kHz | | 27mA | 32mA | 374mA | 47mA |

（4）33uF（采用 EXB841 时，改为 47μF）电容器用于滤除 2 脚、1 脚上由电源接线阻抗引起的电压毛刺。

2）M57959L/M57959AL/M57962L/M57962AL

M57959L/M57959AL/M57962L/M57962AL 混合集成 IGBT 驱动器，内有高速光耦隔离输入；有 2500V/min 的高绝缘强度；与 TTL 电平兼容；内藏定时逻辑短路保护电路，并具有保护延时特性。正、负双电源供电，从根本上避免了一般单电源供电时负电压不稳定的缺点；驱动功率大：M57959L/M57959AL 可驱动 200 A/600 V 或 100 A/1200 V 的 IGBT 模块，M57962L 可驱动 400A /600 V 或 200 A/1200 V 的 IGBT 模块，M57962AL 可驱动 600 A/600 V 或 400 A/1200 V 的 IGBT 模块。

M57959L/M57962L 的工作原理如图 4-6 所示。输入信号经高速光耦隔离。由接口电路传送到功放级，产生正、负栅压，驱动 IGBT。当发生直通短路时，集电极电压显著增大，1 脚检出 IGBT 的栅极和集电极同为高电平就判断其为短路，定时器被启动，通过栅极关闭和降压电路，将短路电流钳制在较低值，同时发出故障信号；如 1 脚回到低电平，保护复位，电路恢复常态。M57959AL/M57962AL 的工作原理与 M57959L/M57962L 的相似，所不同的是 M57959AL/M57962AL 比 M57959L/M57962L 多了一个短路检测端，且检测电路检测到故障信号后进入锁存状态，如图 4-7 所示。

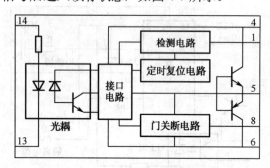

图 4-6 M57959L/M57962L 的工作原理

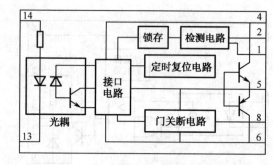

图 4-7 M57959AL/M57962AL 的工作原理

M57959L/M57959AL/M57962L/M57962AL 是厚膜集成电路矩形扁片状封装的，引脚为单列直插式。14 个引脚中只有 7 个（M57959L/M57962L）或 8 个（M57959AL/M57962AL）有用，其余为空。M57959L/M57962L 的 1 脚为故障检测端，2 脚和 3 脚为空，4 脚接电源 $V_{CC}$，5 脚为驱动输出端，6 脚接电源 $V_{EE}$，7 脚为空，8 脚为故障信号输出，9 脚至 12 脚为空，13 脚和 14 脚为驱动信号输入端。M57959AL/M57962AL 与 M57959L/M579621L 相比，多一个（2 脚）故障检测端。

M57959L、M57959AL、M57962L 和 M57962AL 的应用电路如图 4-8～图 4-11 所示。其中，栅极电阻 $R_G$ 的取值非常重要，适当的栅极电阻能有效地抑制振荡、减缓开关开通时的 $di/dt$、改善电流上冲波形、减小电压浪涌。从安全可靠性角度考虑，$R_G$ 应当选取较大值，但是 $R_G$ 的值过大会影响开关速度、增加开关损耗。从提高工作频率角度来考虑，$R_G$ 应当选取较小值。一般情况下，可靠性是第一位的，因此使用中倾向于 $R_G$ 取较大值。表 4-2 列出了驱动三菱第三代 IGBT 模块所推荐的 $R_G$ 标准值。该标准值适用于 20 kHz，低频下工作可将此值再扩大 5～10 倍。$R_G$ 的最佳值应当通过试验确定。

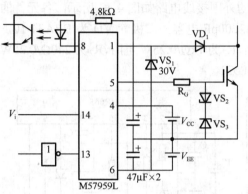

图 4-8　M57959L 的应用电路

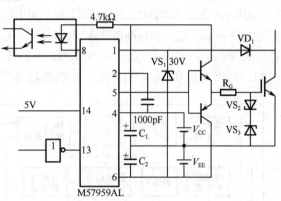

图 4-9　M57959AL 的应用电路

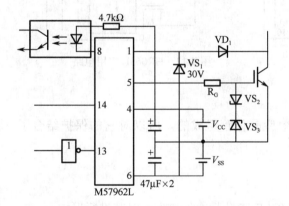

图 4-10　M57962L 的应用电路

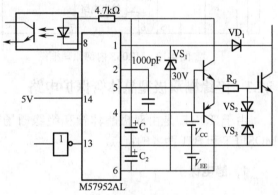

图 4-11　M57962AL 的应用电路

表 4-2　推荐的 $R_G$ 标准值

| 模块 600V | 50A | 75A | 100A | 150A | 200A | 300A | 400A | | | |
|---|---|---|---|---|---|---|---|---|---|---|
| 模块 1200V | | | 50A | 75A | 100A | 150A | 200A | 300A | 400A | 600A |
| $R_G$ (Ω) | 13 | 8.3 | 6.3 | 4.2 | 3.1 | 2.1 | 1.6 | 1.0 | 0.78 | 0.52 |

3) HR065

HR065 采用单列直插式（SIP10）陶瓷封装，内有高速高电压光耦合器，将主电路与控制电路隔离。HR065 除提供驱动电流外，还具有过电流保护功能，其内部原理框图如图 4-12 所示。其中：1 脚接 IGBT 发射极，2 脚接直流电源（+），3 脚接栅极驱动电阻，4 脚为直流电源地，5 脚与 6 脚为报警信号输出端，7 脚接过电流检测延时电容，8 脚为集电极电压检测，9 脚为脉冲输入信号（+）端。10 脚为脉冲输入信号（-）端。

HR065 除了能提供 IGBT 驱动所要求的驱动电流外，还可以检测短路过电流并加以保护。其 8 脚通过二极管接至 IGBT 的集电极，检测集、射极间电压，利用 $V_{CE}$ 与电流之间的关系检测过流，当 $V_{CE}$ 超过一定值时，检测电路动作，将开关 2 接通，经逻辑判断产生封锁信号送至信号传输电路，将 IGBT 软关断。同时，保持电路将开关 1 关断，避免在保护期间内因外部关断信号的输入而使器件在大电流下迅速关断，并产生很高的 $dv/dt$ 而损坏 IGBT。在将 IGBT 软关断的同时，逻辑电路还通过故障信号输出电路输出一个报警信号，该信号除了可通知外部电路出现过流故障外，还可推动控制电路封锁 PWM。

HR065 驱动 100 A/1200 V IGBT 时，实际可用的外围接线电路如图 4-13 所示，各元件的参数如下：$C_1$、$C_2$ 为 1000μF/35V 电解电容，$C_3$ 为 2200pF 电容，二极管 VD 为 ERA34-10，稳压管 VS 为 9V/1W 稳压管，$R_1$ 为 2.2kΩ/0.25W 电阻，$R_2$ 为 1kΩ/0.25W 电阻，$R_2$ 为 240Ω/0.25W 电阻，栅极电阻 $R_G$ 为 47Ω 电阻，光耦合器选用 TLP521。

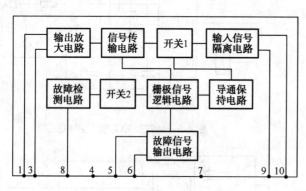

图 4-12 HR065 内部原理框图

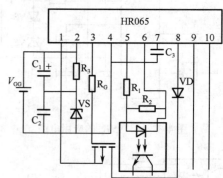

图 4-13 HR065L 应用电路

### 4.1.3 绝缘栅双极型晶体管保护电路

由于 IGBT 是由双极晶体管和绝缘栅场效应晶体管组成的，所以对它的保护结合了 MOSFET 和 BJT 两者的特点。

#### 1. 静电保护

IGBT 的输入级为 MOSFET，所以需采用 MOSFET 防静电保护方法对其进行保护。

#### 2. 过电流保护

过电流保护的主要方法是直接或间接监测集电极电流，在过电流状态下切断 IGBT 的输入，以达到保护目的。监测集电极电流的方法：利用电阻或电流互感器检测过电流进行保护；利用 IGBT 的 $U_{CE}$ 检测过电流；检测负载电流等。

过电流保护电路如图 4-14 所示，当流过 IGBT 的电流 $I_D$ 超过一定值时，电阻 $R_4$ 上的电压会触发晶闸管 VTH 使之导通，从而把输入信号短路，IGBT 失去栅极电压而截止。由于电路中 $R_4$ 造成无用的功率损耗，实际应用中常使用霍尔传感器代替 $R_4$，实现反馈功能。

#### 3. 短路保护

IGBT 能承受短暂的短路电流，该时间与 IGBT 的导通饱和压降有关，随着饱和导通压降的增加而延长。在 IGBT 的应用中，当发生负载短路时，电源电压将直接加到 IGBT 的 C、E

之间,集电极电流将急剧增加。当短路电流超过极限值时,将导致 IGBT 被烧毁,通常采取的保护措施有软关断降低栅极电压和过电流降低栅极电压两种。

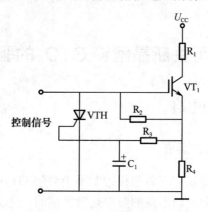

图 4-14  过电流保护电路

(1) 软关断降低栅极电压。采用软关断的方法可避免过大的电流下降变化率,避免因关断产生的感应过电压使 IGBT 被击穿而损坏。但为了避开续流二极管的大电流和吸收电容器的放电电流,栅极的封锁需要在短路后延迟 2μs 后动作,且由于栅极电压的下降时间需 5～10μs,使电路对小于 10μs 的过电流不能响应。因此,软关断降低栅极电压的方法对短路开始时的最大电流是无法限制的,很容易因瞬时电流过大而造成 IGBT 损坏。

(2) 过电流降低栅极电压。降低栅极电压实现 IGBT 短路保护的电路如图 4-15 所示,在 IGBT 正常导通时,饱和压降小于给定电压 $U_{REF}$,比较器输出低电平,MOS 管 $VT_1$ 与 $VT_2$ 均截止,保护电路对电路不产生任何影响。但当发生过电流时,IGBT 的集电极间压降 $U_{CE}$ 将增大,当 $U_{CE}$ 超过 $U_{REF}$ 时,比较器输出高电平,同时启动定时器,并使 $VT_2$ 导通,将 IGBT 的栅极电压降到稳压管 VS 的稳压值。故障如果在定时周期结束之前去除,比较器输出将返回低电平,$VT_2$ 截止,恢复正常栅极电压,IGBT 继续正常工作。否则,定时器输出高电位,$VT_1$ 导通,IGBT 的驱动电压被切除,迫使 IGBT 截止。

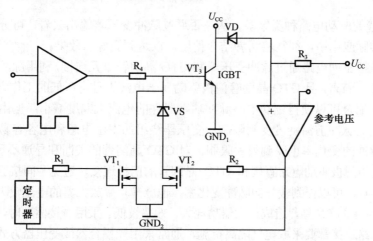

图 4-15  降低栅极电压实现 IGBT 短路保护的电路

 拓展知识

## 4.2 门极可关断晶闸管 GTO 的驱动和保护

### 4.2.1 GTO 晶闸管的驱动电路

#### 1. GTO 晶闸管驱动电路的要求

GTO 晶闸管的结构和特点决定了若门极控制不当会使 GTO 晶闸管单元在非极限状态下损坏,所以 GTO 晶闸管器件对驱动电路的要求是较严格的。门极触发方式按时间分为单脉冲触发、连续脉冲触发、直流触发三种。

1) GTO 晶闸管的开通对电路的要求

(1) 门极正向驱动电流的前沿必须达到足够的幅值和陡度,后沿平缓。触发信号幅度一般为 GTO 晶闸管 $I_G$ 的 6~10 倍,前沿的变化率大于 5A/μs,并与 GTO 晶闸管的导通时间接近,以减少到导通期的管压降,减少导通损耗;下降过程应该较缓慢,防止结电容效应引起的误关断。

(2) 开通触发门极正向驱动电流时,需要保证阳极电流在触发期超过擎住电流,然后降至 $I_G$ 的 1.2 倍左右。

2) GTO 晶闸管的关断对电路的要求

要求 GTO 晶闸管门极抽出足够大的关断电荷,且关断电流有足够的上升率。一般要求前沿变化率大于 10A/μs,峰值电流大于 (0.2~0.4) $I_{ATO}$,宽度大于 30μs,以保证可靠关断。门极关断脉冲的后延坡度下降率应较小,防止结电容效应引起的误导通。

#### 2. 间接驱动和直接驱动

GTO 晶闸管的驱动电路种类繁多,从是否通过脉冲变压器输出来看,可分为间接驱动和直接驱动,在实际应用中,往往将两者结合使用,以达到更好的效果。

间接驱动是指驱动电路通过脉冲变压器和 GTO 晶闸管单元连接,利用脉冲变压器对主电路和控制电路进行隔离,且 GTO 晶闸管门极驱动属于电流大且电压低的工作方式,利用脉冲变压器匝数比的配合可以使得驱动电路脉冲功率器件的电流大幅度减小;但由于输出变压器的漏感使输出电流脉冲前沿陡度受到限制,变压器绕组的寄生电感和电容容易使门极脉冲前后出现振荡,脉冲的变化率也受到很大限制,对 GTO 晶闸管的关断和导通不利。

直接驱动是用门极驱动电路直接和 GTO 晶闸管的门极连接,避免了间接驱动带来的寄生电感和电容的影响,可以得到较好的脉冲变化率;但脉冲功率放大器的电流较大,其负载是低阻抗的 GTO 晶闸管的 PN 结,造成放大器功耗大、效率较低。采用直接驱动时,控制电路和门极驱动之间的电路连接都要采取电气隔离措施,通常采用光耦合器或变压器方式进行隔离。

#### 3. 门极驱动电路举例

门极驱动电路如图 4-16 所示,它是使用晶体管关断 GTO 晶闸管的电路,当输入脉冲为

高电平时，光耦合器导通，晶体管 $VT_1$ 截止，$VT_2$ 和 $VT_3$ 导通，电源 $E_1$ 经 $R_7$、$VT_3$ 及 $R_8$ 触发 GTO 晶闸管导通；当输入信号跳转为 0 时，光耦合器截止，$VT_1$ 导通，$VT_2$ 和 $VT_3$ 截止，关断电路中的 $VT_4$ 导通，$VT_5$ 截止，晶闸管 VT 经 $R_{13}$、和 $R_{14}$ 获得触发信号并导通，电源 $E_2$ 经 VT、GTO 晶闸管、$R_8$、$R_{15}$ 形成门极负电流实现 GTO 晶闸管的关断。

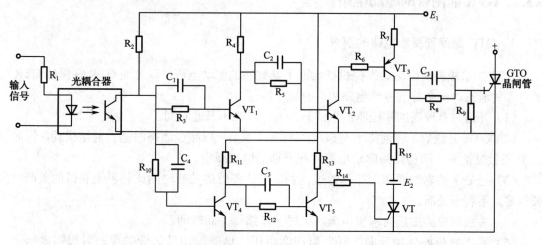

图 4-16 门极驱动电路

电路中出现的电阻、电容并联后串联在回路中（如 $R_3$ 和 $C_1$ 的这种连接方式）时，这个电容常被称为加速电容。它利用电容两端电压不能突变的特性，在负载电压变化时加速电阻两端电压的变化率，提高电路对信号边沿变化的响应能力。如果没有加速电容，会使得调整速度或加速度下降。

### 4.2.2 GTO 晶闸管的保护和缓冲

缓冲电路也称为吸收电路，在 GTO 晶闸管、GTR 和 MOSFET 的保护中都起到减小开通和关断损耗、抑制静态电压上升率的作用，使电路的运行稳定、高效。

这里介绍的桥臂电路单元如图 4-17 所示，$VD_S$、$R_S$、$C_S$ 为缓冲元器件，$VD_f$ 为续流二极管，$L_S$ 为电路等效电感，$L_T$ 为阳极电路引线电感。

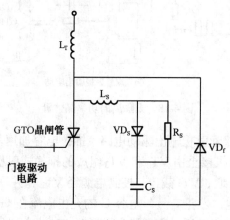

图 4-17 桥臂电路单元

## 4.3 电力晶体管的驱动与保护

### 4.3.1 GTR 晶闸管的驱动电路

**1. GTR 晶闸管驱动电路的要求**

GTR 的基极驱动电路必须提供持续而不是脉冲的驱动电流，以开通 GTR 并保持 GTR 处于可靠的通态，一个好的驱动电路应具有以下特性。

（1）开通时有较高的基极驱动电流脉冲 $i_B$，以减小开通时间。

（2）GTR 开通后，在通态下基极电流要适当减小，以减少通态时基、射结损耗，同时使 GTR 不致过饱和，即初始的驱动电流应在开通后适当减小。

（3）已处于通态时要防止晶体管过饱和。过饱和时的关断时间比临界饱和时的关断时间长得多，不利于关断。

（4）关断时应施加反向基极电流，以进一步缩短关断时间。

（5）断态时最好外加反向的基、射极间电压，这能增加晶体管的集、射极间电压阻断能力。

**2. 典型的驱动电路**

1) 推拉电容加速基极驱动电路

无隔离的功率晶体管如图 4-18 所示，它给出了 GTR 的两个无隔离变压器的驱动器。图 4-18（a）为基本的单端驱动电路，只需一个晶体管 VT，但其性能不佳。输入信号为低电平时 VT 导通，主管 GTR 因有正的基极驱动电流 $i_B$ 而开通，并保持通态。一旦输入信号为高电平，VT 截止，B 点负电压作为反偏电压加至 GTR 的基极使其关断，并保持为断态。

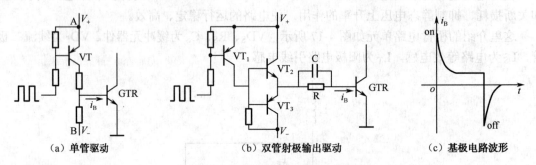

（a）单管驱动　　　　（b）双管射极输出驱动　　　　（c）基极电路波形

图 4-18　无隔离的功率晶体管

在图 4-18（b）所示的双管射极输出驱动电路（推拉电容加速基极驱动电路）中，功耗大为减小。晶体管 $VT_1$ 的集电极接至由 $VT_2$ 和 $VT_3$ 组成的推挽式射极输出电路，输入信号为低电平时 $VT_1$ 导通，使 $VT_2$ 导通、$VT_3$ 截止，控制电源经 $VT_2$ 和并联的 R、C 向 GTR 提供驱动电流 $i_B$，同时电容 C 被充电，左正右负。电容 C 的充电电流在 GTR 开通初期提供基极瞬时大电流（提升电流），可以加快开通过程。稳态导通时，$i_B$ 减小到只由 R 支路提供，又可使通态时的 $i_B$ 较小，从而缩短关断时间。当输入信号为高电位时 $VT_1$ 截止，$VT_2$ 截止、$VT_3$ 导通，电容 C 经 $VT_3$ 放电，为 GTR 提供关断所需的反压和负电流 $-i_B$，如图 4-18（c）所示。

### 2)贝克钳位电路

为缩短关断时间、提高关断速度,可引入图 4-19 所示的 GTR 抗饱和贝克钳位电路,防止 GTR 过饱和。图中,$VD_1$ 称为钳位二极管,当 GTR 过饱和导通时,$V_{CE}$ 减小,即 C 点电位下降,从 A 点经 $VD_1$ 流至 C 点的电流增加,经 $VD_2$、$VD_3$ 注入 B 点的基极电流减少。$VD_1$ 相当于溢流阀的作用。以电流控制系统输出到 A 点的过量的电流,减小流入 GTR 的基极电流 $i_B$,使通态时晶体管工作点由深饱和区移至临界饱和区附近。二极管 $VD_2$、$VD_3$ 为钳位二极管 $VD_1$ 提供合适偏置。二极管 $VD_4$ 为关断时反向基极电流提供通道。

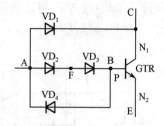

图 4-19 GTR 抗饱和贝克钳位电路

选择贝克钳位电路中的元器件时应注意如下。

(1)$VD_1$ 的电压额定值与 GTR 耐压等级相同。
(2)$VD_1$ 的反向恢复电流要小,应该用快恢复二极管(恢复时间小于 200μs)。
(3)$VD_1$ 的电流容量应能通过全部基极驱动电流。
(4)$VD_2$、$VD_3$ 选择低耐压且能通过全部基极电流的二极管。
(5)$VD_2$、$VD_3$ 不必选快恢复二极管,因为它们的反向恢复电流有利于缩短 GTR 的关断时间。
(6)$VD_4$ 为低压,能通过反抽电流容量的二极管,其他无特殊要求。

### 3)使用隔离变压器的驱动电路

PWM(Pulse Width Modulation,脉冲宽度调制,简称脉宽调制)变换器中的 GTR 可以采用图 4-20 所示的隔离变压器驱动。驱动信号 $P_1$ 和 $P_2$ 互补。当 $P_1$ 为正,$P_2$ 为负时,$VT_1$ 导通使 GTR 开通。$P_1$ 为负、$P_2$ 为正时,$T_2$ 导通,脉冲变压器输出负电压和负方向基极电流,关断 GTR。

### 4)使用光耦隔离的驱动电路

GTR 的隔离驱动器也常用图 4-21 所示的光耦隔离的驱动器。它采用了光耦合器 $VT_1$、$VT_2$,GTR 由推挽式射极输出电路驱动。当输入信号为高电平时,图 4-21 所示的 B 点电位为 0,$VT_1$ 导通,A 点为正电位,$VT_3$ 导通,为 GTR 提供正向驱动电流 $I_B$。当输入信号为零时,$VT_2$ 导通,A 点为负电位,$VT_4$ 导通,电容 C 经 $VT_4$ 放电,为 GTR 提供 $-I_B$。驱动器产生的基极电流波形如图 4-18(c)所示。

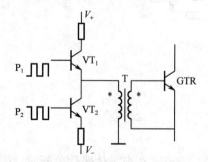

图 4-20 有隔离变压器的 GTR

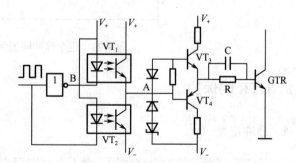

图 4-21 光耦隔离的 GTR

### 5)带自保护功能的驱动电路

带自保护功能的驱动电路如图 4-22 所示,$VT_1$ 及其附加电路完成电压放大功能,555 电路组成保护电路，$R_6$、$C_2$ 驱动同步信号，只有在同步期内，555 输出的保护信号才有效。555 的 6 脚接收过载信号，这个过载信号可以是检测的过压信号，也可以是霍尔传感器检测的过流信号；7 脚通过 $VT_2$ 将过载信号传给控制电路。该电路控制简单。在驱动电路中切断驱动电流，使保护非常及时。

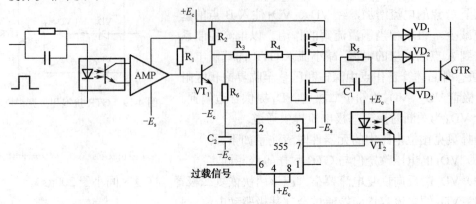

图 4-22 带自保护功能的驱动电路

有时，为了提高光耦合器的 d$v$/d$t$ 抑制能力及用低速光耦合器完成高频信号的传递，将图 4-22 所示的电压放大电路改为图 4-23 所示的电路，$VT_1$、$VT_2$ 为普通光耦合器。采用 $VT_1$、$VT_2$ 的连接方式可以提高共模电压的抑制能力。图 4-23 中，施密特触发器产生一个 2～3μs 的负脉冲，作为保护试探脉冲，它与 556 一起完成电压放大及保护功能。保护信号是通过 556 的 12 脚检测 GTR 的 $V_{CE}$，通过调节 556 的 11 脚的上拉电阻达到保护门极的目的。该电路是一个逐个脉冲限流保护电路。当本周期保护后、下周期脉冲来到时，可再一次驱动 GTR。

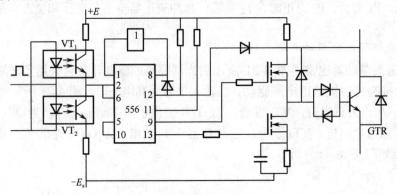

图 4-23 逐个脉冲限流保护电路

### 4.3.2 GTR 的保护

**1. 缓冲电路**

与 GTO 晶闸管的缓冲电路相同，由于电路中有电感的存在，在半导体器件关断时，往往会产生很高的过电压，反向偏置二次击穿，缓冲电路将起到重要的保护作用，并可减小关断损耗。常见的缓冲电路主要有 RC 缓冲电路、先放电型 R、C、VD 缓冲电路和阻止放电型 R、C、VD 缓冲电路 3 种形式，如图 4-24 所示。

图 4-24（a）所示 RC 缓冲电路适用于电流 10 A 以下的小容量 GTR 中；图 4-24（b）所示充放电型 R、C、VD 缓冲电路适用于大容量的 GTR；图 4-24（c）所示阻止放电型 R、C、VD 缓冲电路较常用于大容量 GTR 和高频开关电路。在电路制作时应尽量减小线路电感，且选用内部电感小的吸收电容，二极管选用时宜选用快速二极管，其额定电流不小于主电路器件的 1/10。

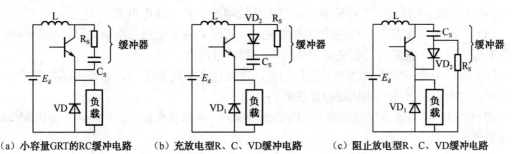

(a) 小容量 GRT 的 RC 缓冲电路　　(b) 充放电型 R、C、VD 缓冲电路　　(c) 阻止放电型 R、C、VD 缓冲电路

图 4-24　GTR 的缓冲电路

### 2. 过电流、短路保护

GTR 承受浪涌电流能力较弱，工作频率高，快速熔断器不能对其进行有效的保护，在驱动电路中采用过电流、短路保护是最有效的方法之一。

GTR 在饱和导通时管压降 $U_{CE}$ 很小，当过电流时，基极提供的电流不足，将使晶体管退出饱和，$U_{CE}$ 增高，晶体管的电压、电流都很大，容易发生二次击穿，损坏 GTR。此时若能对 $U_{CE}$ 进行检测，当其升高到一定值时关断 GTR，可有效地起到保护作用。

当 $I_B$ 一定时，$U_{BE}$ 随 $I_C$ 的增大而升高，在发生短路时，对 $U_{BE}$ 的监控将起到比监控 $U_{CE}$ 更有效的作用。

## 4.4　电力场效应晶体管的驱动与保护

### 4.4.1　MOSFET 晶闸管的驱动

#### 1. MOSFET 晶闸管驱动电路的要求

MOSFET 是单极型压控器件，开关速度快，但存在极间电容，器件功率越大，极间电容也越大。优秀的驱动电路会充分发挥 MOSFET 的优点，并使电路简单、快速且具有保护功能。

1）MOSFET 驱动电路的共性问题

（1）驱动电路应简单、可靠，但 MOSFET 的栅极驱动也需要考虑保护、隔离等问题。

（2）驱动电路的负载为容性。MOSFET 的极间电容较大，驱动 MOSFET 的栅极相当于驱动容抗网络；如果与驱动电路配合不当，将会影响开关速度，减少其应用领域。

（3）栅极驱动电路的形式各种各样，按驱动电路与栅极的连接方式，可分为直接驱动与隔离驱动。

2）MOSFET 对栅极驱动电路的要求

（1）能向 MOSFET 栅极提供足够的栅压，以保证其可靠开通和关断，所以触发脉冲要具有足够快的上升和下降速度,即上升、下降中要高速,脉冲前、后沿陡峭。

(2)减小驱动电路的输出电阻,以提高栅极充、放电速度,从而提高 MOSFET 的开关速度。

(3)为了使 MOSFET 可靠导通,触发脉冲电压应高于开启电压。为了防止误导通,MOSFET 截止时.尽量提供负的栅源电压。

(4)MOSFET 开关时所需的驱动电流为栅极电容的充、放电电流。

(5)驱动电路应具备良好的电气隔离性能,从而实现主电路与控制电路之间的隔离,使其具有较强的抗干扰能力,避免功率电路对控制信号造成干扰。

(6)驱动电路应能提供适当的保护功能,使得功率管可靠工作,如低压锁存保护、过电流保护、过热保护及驱动电压钳位保护等。

(7)驱动电源必须并联旁路电容,用于滤除噪声,并给负载提供瞬时电流,加快 MOSFET 的开关速度。

**2. MOSFET 的驱动电路**

1)直接驱动电路

图 4-25 给出了三种直接驱动电路。图 4-25(a)所示电路用单电源供电,适合于最简单的驱动要求,优点是简单、快捷,缺点是 MOSFET 截止期间,$VT_1$ 导通,驱动电路中电阻 R 要消耗较大功率,其取值不能太大,一般 100~510Ω 为宜。图 4-25(b)所示电路克服了图 4-25(a)所示电路的缺点。当 $u_i<0$ 时,$VT_1$ 截止,$VT_2$ 组成的射极跟随器工作,给 MOSFET 提供较大的驱动电流。当 $u_i>0$ 时;$VT_1$ 导通,$VT_2$ 截止,电容 $C_1$ 通过 $R_g$、D 和 $VT_1$ 放电。此电路的缺点是 VD 增加了放电回路的压降,使驱动电路抗干扰能力减弱。因为存在 $VT_1$ 和 $VT_2$ 间的通断转换,此驱动电路的开关频率不能太高。图 4-25(c)所示电路采用了互补驱动(俗称推拉式结构),既可提供大的驱动电流,又可达到很高的开关频率。此电路适合在要求较高的场合运用,并提供负偏压,以提高可靠性。此外,$VT_2$ 和 $VT_3$ 均工作于射极跟随器状态,晶体管不会出现饱和状态,因此开关时无信号的传输延迟时间。

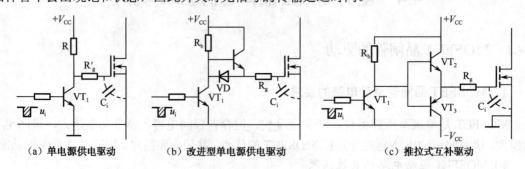

(a)单电源供电驱动　　　　(b)改进型单电源供电驱动　　　　(c)推拉式互补驱动

图 4-25　直接驱动电路

图 4-26 给出了几种基本的用脉冲变压器作为隔离元件的栅极驱动电路。电路工作于单端正激状态,通过脉冲变压器隔离传递脉冲信号。图 4-26(a)所示的 T 磁通是通过一次绕组及 $VD_2$ 复位的。$R_2$ 加快关断时间,同时使 $V_{GS}$ 有一定的负压,但必须保证 $R_2 \gg R_1$,且负压峰值不能超过规定值。否则,过高负压易损坏 MOSFET。图 4-26(b)所示的 T 磁通复位是通过二次回路实现的。在 T 为 1:1 的情况下,若稳压管 VS 上电压高于电源电压 $V_{DD}$,则能保证截止时磁通正常复位。$R_2$ 的作用与图 4-26(a)所示电路的相同。在图 4-26(c)、(d)所示电

路中,在保证 $R_2 \gg R_1$ 的前提下,T 磁通通过二次回路复位。$VT_2$ 在 $VT_1$ 截止时导通,迅速放掉 MOSFET 输入电容中的电荷,使器件迅速关断。这种电路的优点是:能充分保证 MOSFET 快速开通和关断,并且在截止时抗干扰能力较好;特别是图 4-26(c)所示的电路,由于 $VT_2$ 为 PNP 晶体管,故在 MOSFET 截止时,$VT_2$ 始终处于开通或预开通状态,从而使 MOSFET 栅极回路电流很小,提高了抗干扰能力。

在图 4-26 所示电路中,因为变压器二次侧无须专设辅助电源,因此电路简单实用,尤其适合于小功率 MOSFET 的驱动。对于大功率 MOSFET 的驱动,通常在隔离变压器二次侧要设专用的辅助电源。

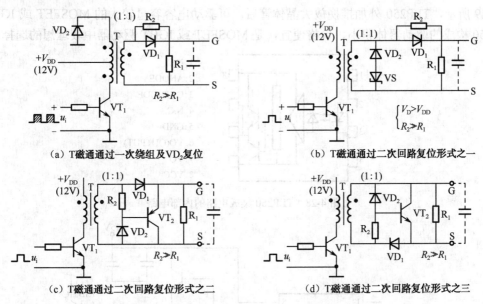

图 4-26 磁耦合隔离驱动电路

### 2) 光耦合隔离驱动电路

常常使用光耦合器实现控制逻辑电路和 MOSFET 的栅极驱动电路的隔离,称为光耦合隔离驱动电路。与磁耦合隔离原理不同,光耦合器只能传递脉冲信号,没有足够的功率增益,因此光耦合隔离驱动电路必须有独立供电的辅助电源,在控制脉冲经过光耦合隔离后,MOSFET 栅极驱动电路是一种直接耦合的驱动电路,整个电路的设计非常灵活。

图 4-27 给出了 MOSFET、IGBT 带光耦合器的隔离驱动电路。在有驱动信号时,A 点为正电位,$VT_1$ 导通使 MOSFET 导通。无驱动信号时,A 点为负电位,$VT_2$ 导通,稳压管 VS 的电压作为反压加至 MOSFET 的栅、源极,关断 MOSFET。

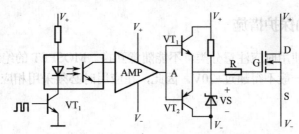

图 4-27 光耦合隔离驱动电路

3）集成驱动电路

IR2130/ir2132 是 MOSFET 和 IGBT 专用集成驱动电路，可以驱动电压不高于 600V 电路中的器件，内含过电流、过电压和欠电压等保护电路，输出可以直接驱动 6 个 MOSFET 或 IGBT。它采用单电源 10～20V 供电，广泛应用于三相 MOSFET 和 IGBT 的逆变器控制中。若需要驱动更大电压可使用 IR2237/2137，它可以驱动 600～1200V 线路的 MOSFET 或 IGBT。

TLP250 是日本生产的双列直插 8 引脚集成驱动电路，内含一个发光二极管和一个集成光探测器，具有输入/输出隔离、开关时间短、输入电流小、输出电流大等特点，适用于驱动 MOSFET 或 IGBT。TLP250 集成电路的内部电路如图 4-28 所示。由 TLP250 构成的驱动器如图 4-29 所示，TLP250 外加推挽放大晶体管后，可驱动电容容量较大的 MOSFET 或 IGBT，TLP250 构成的驱动器体积小、价格便宜，是 MOSFET 或 IGBT 驱动器中较理想的选择。

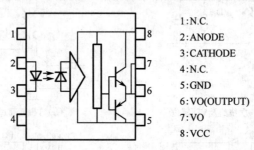

图 4-28　TLP250 集成电路的内部电路

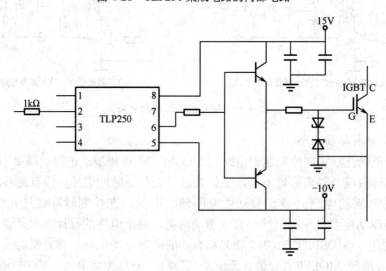

图 4-29　由 TLP250 构成的驱动器

## 4.4.2　MOSFET 的保护措施

场效应晶体管在使用时应注意分类，不能随意互换。MOSFET 的绝缘层易被击穿是它的致命弱点，栅源电压一般不得超过±20V。因此，在应用时必须采用相应的保护措施。

**1. 防静电击穿**

MOSFET 最大的优点是有极高的输入阻抗，因此在静电较强的场合易被静电击穿。为此，应注意如下：

(1) 出厂时通常装在黑色的导电泡沫塑料袋中,切勿自行随便拿个塑料袋来装。也可用细铜线把各个引脚连接在一起或用锡纸包装放在具有屏蔽性能的容器中,取用时工作人员要通过腕带良好接地,取出器件时不能在塑料板上滑动,应用金属盘来盛放待用器件。

(2) 在焊接电路时,焊接前应把电路板的电源线与地线短接,并使工作台和烙铁良好接地,且烙铁必须断电后进行焊接。

(3) 测试器件时,仪器和工作台都必须良好接地。

### 2. 防偶然事件振荡损坏

在栅极输入电路中串入电阻,防止当输入电路某些参数不合适时可能引起的振荡,避免造成元器件损坏。

### 3. 防栅极过电压

栅极在允许条件下,最好接入保护二极管。在检修电路时,应注意查证原有的保护二极管是否损坏。

### 4. 防漏极过电流

由于过载或短路都会引起过大的电流冲击,从而超过 $I_{DM}$ 的极限值,此时必须采用快速保护电路使器件迅速断开主回路。

## 训练项目 自关断器件及驱动与保护电路实验

### 1. 实验目的

(1) 加深理解各种自关断器件对驱动与保护电路的要求。
(2) 熟悉各种自关断器件的驱动与保护电路的结构和特点。
(3) 掌握由自关断器件构成的直流斩波电路。

### 2. 实验线路及原理

本实验分别由 GTO、GTR、MOSFET、IGBT 等自关断器件构成直流电动机斩波调速电路,通过控制自关断器件的驱动信号占空比,改变斩波器输出电压脉宽,从而改变直流电动机电枢电压,实现调压调速。通过本实验可对上述自关断器件及其驱动与保护电路有比较深刻的理解。

自关断器件实验接线如图 4-30 所示,直流主电源由主控制屏 DK01 上的二极管接成单相桥式整流电路,经电容滤波(LB)后得到。实验线路接线时,应从滤波电路的正极性"3"端出发,经过流保护电路(BH)、自关断器件及保护电路、直流电动机电枢回路、直流电流表,回到滤波电路的负极性"4"端,从而构成实验主电路。

接线时应注意以下要求。

(1) 过流保护电路(BH)的主回路电流应保证从"1"端流入,"2"端流出。

(2) PWM 发生电路的输出驱动信号必须从过流保护电路（BH）的"3"端输入，"4"端输出至相应自关断器件的驱动电路。

(3) 直流电动机电枢旁必须反向并接快速恢复型续流二极管 $VD_F$，连接时应保证二极管的极性正确。

(4) 驱动电路连接根据不同的具体电路进行，由于本实验中需要相互隔离的回路较多，连接时必须注意各种接地的不同，如"⏊"、"⊥"及主电路地（即负极性端）等是不同的，不能随便连接在一起。

(5) 不同自关断器件的驱动电路采用不同的控制电压，接线时应注意正确选用。

### 3. 实验内容

(1) 自关断器件及其驱动、保护电路的研究（可根据需要选择一种或几种自关断器件）；
(2) 自关断器件构成的直流斩波调速系统实验。

### 4. 实验设备

(1) 主控制屏 DK01。
(2) 自关断器件组件挂箱 DK16。
(3) 直流电动机-直流发电机-测速电机组。
(4) 双臂沿线电阻器。
(5) 双踪慢扫描示波器。
(6) 万用表。

### 5. 预习要求

(1) 阅读电力电子技术教材中有关自关断器件的内容，弄清自关断器件对驱动电路和保护电路的要求；
(2) 阅读本教材中有关自关断器件的驱动电路和保护电路的内容，搞清其工作原理，熟悉实验线路图。

### 6. 实验方法

将主控制屏电源板上的"调速电源选择开关"拨至"直流调速"。

1）GTR 的驱动与保护电路及斩波调速实验

本装置中 GTR 的开关频率为 1kHz，把方波信号发生器开关 $S_1$ 拨至"1 kHz"位置，按图 4-30 接好主电路，再接好驱动和保护电路。

(1) 在主电路中，直流电动机 M 和直流发电机 G 均接成并励，励磁电源为 DK01 面板上的 220V 直流电源。直流发电机作为直流电动机的负载，调节直流发电机电枢回路负载电阻 $R_G$，即可调节直流电动机的负载，也就是自关断器件的主电路电流。

(2) 驱动与保护电路接线时，首先要注意控制电源及接地的正确性，对于 GTR 器件，采用 5V 电源双极性驱动。接线时，应将两组 5V 电源串联，使驱动电路输入端"1"端接+5V，"4"端接-5V，接地端"13"端接+5V 电源串联的中点。将 PWM 信号发生电路的"3"端和"2"端分别接至驱动与保护电路的"2"端和"3"端。连线时，要注意各功能块的完整性和相互间连接顺序的正确性。

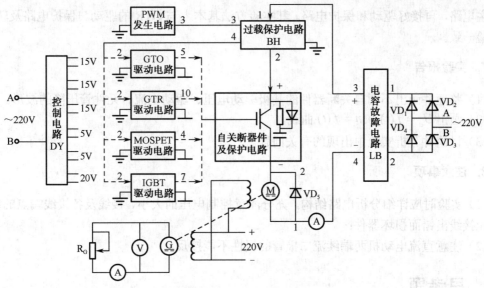

图 4-30 自关断器件实验接线

（3）实验时应先检查驱动电路的工作情况。在未接通主电路的条件下，必须使驱动电源的"13"端与 GTR 发射极"15"端良好连接。将开关 $S_1$、$S_2$ 拨至"ON"位置，驱动电路通电，此时应能在 GTR 基极"9"和"13"端间观察到驱动触发脉冲，调节 PWM 发生电路上的多圈电位器 $RP_1$，即可观察到可调的脉冲占空比。

（4）在驱动电路正常工作后，合上直流电机励磁电源开关，调节 PWM 发生电路中的 $RP_1$，使占空比变小；合上主电路电源开关，使直流电动机低速启动和调速；合上直流发电机的负载开关，使直流电动机带负载运行。

（5）调节占空比，用示波器观察、记录不同占空比时基极驱动电压（"9"和"15"端间）、驱动电流（"12"和"10"端间）、GTR 管压降（"14"和"15"端间）的波形。

（6）测定并记录空载及额定负载条件下，不同占空比 $\alpha$ 时的直流电动机电枢电压平均值 $U_a$，电动机转速 $n$ 于下表中。

| r | | | | | | |
|---|---|---|---|---|---|---|
| $U_a$ | | | | | | |
| $n$ | | | | | | |

2）GTO 的驱动与保护电路及斩波调速实验

在本实验中，GTO 的开关频率也为 1kHz，方波发生器开关 $S_1$ 应拨至"1kHz"位置。按图 4-30 接好主电路，再接好驱动和保护电路。其实验方法基本上与 GTR 的驱动与保护电路及斩波调速实验一致。

3）MOSFET 的驱动与保护电路及斩波调速实验

本实验中 MOSFET 的开关频率为 10kHz，故应将开关频率拨至"10kHz"位置。按图 4-30 接好主电路，再接好驱动和保护电路，其实验方法基本上与 GTR 的驱动与保护电路及斩波调速实验一致。

4）IGBT 的驱动与保护电路及斩波调速实验

本实验中 IGBT 的开关频率为 10kHz，故应将开关频率拨至"10kHz"位置。按图 4-30

接好主电路,再接好驱动和保护电路。其实验方法基本上与 GTR 的驱动与保护电路及斩波调速实验一致。

### 7. 实验报告

(1) 整理并画出不同自关断器件的基极驱动电压、驱动电流、元件管压降的波形。

(2) 画出 $U_a = f(t)$ 和 $n = f(t)$ 曲线。

(3) 讨论并分析实验中出现的有关问题。

### 8. 注意事项

(1) 实验时应详细分析电路结构,充分注意控制电压的大小、接线及各接线端点的编号,以防止接线出错而损坏器件;

(2) 注意直流电动机两端续流二极管的极性不能接反。

思考题

1. 试写出 GTO 晶闸管、GTR、MOSFET、IGBT 四种常见的电力电子器件的缓冲和保护电路有什么要求?

2. GTR 的恒流驱动和比例驱动各有什么优缺点?各适用于什么场合?

3. GTO 等电力半导体器件中为什么要加缓冲电路?其基本结构中的 $C_S$、$D_S$、$R_S$ 各起什么作用?

4. GTR 的安全工作区有什么特点?GTR 带电感性负载时,不接续流二极管会产生什么问题?有了续流二极管为什么还要加缓冲电路呢?

# 项目5　交流调光台灯的制作

  **教学目标**

能够根据要求设计、制作一个简单的台灯调光电路。
掌握双向晶闸管和双向二极管的性能特点与作用。
理解和掌握交流开关及其实用电路的结构和工作原理。
掌握交流调压电路的基本工作原理。
掌握交流调压电路的安装制作、调试方法。

  **引例：台灯调光电路**

台灯调光电路如图 5-1 所示，是一个由双向晶闸管组成的单相调压电路。其工作原理：接通 220V 电源，经灯泡、电位器 RP 对电容 $C_2$ 充电，调节电位器 RP 阻值的大小，可改变电源对电容 $C_2$ 的充电时间。当 $C_2$ 上电压充到 33V 左右的时候，触发双向二极管 VD 导通，双向晶闸管被触发导通，灯泡中流过电流被点亮。电位器 RP 阻值越小，电容 $C_2$ 的充电时间越短（触发角 $\alpha$ 越小），灯越亮，反之灯亮度越低。

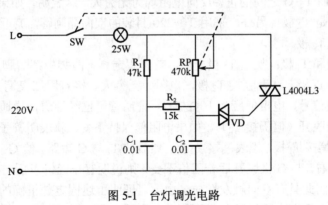

图 5-1　台灯调光电路

  **相关知识**

## 5.1　双向晶闸管的结构与符号

双向晶闸管是晶闸管系列中的主要派生器件，在交流电路中可代替两只反极性并联的晶闸管并仅用一个触发电路,是目前比较理想的交流开关器件。双向晶闸管的外形同普通晶闸管类似,有塑封型、螺栓型和平板型,小功率双向晶闸管一般采用塑封型,有的带小型散热板。

双向晶闸管广泛用于工业、交通、家电领域,能够实现交流调压、交流调速、舞台调光、台灯调光等多种功能。此外,它还被用在固态继电器和固态接触器的电路中。

双向晶闸管的结构与符号如图 5-2 所示。它属于 NPNPN 五层器件,三个电极分别是 $T_1$、$T_2$、G。因该器件可以双向导通,故门极 G 以外的两个电极统称为主端子,用 $T_1$、$T_2$ 表示,不再划分成阳极或阴极。其特点是,当 G 极和 $T_2$ 极相对于 $T_1$ 的电压均为正时,$T_2$ 是阳极,$T_1$ 是阴极。反之,当 G 极和 $T_2$ 极相对于 $T_1$ 的电压均为负时,$T_1$ 变成阳极,$T_2$ 为阴极。

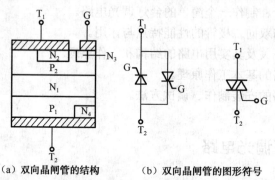

(a) 双向晶闸管的结构　　(b) 双向晶闸管的图形符号

图 5-2　双向晶闸管的结构与符号

利用万用表 $R\times 1$ 挡判定双向晶闸管电极,同时检查其触发能力。

(1) 判定 $T_2$ 极:由图 5-2 可见,G 极与 $T_1$ 极靠近,距 $T_2$ 极较远。因此,G-$T_1$ 之间的正、反向电阻都很小。在用 $R\times 1$ 挡测任意两脚之间的电阻时,G-$T_1$ 之间呈现低阻值状态,正、反向电阻仅几十欧。而 $T_2$-G 之间的正、反向电阻均为无穷大。这表明,如果测出某脚和其他两脚都不通,就肯定是 $T_2$ 极。另外,采用 T0-220 封装的双向晶闸管,$T_2$ 极通常与小散热板连通,据此也可确定 $T_2$ 极。

(2) 区分 G 极和 $T_1$ 极:找出 $T_2$ 极之后,首先假定剩下两脚中某一脚为 $T_1$ 极,另一脚为 G 极。把黑表笔接 $T_1$ 极,红表笔接 $T_2$ 极,电阻为无穷大。接着用红表笔尖把 $T_2$ 与 G 短路,给 G 极加上负触发信号,电阻值应为 10Ω 左右。证明管子已经导通,导通方向为 $T_1 \rightarrow T_2$。再将红表笔尖与 G 极脱开(但仍接 $T_2$),如果电阻值保持不变,就表明管子在触发之后能维持导通状态;把红表笔接 $T_1$ 极,黑表笔接 $T_2$ 极,然后使 $T_2$ 与 G 短路,给 G 极加上正触发信号,电阻值仍为 10Ω 左右,与 G 极脱开后若阻值不变,则说明管子经触发后,在 $T_2 \rightarrow T_1$ 方向上也能维持导通状态,因此具有双向触发性质。由此可证明上述假定是正确的,否则是假定与实际不符,需重新做出假定,重复以上测量。显而易见,在识别 G、T 的过程中,也就检查了双向晶闸管的触发能力。

## 5.2　双向晶闸管的特性与参数

双向晶闸管有正、反向对称的伏安特性曲线,正向部分位于第 I 象限,反向部分位于第 III 象限,如图 5-3 所示。

双向晶闸管的主要参数中,只有额定电流与普通晶闸管有所不同,其他参数的定义均相似。由于双向晶闸管工作在交流电路中,正、反向电流都可以流过,所以它的额定电流不用平均值而是用有效值来表示。

双向晶闸管额定电流是指在标准散热条件下，当器件的单向导通角大于170°时，允许流过器件的最大正弦电流的有效值，用 $I_{T(RMS)}$ 表示。双向晶闸管额定电流与普通晶闸管额定电流之间的换算关系式为

$$I_{T(AV)} = \frac{\sqrt{2}}{\pi} I_{T(RMS)} = 0.45 I_{T(RMS)}$$

以此推算，一个 100A 的双向晶闸管与两个反并联 45A 的普通晶闸管电流容量相等。

国产双向晶闸管的型号如 KS50-10-21，表示额定电流 50A，断态重复峰值电压 10 级（1000V），断态临界电压上升率 d$u$/d$t$ 为 2 级（≥200V/μs），换向电流临界上升率 d$i$/d$t$ 为 1 级（≥1%$I_{T(RMS)}$）。

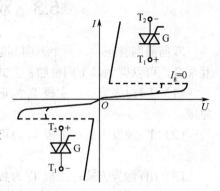

图 5-3 双向晶闸管的伏安特性

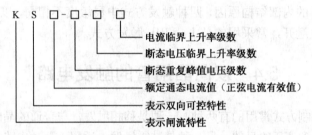

部分国产双向晶闸管主要参数如表 5-1 所示。

表 5-1 国产双向晶闸管主要参数

| 参数<br>系列 | 额定通态电流 $I_{T(RMS)}$ | 断态重复峰值电压额定值 $U_{DRM}$ | 断态重复峰值电流 $I_{DRM}$ | 额定结温 $T_{JM}$ | 断态电压临界上升率 (d$u$/d$t$) | 通态电流临界上升率 (d$i$/d$t$) | 换向电流临界下降率 (d$i$/d$t$) | 门极触发电流 $I_{GT}$ | 门极触发电压 $U_{GT}$ | 门极峰值电流 $I_{GM}$ | 门极峰值电压 $U_{GM}$ | 维持电流 $I_H$ | 通态平均电压 $U_{T(AV)}$ |
|---|---|---|---|---|---|---|---|---|---|---|---|---|---|
|  | A | V | mA | ℃ | V/μs | A/μs | A/μs | mA | V | A | V | mA | V |
| KS1 | 1 | 100~2000 | <1 | 115 | ≥20 | — | ≥0.2%$I_{T(RMS)}$ | 3~100 | ≤2 | 0.3 | 10 | 实测值 | 上限值由浪涌电流和结温的合格形式实验决定，并满足 $U_{T1}$、$U_{T2}$ 均不大于 0.5V |
| KS10 | 10 | | <10 | 115 | ≥20 | — | | 5~100 | ≤3 | 2 | 10 | | |
| KS20 | 20 | | <10 | 115 | ≥20 | — | | 5~200 | ≤3 | 2 | 10 | | |
| KS50 | 50 | | <15 | 115 | ≥20 | 10 | | 8~200 | ≤4 | 3 | 10 | | |
| KS100 | 100 | | <20 | 115 | ≥50 | 10 | | 10~300 | ≤4 | 4 | 12 | | |
| KS200 | 200 | | <20 | 115 | ≥50 | 15 | | 10~400 | ≤4 | 4 | 12 | | |
| KS400 | 400 | | <25 | 115 | ≥50 | 30 | | 20~400 | ≤4 | 4 | 12 | | |
| KS500 | 500 | | <25 | 115 | ≥50 | 30 | | 200~400 | ≤4 | 4 | 12 | | |

## 5.3 双向晶闸管的触发方式

双向晶闸管正、反两个方向都能导通，门极加正负电压都能触发。主电压与触发电压相互配合，可以得到以下四种触发方式。

（1）Ⅰ+触发方式：主极 $T_1$ 为正，$T_2$ 为负；门极电压 G 为正，$T_2$ 为负。特性曲线在第Ⅰ象限。

（2）Ⅰ-触发方式：主极 $T_1$ 为正，$T_2$ 为负；门极电压 G 为负，$T_2$ 为正。特性曲线在第Ⅰ象限。

（3）Ⅲ+触发方式：主极 $T_1$ 为负，$T_2$ 为正；门极电压 G 为正，$T_2$ 为负。特性曲线在第Ⅲ象限。

（4）Ⅲ-触发方式：主极 $T_2$ 为负，$T_1$ 为正；门极电压 G 为负，$T_2$ 为正。特性曲线在第Ⅲ象限。

由于双向晶闸管的内部结构原因，四种触发方式中灵敏度不相同，以Ⅲ+触发方式灵敏度最低，使用时要尽量避开，常采用的是Ⅰ+和Ⅲ-触发方式。

## 5.4 双向晶闸管的触发电路

双向晶闸管的控制方式常用的有两种：一种是移相触发，与普通的晶闸管一样，通过控制触发脉冲的相位来达到调压的目的。另一种是过零触发，适用于调功电路与无触点开关电路。

### 1. 本相电压强触发电路

本相电压强触发电路线路简单，主要用于双向晶闸管组成的交流开关电路，如图 5-4 所示，当 Q 闭合时，靠管子本身的阳极电压作为触发电源，具有强触发性质，当该电压形成的电流达到双向晶闸管的触发电流时，双向晶闸管触发导通。导通后双向晶闸管两端电压降至 1V 左右，从而使门极电压也降至很小，不再对双向晶闸管产生影响。本电路双向晶闸管采用的是Ⅰ+和Ⅲ-触发方式。为限制门极电流，门极回路所串限流电阻应近似为 $U_{GM}/I_{GM}$。

### 2. 双向二极管触发电路

双向二极管触发电路如图 5-5 所示。当晶闸管阻断时，电容 C 由电源经负载及电位器 RP 充电。当电容电压 $U_c$ 达到一定值时，双向二极管 VD 转折导通，触发双向晶闸管 VT，VT 导通后将触发电路短路，待交流电压（电流）过零反向时，VT 自行关断。电源反向时，C 反向充电，充电到一定值时，双向二极管 VD 反向击穿，再次触发 VT 导通，属于Ⅰ+Ⅲ-触发方式。改变 RP 阻值即可改变正、负半周控制角，从而在负载上得到不同的电压，这就构成了一个双向二极管触发单相交流调压电路。

### 3. KC06 集成触发器组成的双向晶闸管移相触发电路

KC06 集成触发器组成的双向晶闸管移相触发电路如图 5-6 所示，主要适用于交流电直接供电的双向晶闸管或反并联晶闸管电路的交流移相控制，是交流调光、调压的理想电路。用 RP 调节触发电路锯齿波的斜率，$R_5$、$C_2$ 调节脉冲的宽度，RP 是移相控制电位器。

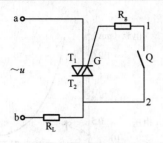
图 5-4 本相电压强触发电路

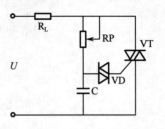
图 5-5 双向二极管触发电路

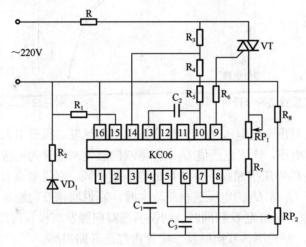
图 5-6 KC06 集成触发器组成的双向晶闸管移相触发电路

## 5.5 双向触发二极管

双向触发二极管（DIAC）属于三层结构，是具有对称特性的二端半导体器件，常用来触发双向晶闸管，在电路中具有过压保护等用途。如图 5-7 所示，双向触发二极管可等效于基极开路、发射极与集电极对称的 NPN 型晶体管。双向触发二极管正、反向伏安特性几乎完全对称，如图 5-8 所示。它是一种双方向皆可导通的二极管，即不论外加电压极性，只要外加电压大于触发电压 $U_{BO}$ 就可导通。一旦导通，要使它恢复断流，只有将电源切断或使其电流、电压降至保持电流、保持电压以下。

双向触发二极管的耐压值 $U_{BO}$ 大致分三个等级：20~60V，100~150V，200~250V。

双向触发二极管的检测内容包括如下。

1）正、反向电阻值的测量

用万用表 $R\times 1k$ 或 $R\times 10k$ 挡，测量双向触发二极管正、反向电阻值。正常时，其正、反向电阻值均应为无穷大。若测得正、反向电阻值均很小或为 0，则说明该二极管已击穿损坏。

2）测量转折电压

测量双向触发二极管的转折电压有以下三种方法。

（1）将兆欧表的正极（E）和负极（L）分别接双向触发二极管的两端，用兆欧表提供击穿电压，同时用万用表的直流电压挡测量出电压值，将双向触发二极管的两极对调后再测量一次。比较一下两次测量的电压值的偏差（一般为 3~6V）。此偏差值越小，说明此二极管的性能越好。

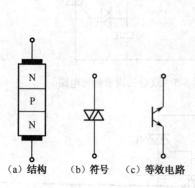

图 5-7 双向触发二极管结构与符号

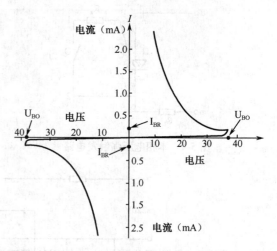

图 5-8 双向触发二极管伏安特性

（2）先用万用表测出市电电压 $U$，然后将被测双向触发二极管串入万用表的交流电压测量回路后，接入市电电压，读出电压值 $U_1$，再将双向触发二极管的两极对调连接后并读出电压值 $U_2$。若 $U_1$ 与 $U_2$ 的电压值相同，但与 $U$ 的电压值不同，则说明该双向触发二极管的导通性能对称性良好。若 $U_1$ 与 $U_2$ 的电压值相差较大时，则说明该双向触发二极管的导通性不对称。若 $U_1$、$U_2$ 电压值均与市电 $U$ 相同时，则说明该双向触发二极管内部已短路损坏。若 $U_1$、$U_2$ 的电压值均为 0V，则说明该双向触发二极管内部已开路损坏。

（3）用 0～50V 连续可调直流电源，将电源的正极串接 1 只 20kΩ 电阻器后与双向触发二极管的一端相接，将电源的负极串接万用表电流挡（将其置于 1mA 挡）后与双向触发二极管的另一端相接。逐渐增加电源电压，当电流表指针有较明显摆动时（几十微安以上），则说明此双向触发二极管已导通，此时电源的电压值即是双向触发二极管的转折电压。

 拓展知识

## 5.6　晶闸管交流开关

交流电力控制电路是只改变交流电压、电流的幅值或对交流电路进行通断控制，而不改变交流电的频率。它包括交流开关、交流调功和交流电压调节等电路部分；交流电力控制电路主要采用两种控制方式，即通断控制和相位控制方式。交流开关和交流调功电路主要采用通断控制方式，而交流电压调节通常采用相位控制。

通断控制方式是把晶闸管作为开关，将负载与交流电源接通几个周期（工频 1 个周期为 20ms），然后再断开一定的周期，通过改变通断时间比值达到调压的目的。这里晶闸管起到一个通断频率可调的快速开关作用。这种控制方式电路简单，功率因数高，适用于有较大时间常数的负载；缺点是输出电压或功率调节不平滑。相位控制方式是使晶闸管在电源电压每一周期内选定的时刻将负载与电源接通，改变选定的导通时刻就可达到调压的目的。

交流电力控制电路的基本原理是在交流电源与负载之间接入上述电力电子变换装置，以实现交流电路的开关控制、负载的功率调节和电压有效值的调节。相应的装置也称为交流开

关、交流调功器和交流调压器。它们广泛应用于电气设备的开关控制、交流电动机的调压调速、调温、调光等。

### 5.6.1 晶闸管交流开关的基本形式

晶闸管交流开关的基本原理是将两只反并联的普通晶闸管串入交流电路中，替代传统的机械开关对电路进行通断控制。晶闸管交流开关是一种快速、理想的交流开关。它总是在电流过零时关断，在关断时不会因负载或线路电感储存能量而造成暂态过电压和电磁干扰，因此特别适用于操作频繁、可逆运行及有易燃气体、多粉尘的场合。

#### 1. 基本形式

晶闸管交流开关的工作特点：门极毫安级电流的通断可控制晶闸管阳极几十到几百安培大电流的通断。晶闸管在承受正半周电压时触发导通，在电流过零后，利用电源负半周在管子上施加反压而使其自然关断。晶闸管交流开关的基本形式如图 5-9 所示。

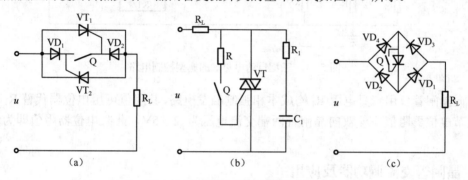

图 5-9　晶闸管交流开关的基本形式

图 5-9（a）为普通晶闸管反并联的交流开关，当 Q 合上时，$VD_1$、$VD_2$ 分别给晶闸管 $VT_1$、$VT_2$ 提供触发电压，使管子可靠触发，负载上得到的基本上是正弦电压。图 5-9（b）采用双向晶闸管，为Ⅰ+、Ⅲ-触发方式，线路简单，但工作频率比反并联电路低。图 5-9（c）只用一只普通晶闸管，管子不承受反压。由于串联元器件多、压降损耗较大。

#### 2. 固态开关

固态开关也是一种晶闸管交流开关，是近年迅速发展起来的一种固态无触点开关。双向晶闸管交流开关如图 5-10 所示，1、2 端输入信号时，光耦合器 V 导通，由 $R_2$、V 和双向晶闸管门极形成通路，以Ⅰ+、Ⅲ-方式触发双向晶闸管 VT。这种电路的输入信号驱动时，交流电压在任何时刻均可使 VT 同步接通，因此这种固态开关也称为非零电压开关。

固态开关一般采用环氧树脂封装，具有体积小、重量轻、工作频率高的特点，适用于频繁工作或潮湿、有腐蚀性及易燃的环境中。

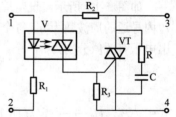

图 5-10　双向晶闸管交流开关

三相自动电热炉的典型控制电路如图 5-11 所示。它采用双向晶闸管为电力开关，当开关 Q 拨到"自动"位置时，炉温就能自动保持在给定温度。当炉温低于给定温度时，温控仪 KT（调节式毫伏温度计）常开触点 KT 闭合，继电器 KA 得电，触发双向晶闸管导通，负载电阻 $R_L$ 接入交流电源，电炉升温。当炉温到达给定温度，温控仪的常开触点 KT 断开，继电器 KA 失电，双向晶闸管 $VT_1$、$VT_2$ 关断，负载 $R_L$ 与电源断开，电炉降温，从而使炉温被控制在给定范围内，实现自动恒温控制。

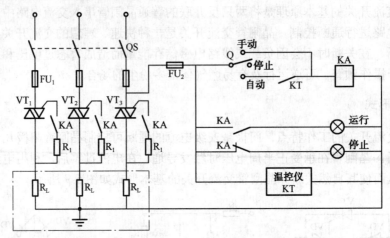

图 5-11　三相自动电热炉的典型控制电路

双向晶闸管仅用一只电阻 $R_1$ 构成本相强制触发电路，其阻值可用电位器代替 $R_1$ 试验决定。调节电位器阻值，使双向晶闸管两端交流电压为 2～5V，此时电位器阻值即为触发电阻值。

### 5.6.2　晶闸管交流调功器及应用

#### 1. 晶闸管交流调功器的原理

如果使晶闸管交流开关在端电压为零或零附近瞬间接通，利用双向晶闸管电流小于维持电流使其自行关断，就可以使输出电压波形为正弦整周期形式，这样就可以避免高次谐波的产生，这种触发方式称为过零触发。交流过零触发开关对外界的电磁干扰最小。

用交流过零触发开关实现功率调节的方法：在设定周期 $T_c$ 内，开关接通几个周波然后断开几个周波，改变晶闸管在设定周期 $T_c$ 内的通断时间比例，可调节负载上的交流平均电压，即可达到调节负载功率的目的。因此这种装置也称为调功器或周波控制器。

如图 5-12 所示，设定周期 $T_c$ 内过零触发输出电压波形的两种工作方式，如在设定周期 $T_c$ 内导通的周波数为 $n$，每个周波的周期为 $T$（$f=50Hz$，$T=20ms$），则调功器的输出功率和输出电压有效值分别为

$$P = \frac{nT}{T_c}P_n \quad \text{和} \quad U = \sqrt{\frac{nT}{T_c}}U_C$$

式中　$P_n$，$U_n$——设定周期 $T_c$ 内全部周波导通时，装置输出的功率与电压有效值。

因此，改变导通周波数 $n$ 即可改变电压和功率。

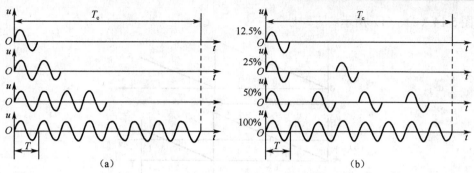

图 5-12 过零触发调功器电压波形

### 2. 晶闸管交流调功器应用

调功器的主电路可使用双向晶闸管，也可以使用二只普通晶闸管反并联，如图 5-13 所示，它是全周波连续式过零触发电路。该电路由锯齿波产生器、信号综合电路、直流开关电路、过零脉冲输出电路、同步电压电路及主电路等部分组成，工作原理如下：

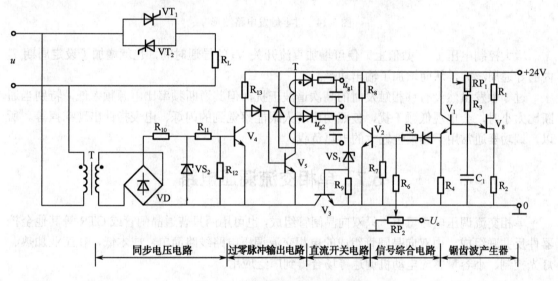

图 5-13 过零触发的交流调功器

锯齿波由单结晶体管 $V_8$ 与 $C_1$ 等组成的弛张振荡器，经射极跟随器 $V_1$、$R_4$ 输出，其电压波形如图 5-14（a）所示。锯齿波底宽对应一定的时间周期 $T_c$。调节电位器 $RP_1$ 即可改变锯齿波斜率和 $T_c$，由于单结晶体管的分压比一定，电容 $C_1$ 放电电压也一定。锯齿波斜率减小使锯齿波底宽增大，设定的周期 $T_c$ 也增大。

电位器 $RP_2$ 上的控制电压 $-U_C$ 与锯齿波电压进行叠加后送至 $V_2$ 的基极，合成电压为 $U_{b2}$，当 $U_{b2}>0.7V$ 时，$V_2$ 导通；$U_{b2}<0$ 时，$V_2$ 截止，其电压波形如图 5-14（b）所示。由 $V_3$ 管组成触发电路的直流开关电路，$V_2$ 管导通则 $V_3$ 管截止；$V_2$ 管截止则 $V_3$ 管导通，其电压波形如图 5-14（c）所示。

由同步变压器 T、整流桥 VD 及 $R_{10}$、$R_{11}$、$VS_2$ 形成削波同步电压电路，其电压波形如图 5-14（d）所示。它与直流开关输出电压共同控制 $V_4$、$V_5$，只有当直流开关 $V_3$ 导通期间，在同步电压过零点使 $V_4$ 截止、$V_5$ 才能导通，输出触发脉冲，此脉冲使晶闸管导通，其电压波形如图 5-14（e）、（f）所示。

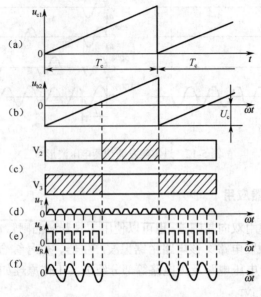

图 5-14 过零触发电路波形

增大控制电压 $U_c$（数值上）便可增加直流开关 $V_3$ 的导通时间，也就增加了设定周期 $T_c$ 内的导通周波数，从而增加了输出功率。

过零触发虽然没有移相触发时的高次谐波干扰，但其通断频率比电源频率低，特别当通断比太小时，会出现低频干扰，使照明出现人眼能察觉到的闪烁、电表指针出现摇摆等。所以，调功器通常用于热惯性较大的电热负载。

## 5.7 单相交流调压电路

单相交流调压电路可由一只双向晶闸管组成，也可用两只普通晶闸管或 GTR 等其他全控器件反并联组成。由双向晶闸管组成的单相交流调压电路线路简单，成本低，在工业加热、灯光控制、小容量感应电动机调速等场合得到广泛应用。

### 5.7.1 电阻负载

**1. 工作原理**

相当于两个反并联的单相半波电路的叠加，在负载电阻上就得到缺角的交流电压波形，通过改变触发角 $\alpha$，可得到不同的输出电压有效值，从而达到交流调压的目的，其电路及波形如图 5-15 所示。

**2. 电量计算**

（1）输出交流电压有效值和电流有效值：

$$U_R = \sqrt{\frac{1}{\pi}\int_\alpha^\pi (\sqrt{2}U_2 \sin\omega t)^2 d(\omega t)} = U_2 \sqrt{\frac{1}{2\pi}\sin 2\alpha + \frac{\pi-\alpha}{\pi}} \tag{5-1}$$

$$I = \frac{U_R}{R} = \frac{U_2}{R}\sqrt{\frac{1}{2\pi}\sin 2\alpha + \frac{\pi-\alpha}{\pi}} \tag{5-2}$$

（2）流过晶闸管的电流有效值与式（5-2）相同。

（3）功率因数：

$$\cos\varphi = \frac{P}{S} = \frac{U_R I}{UI} = \frac{U_R}{U} = \sqrt{\frac{2(\pi-\alpha)+\sin 2\alpha}{2\alpha}} \tag{5-3}$$

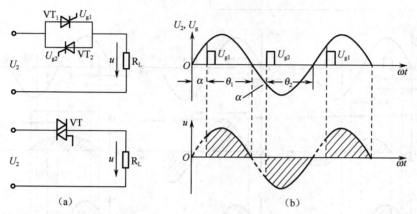

图 5-15　单相交流调压电阻负载电路及波形

## 5.7.2　电感性负载

### 1. 工作原理

由于电感性负载电路中电流的变化要滞后电压的变化，因而和电阻负载相比就有一些新的特点。晶闸管导通角 $\theta$ 的大小，不但与触发角 $\alpha$ 有关，而且与负载功率因数角 $\varphi$ 有关。触发角越小则导通角越大。负载功率因数角 $\varphi$ 越大，表明负载感抗越大，自感电动势使电流过零的时间越长，因而导通角 $\theta$ 越大，其电路及波形如图 5-16 所示。

下面分三种情况进行讨论。

（1）$\alpha > \varphi$，$\theta < 180°$，正、负半波电流断续。$\alpha$ 越大，$\theta$ 越小。即 $\alpha$ 的移相在 $\varphi \sim 180°$ 范围内，可以得到连续可调的交流电压。

（2）$\alpha = \varphi$，$\theta = 180°$，正、负半周电流临界连续，相当于晶闸管失去控制，负载电流与电压成为对称连续的正弦波。

（3）$\alpha < \varphi$，若 $VT_1$ 先被触发导通，而且 $\theta > 180°$，如果采用窄脉冲触发，负载电流只有正半波部分，出现很大直流分量，电路不能正常工作。因而电感性负载时，晶闸管不能用窄脉冲触发，可采用宽脉冲或脉冲列触发。

### 2. 电路特点及电量计算

（1）电感性负载不能用窄脉冲触发。否则当 $\alpha < \varphi$ 时，会出现一个晶闸管无法导通，并产生很大直流分量电流，烧毁熔断器或晶闸管。

（2）$\alpha$ 的移相范围为 $\varphi \sim 180°$。

（3）当 $\alpha = \varphi$ 时，$\varphi = \text{arctg}(\omega L R)$，$U = U_2$，$I = U_2/\sqrt{R^2+(\omega L)^2}$，则

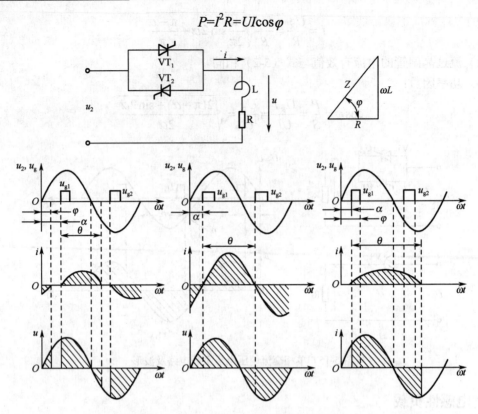

图 5-16 单相交流调压电感负载电路及波形

## 5.8 三相交流调压电路

对于大容量的三相负载，单相交流调压适用于容量不大的单相负载，如三相电热炉、大容量异步电动机的软启动装置、高频感应加热、电解与电镀等设备。若要调压或调节输出功率，可用三相交流调压电路来实现。

### 5.8.1 三相反并联晶闸管连接成三相三线交流调压电路

触发电路和三相全控桥式整流电路一样，须采用宽脉冲或双窄脉冲，其电路及波形如图 5-17 所示。

#### 1. $\alpha=0°$

当 $\alpha=0°$ 时，即在相应的每相电压过零处给晶闸管触发脉冲，6 只晶闸管相当于 6 只整流二极管，因而三相正、反向电流都畅通，相当于一般的三相交流电路。晶闸管的导通顺序为 $VT_1 \rightarrow VT_2 \rightarrow VT_3 \rightarrow VT_4 \rightarrow VT_5 \rightarrow VT_6$。触发电路的脉冲间隔为 60°；每只管子的导通角为 180°，除换流点外，每个时刻均有三只晶闸管导通。

#### 2. $\alpha=60°$

当 $\alpha=60°$ 时，$u$ 相晶闸管导通情况如图 5-17（b）所示，$\omega t_1$ 时刻，触发 $VT_1$ 导通，与原

导通的 $VT_6$ 构成电流回路。此时在线电压 $U_{uv}$ 的作用下 u 相电流为 $i_u=u_{uv}/2R$。$\omega t_2$ 时刻,触发 $VT_2$ 导通,与原导通的 $VT_1$ 构成电流回路,同时 $VT_6$ 被关断,故在线电压 $U_{uw}$ 的作用下 u 相电流为 $i_u=u_{uw}/2R$。$\omega t_3$ 时刻,$VT_1$ 被关断,$VT_4$ 还未导通,此时 $i_u$ 为零。$\omega t_4$ 时刻,$VT_4$ 被触发导通,与原导通的 $VT_3$ 构成电流回路,在 $U_{uv}$ 电压作用下形成。同理在 $\omega t_5 \sim \omega t_6$ 期间,$i_u$ 经 $VT_4$、$VT_5$ 构成电流回路。同样分析可得到 $i_v$、$i_w$ 的波形,其形状与 $i_u$ 相同,相位互差 120°。

$\alpha=60°$ 时的导通特点:每个晶闸管导通 120°;每个区间由两个晶闸管构成回路。

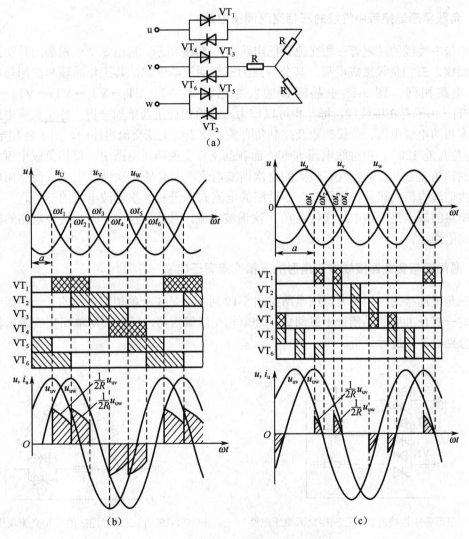

图 5-17 三相三线交流调压电路及波形

## 3. $\alpha=120°$

当 $\alpha>90°$ 时,电流开始断续,当 $\alpha$ 增大至 150° 时,$i_u=0$。故电阻负载时电路的移相范围为 0°～150°,导通角 $\theta=180°-\alpha$。图 5-17(c) 为控制角 $\alpha=120°$ 的波形,值得注意的是,当 $VT_1$ 与 $VT_6$ 从 $\omega t_1$ 导通到 $\omega t_2$ 时,由于电压过零后反向,强迫 $VT_1$ 关断(已导通 30°)。

在 $\omega t_3$ 时,$VT_2$ 被触发导通,同时由于采用宽脉冲(脉宽>60°)或双窄脉冲的触发方式,故仍有触发脉冲,使 $VT_1$ 重新导通 30°。此时在电压 $u_{uw}$ 的作用下,经 $VT_1$、$VT_2$ 构成回路。

$\alpha=120°$ 时的导通特点：每个晶闸管触发后导通 30°，断开 30°，再触发导通 30°，各区间要么由两个管子导通构成回路，要么没有管子导通。

## 5.8.2 三相交流调压电路其他连接方式

三相晶闸管交流调压器主电路有几种不同的接线方式，对于不同接线方式的电路而言，其工作过程也不相同。

### 1. 负载星形连接带中性线的三相交流调压电路

星形带中性线的晶闸管三相交流调压电路如图 5-18 所示，它由 3 个单相晶闸管交流调压器组合而成，三相负载接成星形，其公共点为三相调压器中线，其工作原理和波形与单相交流调压电路相同。图 5-18 中晶闸管触发导通的顺序为 $VT_1 \to VT_2 \to VT_3 \to VT_4 \to VT_5 \to VT_6 \to VT_1$。由于存在中性线，每一相可以作为一个单相调压器单独分析，各相负载电压和电流仅与本相的电源电压、负载参数及控制角有关。在三相正弦交流电路中，由于各相电流 $i_u$、$i_v$、$i_w$ 相位互差 120°，中性线电流 $i_N=0$。而在晶闸管调压电路中，每相负载电流为正、负对称的缺角正弦波，它包含有较大的奇次谐波电流，主要是 3 次谐波电流。而三相电路中各相 3 次谐波电流的相位是相同的，中性线的电流 $i_N$ 为一相 3 次谐波电流的三倍。

该电路的缺点是电路中性线内存在 3 次谐波电流，且数值较大，因此这种电路的应用有一定的局限性。

### 2. 晶闸管与负载连接成内三角形的三相交流调压电路

内三角形连接的三相交流调压电路如图 5-19 所示，是 3 个单相调压器的又一种组合。每相负载与一对反并联的晶闸管串联组成一个单相交流调压器，可以采用单相交流调压器的分析方法分别对各相进行分析。

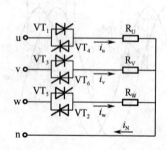

图 5-18 星形带中性线的晶闸管三相交流调压电路

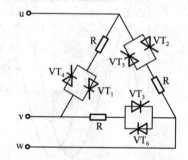

图 5-19 内三角形连接的三相交流调压电路

该电路的优点：由于晶闸管串接在三角形内部，流过的是相电流，在同样线电流情况下，管子的容量可降低，线电流中也无 3 的倍数次谐波分量。

该电路的缺点：只适用于负载是 3 个分得开的单元情况，因而其应用范围也有一定的局限性。

### 3. 三相晶闸管接于星形负载中性点的三相交流调压电路

晶闸管接于星形负载中性点的调压电路如图 5-20 所示，它要求负载是 3 个分得开的单元，用三角形连接的 3 个晶闸管来代替星形连接负载的中性点。由于构成中性点的 3 个晶闸管只能单向导电，因此导电情况比较特殊。从图 5-20 中电流 $i_u$ 波形可见，输出电流出现正、负半周波形不对称，但其面积是相等的，所以没有直流分量。

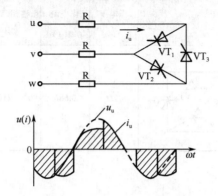

图 5-20　晶闸管接于星形负载中性点的调压电路

此种电路使用元器件少，触发线路简单，但由于电流波形正、负半周不对称，故存在偶次谐波，对电源影响与干扰较大。

几种三相晶闸管交流调压电路接线方式的性能比较如表 5-2 所示。

表 5-2　几种三相晶闸管交流调压电路接线方式的性能比较

| 电路名称 | 电路图 | 晶闸管工作电压（峰值） | 晶闸管工作电流（峰值） | 移相范围 | 线路性能特点 |
|---|---|---|---|---|---|
| 三相三线交流调压 | | $\sqrt{2}U_1$ | $0.45I_t$ | 0°～150° | 1. 负载对称，且三相皆有电流时，如同三个单相电路的组合<br>2. 应采用双窄脉冲或大于 60° 的宽脉冲触发<br>3. 不存在 3 次谐波电流<br>4. 适用于各种负载 |
| 星形带中性线的三相交流调压 | | $\sqrt{\dfrac{2}{3}}U_1$ | $0.45I_t$ | 0°～180° | 1. 是 3 个单相电路的组合<br>2. 输出电压、电流波形对称<br>3. 因有中性线可流过谐波电流，特别是 3 次谐波电流<br>4. 适用于中、小容量可接中性线的各种负载 |
| 晶闸管与负载连接成内三角形的三相交流调压 | | $\sqrt{2}U_1$ | $0.26I_t$ | 0°～150° | 1. 是 3 个单相电路的组合<br>2. 输出电压、电流波形对称<br>3. 与星形连接比较，在同容量时，此电路可选电流小、耐压高的晶闸管<br>4. 此种接法实际应用较少 |

续表

| 电路名称 | 电 路 图 | 晶闸管工作电压（峰值） | 晶闸管工作电流（峰值） | 移相范围 | 线路性能特点 |
|---|---|---|---|---|---|
| 控制负载中性点的三相交流调压 |  | $\sqrt{2}U_1$ | $0.68I_t$ | 0°～210° | 1. 线路简单，成本低<br>2. 适用于三相负载星形连接，且中性点能拆开的场合<br>3. 因线间只有一个晶闸管，属于不对称控制 |

## 技能训练

## 训练项目1　安装、测试单相交流调压电路

### 1. 实训目的

（1）熟悉交流调压电路的工作原理，掌握其调试方法与步骤。

（2）通过观察电阻性负载、电阻电感性负载时的输出电压、输出电流波形，加深对晶闸管交流调压电路工作原理的理解。

（3）理解阻感性负载时触发角$\alpha$限制在$\varphi$～180°范围内的意义。

### 2. 实训要求

（1）根据给定的设备和仪器仪表，在规定时间内完成接线、调试、测量工作。

（2）按照原理图完成单相交流调压电路主电路的安装。

（3）按照原理图完成单相交流调压电路触发电路的安装。

（4）安装后，通电调试，并根据要求画出波形。

### 3. 实训设备

（1）双向晶闸管交流调压主电路板：1块。

（2）单结晶体管触发电路板：1块。

（3）同步变压器：1台。

（4）电抗器（L）：1个。

（5）变阻器（R）：1个。

（6）白炽灯25W（D）：1个。

（7）双踪示波器：1台。

### 4. 预习要求

（1）阅读教材中有关单相交流调压电路的有关内容，弄清单相交流调压电路带不同负载时的工作原理。

(2) 了解阻抗角 $\varphi$ 不同情况下对电路的影响。

5. 思考题

(1) 单结晶体管触发电路中，电容器容量过小会出现什么现象？
(2) 晶闸管有时触发不导通是什么参数配置不当引起的？

6. 实训方法及步骤

(1) 双向晶闸管单相交流调压电路的实验线路如图 5-21 所示，其触发电路采用单结晶体管触发电路。

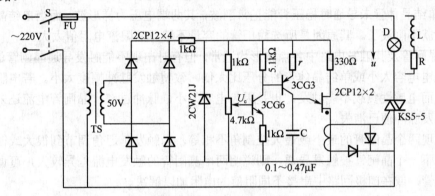

图 5-21 单相交流调压电路

(2) 按照电路图完成主电路和触发电路的安装。
(3) 电阻性负载测试。

① 将白炽灯 D 作为电阻性负载接到主电路中，合上开关 S，调节 $U_c$ 使控制角 $\alpha$ 分别为 60°、90° 和 120°，观察灯泡亮度的变化，并在图 5-22 中记录上述三种控制角时负载两端输出电压 $u$、输出电流 $i$、双向晶闸管两端电压 $u_T$ 的波形。

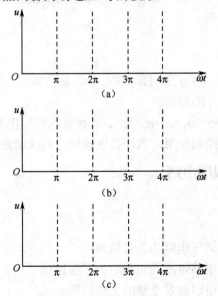

图 5-22 观察记录波形

② 调节控制电压 $U_c$ 使灯泡最亮，记下此时控制角 $\alpha$ 和输出电压 $u$ 的数值，然后缓慢调节 $U_c$ 下降，直到灯由亮到暗临界点，记下此时控制角 $\alpha$ 和输出电压 $u$ 的数值。

（4）阻感性负载测试。

① 断开开关 S，将电阻性负载（白炽灯）换成变阻器与电抗器串联的阻感性负载。

② 合上开关 S，调节 $U_c$ 使 $\alpha=45°$。通过调节变阻器电阻来改变阻抗角 $\varphi$，观察并记录 $\alpha<\varphi$、$\alpha=\varphi$、$\alpha>\varphi$ 三种情况时输出电压 $u$ 的波形。

### 7. 注意事项

（1）如果触发电路器件选择不当，可能会出现如下现象。

① 单结晶体管未导通时稳压管能正常削波，其两端电压为梯形波，而当单结晶体管导通时稳压管就不削波了。其原因是所选稳压管的容量不够或其限流电阻值太大。

② 晶闸管及其触发电路中各点波形均正常，但有时出现不能触发导通晶闸管的现象，其原因是充电电容太小或单结晶体管的分压比太低，致使触发脉冲幅度太小。若电阻性负载可以触发，而电感性负载不能触发，也是因为电容太小，脉冲过窄，晶闸管电流还未上升到擎住电流触发脉冲便已消失。

若出现两个晶闸管的最小或最大控制角不相等，当触发延迟角调节到很大或很小时，主电路只剩下一个晶闸管被触发导通，则说明两个晶闸管的触发电流差异较大，可调换性能相似的晶闸管，或在门极回路中串接不同阻值的电阻加以解决。

（2）双向晶闸管的Ⅰ象限和Ⅲ象限的触发灵敏度不同，若出现双向晶闸管只能Ⅰ象限单向工作，则说明触发尖脉冲功率不够，可适当增大电容量加以解决。

（3）做阻感性负载实验时，若电阻很小，则当出现 $\alpha<\varphi$ 时，交流调压电路突然变为单相半波可控整流电路，输出电压中含有较大的直流分量，以至将熔丝烧断，因此将电感 $L$ 与电阻 $R$ 都适当加大，做到既能满足改变 $\varphi$ 的要求，又可限制直流分量使其不致过大。

（4）电抗器可以是平波电抗器，也可是单相自耦调压器。若用自耦调压器，负载电流的波形与理论分析的波形会有所不同，原因是自耦调压器闭路铁芯的电感量随负载电流增大而增大，致使电流波形呈脉冲形。

### 8. 实训报告

（1）画出电阻性负载时，在 $\alpha$ 分别为 60°、90° 和 120°，负载两端输出电压 $u$、输出电流 $i$、双向晶闸管两端电压 $u_T$ 的波形。

（2）画出阻感性负载在 $\alpha<\varphi$、$\alpha=\varphi$、$\alpha>\varphi$ 三种情况时输出电压 $u$ 的波形。

（3）说明 $\alpha$ 对灯亮度的控制作用，当灯亮度较低时高次谐波对其他用电设备的影响。

## 训练项目 2　三相交流调压电路

### 1. 实训目的

（1）加深理解三相交流调压电路的工作原理；
（2）了解三相交流调压电路带不同负载时的工作原理；
（3）了解三相交流调压电路触发电路的工作原理。

## 2. 实训线路及原理

本实训采用的三相交流调压器为三相三线制，如图 5-23 所示，由于没有中性线，每相电流必须从另一相流出以构成回路。交流调压器应采用宽脉冲或双窄脉冲进行触发。实训装置中使用后沿固定、前沿可变的宽脉冲列。

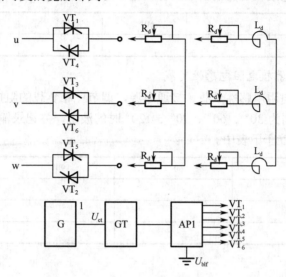

图 5-23 三相交流调压电路

## 3. 实训内容

（1）三相交流调压器触发电路的调试。
（2）三相交流调压电路带电阻性负载。
（3）三相交流调压电路带电阻电感性负载。

## 4. 实训设备

主控制屏 DK01；DK12 组件挂箱；双臂滑线电阻器；双踪慢扫描示波器；万用表；电抗器。

## 5. 预习要求

（1）阅读电力电子技术教材中有关交流调压器的内容，掌握交流调压器的工作原理；
（2）了解如何使三相可控整流电路的触发电路适用于三相交流调压电路。

## 6. 实训方法

1）主控制屏调试及开关设置

（1）开关设置。调速电源选择开关："交流调速"；触发电路脉冲指示："宽"（该开关在 DK01 内部的电路板上）；Ⅰ桥工作状态指示：任意。

（2）将示波器探头接至"双脉冲"观察孔和"锯齿波"观察孔，观察 6 个触发脉冲，应使其间隔均匀，相互间隔 60°。此时，在"双脉冲"观察孔见到的应是后沿固定、前沿可调的宽脉冲列。

2）三相交流调压器带电阻性负载

使用Ⅰ组晶闸管 $VT_1 \sim VT_6$，按图 5-23 连成三相交流调压器主电路，其触发脉冲已通过内部连线接好，只要将Ⅰ组触发脉冲的 6 个开关拨至"接通"、"$U_{blf}$"端接地即可。接上三相电阻负载，接通电源，用示波器观察并记录 $\alpha$ 分别为 0°、30°、60°、90°、120°、150° 时的输出电压波形，并记录相应的输出电压有效值 $U$ 于下表中。

| | 0° | 30° | 60° | 90° | 120° | 150° |
|---|---|---|---|---|---|---|
| $U$ | | | | | | |

3）三相交流调压器接电阻电感性负载

断开电源，改接电阻电感性负载。接通电源，调节三相负载的阻抗角，使 $\alpha=60°$，用示波器观察并记录 $\alpha$ 分别为 30°、60°、90°、120° 时的波形，并记录输出电压 $u$、电流 $i$ 的波形及输出电压有效值 $U$ 于下表中。

| $\alpha$ | 30° | 60° | 90° | 120° |
|---|---|---|---|---|
| $U$ | | | | |
| $u$ | | | | |
| $i$ | | | | |

**7. 实训报告**

（1）整理并画出实训中记录下的波形，做出不同负载时 $U=\varphi(\alpha)$ 的曲线。
（2）讨论、分析实训中出现的各种问题。

**思考题**

1．双向晶闸管额定电流的定义和普通晶闸管额定电流的定义有何不同？额定电流为 100A 的两只普通晶闸管反并联可以用额定电流为多少的双向晶闸管代替？

2．试说明图 5-24 所示电路的工作原理，并指出当开关 Q 在不同位置时双向晶闸管的触发方式。

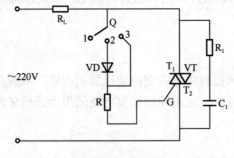

图 5-24　题 2

3．两单向晶闸管反并联构成的单相交流调压电路，输入电压 $U_1=220V$，负载电阻 $R=5\Omega$，当控制角 $\alpha=2\pi/3$ 时，求：（1）输出电压有效值；（2）输出平均功率；（3）晶闸管电流平均值和有效值；（4）输入功率因数。

4．一单相交流调压器，电源为工频 220V，阻感串联作为负载，其中 $R=0.5Ω$，$L=2mH$。试求：

（1）控制 $α$ 的变化范围；

（2）负载电流的最大有效值；

（3）最大输出功率及此时电源侧的功率因数；

（4）当 $α=π/2$ 时，晶闸管电流有效值、晶闸管导通角和电源侧功率因数。

5．一台 220V/10kW 的电炉，采用单相晶闸管交流调压电路，要使其工作在功率为 5kW 状态，试求电路的触发角 $α$、工作电流及电源侧功率因数。

6．什么是过零触发？什么是交流调功？

7．判断以下说法是否正确，并说明原因。

（1）双向晶闸管有四种触发方式，其中Ⅰ+的触发方式灵敏度最低，实际应用中不采用。

（2）双向晶闸管的额定电流采用平均值。

（3）双向晶闸管交流开关采用本相电压强触发电路时，常采用Ⅰ+和Ⅲ+的组合触发方式。

（4）过零触发就是通过改变晶闸管每周期导通的起始点及控制角的大小，来达到改变输出电压和功率的目的。

8．在交流调压电路中，采用相位控制和调功控制各有何优缺点？

# 项目6  电动机斩波调速电路分析

## 教学目标

掌握直流斩波器结构特点与分类。
理解和掌握直流斩波器(降压式、升压式、升压降压式、Cuk)基本结构和工作原理。
掌握直流电动机负载时斩波器电路的工作原理和波形分析方法。
掌握直流斩波器电路的安装制作、调试方法。

## 引例:直流电动机斩波调速电路

将一个固定的直流电压变换成可变直流电压的技术称为直流斩波技术,也称为直流变换技术。直流变换技术已被广泛地应用于开关电源及直流电动机驱动中,如不间断电源(UPS)、无轨电车、地铁列车、蓄电池供电的机动车辆的无级变速及20世纪80年代兴起的电动汽车的控制。直流电动机斩波调速电路如图6-1所示。

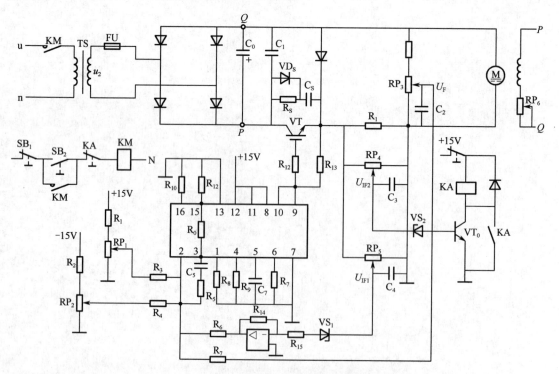

图6-1  直流电动机斩波调速电路

通过对电力电子器件的通断控制,将直流电压断续地加到负载上,通过改变占空比来改变输出电压的平均值。调整 VT 的通断时间比例,可得到连续变化的直流电压驱动电动机调速。为减少直流电动机转矩脉动使电动机运行平稳,VT 以很高的工作频率运行,从而使上述控制获得加速平稳、快速响应的性能,并同时收到节约电能的效果。

由于变换器的输入是电网电压经不可控整流而来的直流电压,所以直流斩波不仅能起到调压的作用,同时还能起到有效抑制网侧谐波电流的作用。

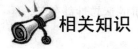相关知识

## 6.1 直流斩波器的工作原理与分类

### 6.1.1 直流斩波器的基本结构和工作原理

直流斩波器的原理如图 6-2 所示,开关 S 可以是各种全控型电力电子开关器件,输入电源电压 $E$ 为固定的直流电压。当开关 S 闭合时,直流电流经过 S 给负载 R、L 供电;开关 S 断开时,直流电源供给负载 R、L 的电流被切断,L 的储能经二极管 VD 续流,负载 R、L 两端的电压接近于零。

如果开关 S 的通断周期 $T$ 不变而只改变开关的接通时间 $t_{on}$,则输出脉冲电压宽度相应改变,从而改变了输出平均电压。脉冲波形如图 6-2(b)所示,其平均电压为

$$U_o = \frac{1}{T}\int_0^{t_{on}} E dt = \frac{t_{on}}{T} E = DE$$

式中,$T$——输出脉冲电压周期;

$t_{on}$——开关导通时间;

$D$——占空比,$D=t_{on}/T$,$0 \leq D \leq 1$。

根据控制开关 S 对输入直流电压调制方式的不同,直流斩波电路有以下三种不同的斩波方式。

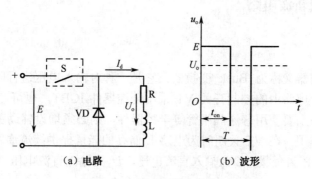

(a)电路  (b)波形

图 6-2 直流斩波器的原理

(1)脉冲宽度调制方式(PWM)。斩波开关的调制周期 $T$ 不变,调节斩波开关导通时间 $t_{on}$ 与关断时间 $t_{off}$ 的比值。

(2)脉冲频率调制方式(PFM)。斩波开关导通时间 $t_{on}$ 不变,改变斩波开关的工作周期 $T$。

(3) 混合调制方式。同时改变斩波开关导通时间 $t_{on}$ 和斩波开关的工作周期 $T$。采取这种调制方式，输出直流平均电压的可调范围较宽，但控制电路较复杂。

在这三种方式中，除在输出电压调节范围要求较宽时采用混合调制方式外，一般都采用脉冲频率调制方式或脉冲宽度调制方式，原因是它们的控制电路比较简单。又由于当输出电压的调节范围要求较大时，如果采用脉冲频率调制方式，势必要求频率在一个较宽的范围内变化，这就使得后续滤波器电路的设计比较困难，如果负载是直流电动机，在输出电压较低的情况下，较长的关断时间会使流过电动机的电流断续，使直流电动机的运转性能变差，因此在直流斩波器中，比较常用的是脉冲宽度调制方式 PWM。

### 6.1.2 直流斩波器的分类

直流斩波器按变换电路的功能有如下分类。
（1）降压式直流—直流变换（Buck Converter）。
（2）升压式直流—直流变换（Boost Converter）。
（3）升—降压式直流—直流变换（Boost-Buck Converter）。
（4）Cuk 直流—直流变换（Cuk Converter）。
（5）全桥式直流—直流变换（Full Bridge Converter）。

直流斩波器按输入直流电源和负载交换能量的形式又可分为：单象限直流斩波器和多象限直流斩波器。

晶闸管直流斩波电路由于需要辅助换流电路，电路较复杂，在此不做介绍；在直流开关稳压电源中，直流—直流电压变换电路常常采用变压器实现电隔离，而在直流电机的调速装置中可不用变压器隔离。直流斩波电路转换原理分析的基础是能量守恒原则。

## 6.2 单象限直流斩波器

电能只能从电源传送给负载的直流电压变换电路称为单象限直流斩波器，降压式变换、升压式变换、升压—降压复合型变换、库克变换都属于单象限直流变换。

### 6.2.1 降压式直流斩波电路

**1. 电路的结构**

降压式直流斩波器又称为 Buck 变换器，它是一种对输入电压进行降压变换的直流斩波器，如图 6-3 所示。电路中的控制开关 VT 采用全控器件 IGBT，也可使用 GTR、MOSFET 等其他全控器件，如果要使用普通晶闸管等半控器件，则必须增设辅助关断电路；电路中的二极管 VD 起续流作用，在 VT 关断时为电感 L 储存的能量提供续流通路；L 为能量传递电感，C 为滤波电容，R 为负载；E 为输入直流电压，$U_o$ 为输出直流电压。

**2. 电路的工作原理**

（1）在控制开关 VT 导通期间，二极管 VD 反偏，直流电源通过电感 L 向负载 R 供电，此间 $i_L$ 增加，电感 L 的储能也增加，导致在电感两端有一个正向电压 $U_L=E-U_o$，左正右负，如图 6-3（a）所示。这个电压引起电感电流 $i_L$ 的线性增加。

（2）在控制开关 VT 关断期间 $t_{off}$，电感产生感应电势，左负右正，使续流二极管 VD 导通，电流 $i_L$ 经二极管 VD 续流，$U_L = -U_o$，电感 L 向负载 R 供电，电感的储能逐步消耗在 R 上，电流 $i_L$ 下降，如图 6-2（b）所示。

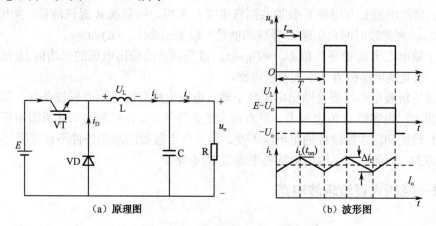

图 6-3　降压式直流斩波电路

负载上输出电压 $u_o$ 的平均值：

$$U_o = (t_{on}/T)E = DE$$

通常 $t_{on} \leqslant T$，所以该电路是一种降压直流斩波器。当输入电压 $E$ 不变时，输出电压 $U_o$ 随占空比 $D$ 的变化而呈线性改变，与电路其他参数无关。

## 6.2.2　升压式直流斩波电路

**1. 电路的结构**

升压式斩波器也称为 Boost 变换器，升压斩波器的输出电压总是高于输入电压。升压式斩波电路与降压式斩波电路最大的不同点是，控制开关 VT 与负载 R 呈并联形式连接，其电路及波形如图 6-4 所示。

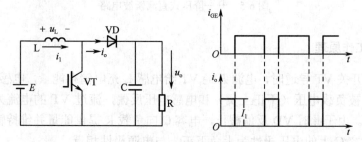

图 6-4　升压式直流斩波电路及波形

**2. 电路的工作原理**

假设电路输出端的滤波电容足够大，以保证输出电压恒定，电感 L 的值也很大。

（1）当控制开关 VT 导通时，电源 $E$ 向串接在回路中的电感 L 充电储能，电感电压 $u_L$ 左正右负；而负载电压 $u_o$ 上正下负，此时在 R 与 L 之间的续流二极管 VD 被反偏，VD 截止，由于电感 L 的恒流作用，此充电电流基本为恒定值 $I_1$。另外，VD 截止时 C 向负载 R 放电，由于正常工作时 C 已经被充电,且 C 容量很大,所以负载电压基本保持为一恒定值,记为 $U_o$。假定 VT 的导通时间为 $t_{on}$,则此阶段电感 L 上的储能可以表示为 $EI_1t_{on}$。

(2)在控制开关 VT 关断时,储能电感 L 两端电动势极性变成左负右正,续流二极管 VD 转为正偏,储能电感 L 与电源 E 叠加共同向电容 C 充电,向负载 R 提供能量。如果 VT 的关断时间为 $t_{off}$,则此段时间内电感 L 释放的能量可以表示为 $(U_o - E)I_1t_{off}$。

负载上输出电压 $u_o$ 的平均值 $U_o =(T/t_{off})E$。故负载上的输出电压的平均值 $U_o$ 高于电路输入电压 E,该变换电路称为升压式斩波电路。

对于升压斩波电路,要使输出电压高于输入电源电压应满足两个假设条件,即电路中电感的 L 值很大,电容的 C 值也很大。只有在上述条件下,L 在储能之后才具有电压泵升的作用,C 在 L 储能期间才能维持输出电压不变。但实际上假设的理想条件不可能满足,即 C 值不可能无穷大,因此,实际输出电压的平均值 $U_o$ 会略小。

### 6.2.3 升—降压式直流斩波电路

#### 1. 电路的结构

升—降压式直流斩波电路也称为反极性斩波电路,该电路的输出电压可以高于或低于输入电压,如图 6-5 所示。该电路的结构特征是储能电感 L 与负载 R 并联,续流二极管 VD 反向串接在储能电感与负载之间。电路分析前可先假设电感 L 很大,电容 C 也很大,使电感电流 $i_L$ 和电容电压 $u_C$(即负载电压 $u_o$)基本恒定。

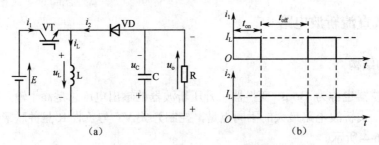

图 6-5 升—降压式直流斩波电路

#### 2. 电路的工作原理

(1)当控制开关 VT 导通时,电源 E 经 VT 给电感 L 充电储存能量,电感电压上正下负,此时二极管 VD 被负载电压(下正上负)和电感电压反偏,流过 VT 的电流为 $i_1=i_L$,方向如图 6-5(a)所示。由于此时 VD 反偏截止,电容 C 向负载 R 提供能量并维持输出电压基本恒定,负载 R 及电容 C 上的电压极性为上负下正,与电源极性相反。

(2)当控制开关 VT 关断时,电感 L 中自感电动势极性变反(下正上负),VD 正偏导通,电感 L 中储存的能量通过 VD 向负载 R 和电容 C 释放,放电电流为 $i_2$,电容 C 被充电储能,负载 R 也得到电感 L 提供的能量。

输出电压的平均值表达式可以写成:

$$U_o = \frac{t_{on}}{t_{off}}E = \frac{t_{on}}{T-t_{on}}E = \frac{D}{1-D}E$$

改变导通比 $D$ 时，输出电压的平均值既可高于输入电源电压，也可低于输入电源电压。例如，当 $0<D<1/2$ 时，斩波器输出电压的平均值低于输入直流电压，此时为降压变换；当 $1/2<D<1$ 时，斩波器输出电压的平均值高于输入直流电压，此时为升压变换。

### 6.2.4 Cuk 直流斩波电路

Cuk 斩波电路可以作为升—降压式斩波电路的改进电路，其电路原理图及等效电路如图 6-6 所示。Cuk 斩波电路的优点是直流输入电流和负载输出电流连续，脉动成分较小。

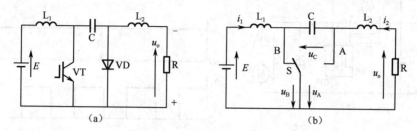

图 6-6 Cuk 斩波电路与等效电路

Cuk 电路的工作原理：

（1）当控制开关 VT 导通时，电源 $E$ 经 $L_1$→VT 回路给 $L_1$ 充电储能，C 通过 C→$L_2$→R→VT 回路向负载 R 输出电压，负载电压极性为下正上负。

（2）当控制开关 VT 截止时，电源 $E$ 通过 $L_1$→C→VD 回路向电容 C 充电，极性为左正右负；$L_2$ 通过 $L_2$→VD→R→$L_2$ 回路向负载 R 输出电压，负载电压的极性为下正上负，与电源电压相反。

Cuk 斩波器的等效电路如图 6-6（b）所示，上述工作过程相当于 VT 的等效开关 S 在 A、B 之间交替切换。

输出电压的平均值 $U_o$ 与输入电压 $E$ 的关系为

$$U_o = \frac{t_{on}}{t_{off}} E = \frac{t_{on}}{T - t_{on}} E = \frac{D}{1-D} E$$

由此可见，Cuk 斩波电路与升—降压式斩波电路的输出表达式完全相同。

## 6.3 多象限直流斩波器

前面所介绍的斩波器电路，其输出电压的极性和输出电流的方向是固定不变的。若把电压作为纵坐标，电流作为横坐标，则斩波器工作时，电压、电流的数值只在一个象限内变化。而下面要介绍的斩波器电路，其输出电压的极性和输出电流的方向是可以改变的，因此常按斩波器工作时电压、电流数值所在的象限进行分类。

### 6.3.1 A 型双象限斩波器

A 型双象限斩波器是指输出电流的方向可变，但输出电压极性始终为正，即电路工作在第 I 象限和第 II 象限，斩波器电路如图 6-7（a）所示。此电路可看作降压斩波器电路和升压斩波器电路的结合，如图 6-7（b）和图 6-7（c）所示，C 为滤波电容。

在图 6-7（b）中，斩波器件 $CH_1$ 和二极管 $VD_1$ 轮流工作（斩波器件 $CH_2$ 和二极管 $VD_2$

关断），$i_d>0$，电路工作在第Ⅰ象限，能量从电源流向负载电动机，电动机工作于电动运行状态。在图 6-7（c）中，斩波器件 $CH_2$ 和二极管 $VD_2$ 轮流工作（斩波器件 $CH_1$ 和二极管 $VD_1$ 关断），$i_d<0$，电路工作在第Ⅱ象限。当斩波器件 $CH_2$ 导通时，电动机的反电动势 $E$ 经 $L_d$ 短路，$i_d$ 的幅值增大，负载电动机的能量传递给 $L_d$。当斩波器件 $CH_2$ 关断时，二极管 $VD_2$ 导通，此时负载电动机上得到的是电源电压 $U$ 和电感 $L_d$ 上的自感电压 $u_L$ 的叠加，如同一个升压电路，把负载电动机的能量反馈给电源，电动机工作于发电制动状态。

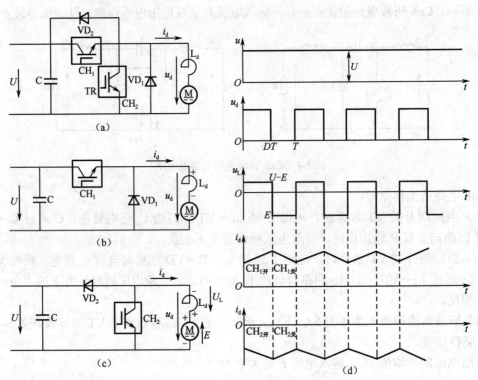

图 6-7　A 型双向斩波器电路与波形

控制 $CH_1$ 的占空比可以调节电动机的转速，控制 $CH_2$ 的占空比可以调节电动机的制动功率。它的电压、电流波形如图 6-7（d）所示。

由图 6-7（d）可以看出，在任何时刻，输出电压波形 $u_d$ 始终在时间轴的上方，即 $u_d>0$，而电流 $i_d$ 可正可负，当 $DU>E$（$D$ 为占空比）时，电流 $i_d>0$；当 $DU<E$ 时，电流 $i_d<0$。

## 6.3.2　B 型双象限斩波器

B 型双象限斩波器是指输出电压极性可变，但输出电流平均值始终为正，电路工作在第Ⅰ象限和第Ⅳ象限的斩波器。B 型双象限斩波器的电路如图 6-8 所示。

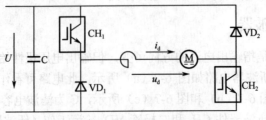

图 6-8　B 型双象限斩波器的电路

(1) 工作在第Ⅰ象限。斩波器件 $CH_1$ 和斩波器件 $CH_2$ 同时导通，输出电压 $u_d=U$，$i_d>0$，负载从电源吸收能量，电动机工作于电动状态。当斩波器件 $CH_2$ 关断时，由于电感的存在，要维持电流 $i_d$ 连续，所以相应的二极管 $VD_2$ 导通，此时负载被短路，即 $u_d=0$。由此可见，斩波电路工作在第Ⅰ象限时，斩波器件 $CH_2$ 和二极管 $VD_2$ 轮流导通，输出电压时有时无，故输出平均电压受占空比 $D$ 的控制；其电压、电流的波形如图6-9（a）所示。

(2) 工作在第Ⅳ象限。斩波器件 $CH_1$ 和斩波器件 $CH_2$ 同时关断时，电感为了维持正向输出电流 $i_d$ 的连续，二极管 $VD_1$ 和 $VD_2$ 同时导通，输出电压 $u_d=-U$，$i_d>0$，负载向电源反馈能量，电动机工作于反接制动状态。当斩波器件 $CH_2$ 导通后，二极管 $VD_2$ 由导通转为截止，此时输出电压沿斩波器件 $CH_2$ 和二极管 $VD_1$ 短路，即 $u_d=0$。由此可见，斩波器件 $CH_2$ 和二极管 $VD_2$ 轮流导通，负载向电源反馈能量也时有时无。电动机反接制动的电流和功率受占空比 $D$ 的控制；其电压、电流波形如图6-9（b）所示。

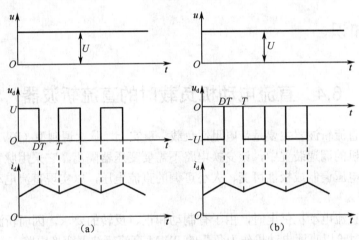

图6-9　B型双象限斩波器电压、电流波形

由上述分析可知，电路有以下三种工作模式。

(1) 两斩波器件 $CH_1$ 和 $CH_2$ 同时导通，且 $DU>E$ 时，负载吸收能量。

(2) 其中，一个斩波器件和一个二极管同时导通。例如，$CH_1$ 和 $VD_2$ 同时导通或 $CH_2$ 和 $VD_1$ 同时导通时 $u_d=0$，$i_d$ 经这两个导通的器件续流。

(3) 两个斩波器件 $CH_1$ 和 $CH_2$ 同时关断，两个二极管 $VD_1$ 和 $VD_2$ 同时导通，且 $U<E$ 时，负载放出能量。

### 6.3.3　四象限斩波器

四象限斩波器电路如图6-10所示，其输出电压的幅值和极性都可以改变。电路的工作情况分析如下。

(1) 斩波器件 $CH_4$ 始终导通，斩波器件 $CH_3$ 始终关断的情况。

这时该电路同图6-7（a）所示电路等效，输出电压 $u_d$ 的极性始终为左正右负，即 $u_d \geq 0$。
控制斩波器件 $CH_1$ 按一定的占空比 $D$ 导通（$CH_2$ 关断），$i_d>0$，电路工作在第Ⅰ象限。
控制斩波器件 $CH_2$ 按一定的占空比 $D$ 导通（$CH_1$ 关断），$i_d<0$，电路工作在第Ⅱ象限。
因此，电路的工作原理与A型双象限斩波器一样。

(2) 斩波器件 $CH_2$ 始终导通，斩波器件 $CH_1$ 始终关断的情况。

这种电路可以等效成图 6-11 所示电路，输出电压 $u_d$ 的极性始终为左负右正，即 $u_d \leq 0$。

控制斩波器件 $CH_3$ 按一定的占空比 $D$ 导通（$CH_4$ 关断），$i_d < 0$，电路工作在第Ⅲ象限。

控制斩波器件 $CH_4$ 按一定的占空比 $D$ 导通（$CH_3$ 关断），$i_d > 0$，电路工作在第Ⅳ象限。

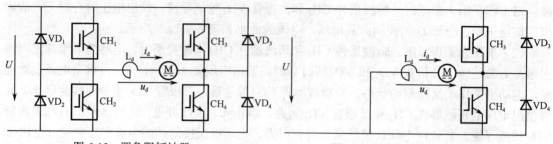

图 6-10　四象限斩波器　　　　　　图 6-11　四象限斩波器等效电路

拓展知识

## 6.4　直流电动机负载时的直流斩波器

前面讨论的直流斩波器主要是带电阻性负载。事实上，脉宽调制型（PWM）直流斩波器常用在直流电动机的调速装置中，该变换电路不需要变压器隔离，它采用脉宽调制技术，直接将恒定的直流电压调制成极性可变、大小可调的直流电压，以实现直流电动机电枢端电压的连续调节。

当斩波器向直流电动机供电时，由于有制动和正、反转的要求，因而斩波器也有几种不同的结构。下面讨论以直流电动机作为负载的 PWM 直流斩波器变换电路。

PWM 斩波器有不可逆和可逆两大类，可逆斩波器又有双极式、单极式和受限单极式等多种电路。下面分别介绍它们的工作原理和特性。

### 6.4.1　不可逆 PWM 斩波电路

不可逆 PWM 斩波器可分为无制动作用和有制动作用两种。

**1. 无制动作用的不可逆 PWM 斩波电路（单象限斩波器）**

无制动作用的不可逆 PWM 斩波器如图 6-12 所示，由于只能实现电动不能实现制动，它实际上是一个单象限斩波器。

1）电路结构

电路采用全控型的电力晶体管作为控制开关，开关频率可达 1~4kHz，电源电压 $E$ 为不可控整流电源，采用大电容 C 滤波，负载为直流电动机。二极管 VD 在晶体管 VT 关断时给电枢回路提供续流回路。

2）工作原理

电力晶体管 VT 的基极由脉宽可调的脉冲控制电压 $U_b$ 驱动。在一个开关周期之内分两段变化。

当 $0 \leq t < t_{on}$ 时，$U_b$ 为正，VT 饱和导通，电源电压 $E$ 通过 VT 加到电动机电枢两端。

当 $t_{on} \leq t < T$ 时，$U_b$ 为负，VT 截止，电枢失去电源，经二极管 VD 续流。电动机得到的平均端电压为

$$U_o = (t_{on}/T)E = DE$$

改变 $D$（$0 \leq D \leq 1$）即可实现调压调速。

图 6-12（b）中绘出了稳态时电枢的脉冲端电压 $u_d$、电枢平均电压 $U_d$ 和电枢电流 $i_d$ 的波形。由图 6-12 可见，稳态电流 $i_d$ 是脉动的。由于开关频率较高，电流脉动的幅值不会很大。

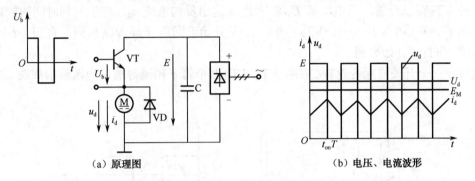

图 6-12 无制动作用的不可逆 PWM 斩波器

### 2. 有制动作用的不可逆 PWM 斩波电路（双象限斩波器）

该斩波器既能使电动机实现调压调速，又能实现再生制动，是一个双象限斩波器。

1）电路结构

如图 6-12 所示的电路中，电流 $i_d$ 不能反向，因此不能产生制动作用。需要制动时必须具有反向电流 $-i_d$ 的通路，因此应该设置控制反向通路的第二个电力晶体管，形成两个晶体管 $VT_1$ 和 $VT_2$ 交替开关的电路，如图 6-13（a）所示。该电路由两个电力晶体管 $VT_1$ 和 $VT_2$、两个二极管 $VD_1$ 和 $VD_2$ 组成。电力晶体管 $VT_1$ 是主控制管，起控制作用；$VT_2$ 是辅助管，用以构成电动机的制动电路。

2）工作原理

$VT_1$ 和 $VT_2$ 的驱动电压大小相等、方向相反，即 $U_{b1} = -U_{b2}$，当电动机在电动状态下运行时，正脉冲比负脉冲宽，平均电流为正值，一个周期内分两段变化。

在 $0 \leq t < t_{on}$ 期间（$t_{on}$ 为 $VT_1$ 导通时间），$U_{b1}$ 为正，$VT_1$ 饱和导通；$U_{b2}$ 为负，$VT_2$ 截止。此时，电源电压 $E$ 加到电枢两端，电流 $i_d$ 沿图 6-13（a）中的回路 1 流通。

在 $t_{on} \leq t < T$ 期间，$U_{b1}$ 和 $U_{b2}$ 都改变极性，$VT_1$ 截止，但 $VT_2$ 却不能导通，因为 $i_d$ 沿回路 2 经二极管 $VD_2$ 续流，在 $VD_2$ 两端产生的压降给 $VT_2$ 施加了反压，使它失去导通的可能。因此，实际上是 $VT_1$、$VD_2$ 交替导通，而 $VT_2$ 始终不通，其电压和电流波形如图 6-13（b）所示。虽然多了一个晶体管 $VT_2$，但它并未被用上，波形和图 6-12 的情况完全一样。

如果在电动运行中要降低转速，则应使 $U_{b1}$ 的正脉冲变窄，负脉冲变宽，从而使平均电枢电压 $U_d$ 降低，但由于惯性的作用，转速和反电动势还来不及变化，造成反电势 $E_M > U_d$ 的局面。这时就希望 $VT_2$ 能在电动机制动中发挥作用。

制动过程分析：

在 $t_{on} \leq t < T$ 阶段，由于 $U_{b2}$ 变正，$VT_2$ 导通，$E_M - U_d$ 产生的反向电流 $-i_d$ 沿回路 3 通过 $VT_2$ 流通，产生能耗制动，直到 $t=T$ 为止。

在 $T \leq t < T+t_{on}$（也就是 $0 \leq t < t_{on}$）阶段，$VT_2$ 截止，$-i_d$ 沿回路 4 通过 $VD_1$ 续流，对电源回馈制动，同时在 $VD_1$ 上的压降使 $VT_1$ 不能导通。

结论：在整个制动状态中，$VT_2$、$VD_1$ 轮流导通，而 $VT_1$ 始终截止，电压和电流波形示于图 6-13 (c)。反向制动电流的制动作用使电动机转速下降，直到新的稳态。

还有一种特殊情况，在轻载电动状态中，负载电流较小，以至当 $VT_1$ 关断后 $i_d$ 的续流很快就衰减到零，如在图 6-13 (d) 中 $t_{on} \sim T$ 期间的 $t_2$ 时刻。这时二极管 $VD_2$ 两端的压降也降为零，使 $VT_2$ 得以导通，反电动势 $E_M$ 沿回路 3 送出反向电流 $-i_d$，产生局部时间的能耗制动作用。到了 $t=T$（相当于 $t=0$），$VT_2$ 关断，$-i_d$ 又开始沿回路 4 经 $VD_1$ 续流，直到 $t=t_4$ 时，$-i_d$ 衰减到零，$VT_1$ 才开始导通。

这种在一个开关周期内 $VT_1$、$VD_2$、$VT_2$、$VD_1$ 四个管子轮流导通的电流波形如图 6-13 (d) 所示。

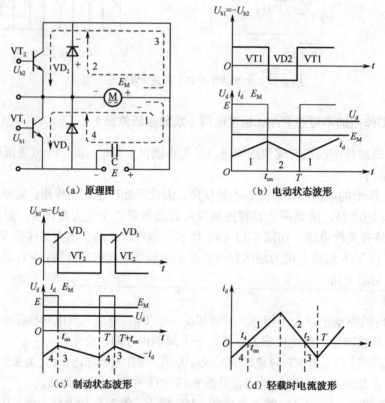

图 6-13 有制动作用的不可逆斩波器

## 6.4.2 可逆 PWM 斩波电路（四象限斩波器）

可逆 PWM 斩波器主电路的结构有 H 形、T 形等类型。常用的 H 形斩波器，它是由 4 个电力晶体管和 4 个续流二极管组成的桥式电路，它实际上是两个不可逆有制动作用的斩波器的组合。H 形变换器在控制方式上分双极式、单极式和受限单极式三种。

### 1. 双极式可逆 PWM 斩波电路

双极式 H 形可逆 PWM 斩波器电路如图 6-14 所示。

项目 6 电动机斩波调速电路分析

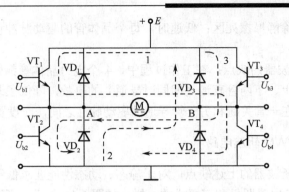

图 6-14 双极式 H 形可逆 PWM 斩波器电路

1）电路结构

4 个电力晶体管的基极驱动电压分为两组。$VT_1$ 和 $VT_4$ 同时导通和关断，其驱动电压 $U_{b1}=U_{b4}$；$VT_2$ 和 $VT_3$ 同时动作，其驱动电压 $U_{b2}=U_{b3}=-U_{b1}$。双极式 H 形斩波器波形如图 6-15 所示。

2）工作原理

当 $0 \leq t < t_{on}$ 时，$U_{b1}=U_{b4}$ 为正，晶体管 $VT_1$ 和 $VT_4$ 饱和导通，而 $U_{b2}$ 和 $U_{b3}$ 为负，$VT_2$ 和 $VT_3$ 截止。这时，$E$ 加在电枢 AB 两端，$U_{AB}=E$，电枢电流 $i_d$ 沿回路 1 流通。

当 $t_{on} \leq t < T$ 时 $U_{b1}$ 和 $U_{b4}$ 变负，$VT_1$ 和 $VT_4$ 截止；$U_{b2}$、$U_{b3}$ 变正，但 $VT_2$、$VT_3$ 并不能立即导通，因为在电枢电感释放储能的作用下，$i_d$ 沿回路 2 经 $VD_2$、$VD_3$ 续流，在 $VD_2$、$VD_3$ 上的压降使 $VT_2$ 和 $VT_3$ 的 c、e 端承受着反压，这时 $U_{AB}=-E$。$U_{AB}$ 在一个周期内正负相间，这是双极式 PWM 斩波器的特征。

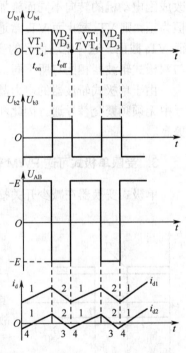

图 6-15 双极式 H 形斩波器波形

由于电压 $U_{AB}$ 的正负变化，使电流波形存在两种情况，如图 6-15 中的 $i_{d1}$ 和 $i_{d2}$。$i_{d1}$ 相当于电动机负载较重的情况，这时平均负载电流大，在续流阶段电流仍维持正方向，电动机始终工作在第Ⅰ象限的电动状态。$i_{d2}$ 相当于负载很轻的情况，平均电流小，在续流阶段电流很快衰减到零，于是 $VT_2$ 和 $VT_3$ 的 c、e 两端失去反压，在负的电源电压（$-E$）和电枢反电动势的合成作用下导通，电枢电流反向，沿回路 3 流通，电动机处于制动状态。

与此相仿，在 $0 \leq t < t_{on}$ 期间，当负载轻时，电流也有一次反向。

结论：双极式可逆 PWM 斩波器的电流波形和不可逆但有制动电流通路的 PWM 斩波器差不多，怎样才能反映出"可逆"的作用呢？这要视正、负脉冲电压的宽窄而定。当正脉冲较宽时（$t_{on} > T/2$），则电枢两端的平均电压为正，在电动运行时电动机正转。当正脉冲较窄时（$t_{on} < T/2$），平均电压为负，电动机反转。如果正、负脉冲宽度相等（$t_{on} = T/2$），平均电压为零，则电动机停止。图 6-15 所示的电压、电流波形都是在电动机正转时的情况。

3）双极式 PWM 斩波电路的优缺点

双极式 PWM 斩波器的优点：电流一定连续；可使电动机在四象限中运行；电动机停止

时有微振电流,能消除静摩擦死区;低速时,每个晶体管的驱动脉冲仍较宽,有利于保证晶体管可靠导通。

双极式 PWM 斩波器的缺点:在工作过程中,4 个电力晶体管都处于开关状态,开关损耗大,而且容易发生上、下两管直通(即同时导通)的事故,降低了装置的可靠性。为了防止上、下两管直通,在一管关断和另一管导通的驱动脉冲之间,应设置逻辑延时。

### 2. 单极式可逆 PWM 斩波电路

为了克服双极式斩波器的上述缺点,对于静态、动态性能要求低一些的系统,可采用单极式 PWM 斩波器。其电路图仍和双极式的一样,如图 6-14 所示,不同之处仅在于驱动脉冲信号。在单极式 PWM 斩波器中,左边两个管子的驱动脉冲 $U_{b1}=-U_{b2}$,具有和双极式一样的正负交替的脉冲波形,使 $VT_1$ 和 $VT_2$ 交替导通。右边两管 $VT_3$ 和 $VT_4$ 的驱动信号就不同了,改成因电动机的转向不同而施加不同的直流控制信号。当电动机正转时,使 $U_{b3}$ 恒为负,$U_{b4}$ 恒为正,则 $VT_3$ 截止而 $VT_4$ 常通。希望电动机反转时,$U_{b3}$ 恒为正而 $U_{b4}$ 恒为负,使 $VT_3$ 常通而 $VT_4$ 截止。这种驱动信号的变化显然会使不同阶段各晶体管的开关情况和电流流通的回路与双极式斩波器相比有所不同。

由于单极式斩波器的电力晶体管 $VT_3$ 和 $VT_4$ 二者之中总有一个常导通,一个常截止,运行中无须频繁交替导通。因此和双极式斩波器相比,开关损耗可以减少,装置的可靠性有所提高。

### 3. 受限单极式可逆 PWM 斩波电路

单极式变换器在减少开关损耗和提高可靠性方面要比双极式斩波器好,但是仍然存在有一对晶体管 $VT_1$ 和 $VT_2$ 交替导通和关断时电源直通的危险。例如,当电动机正转时,在 $0 \leq t < t_{on}$ 期间,$VT_2$ 是截止的,在 $t_{on} \leq t < T$ 期间由于经过 $VD_2$ 续流,$VT_2$ 也不通。既然如此,不如让 $U_{b2}$ 恒为负,使 $VT_2$ 一直截止。同样,当电动机反转时,让 $U_{b1}$ 恒为负,使 $VT_1$ 一直截止。这样,就不会产生 $VT_1$、$VT_2$ 直通的故障了。这种控制方式称为受限单极式。

受限单极式可逆变换器在电动机正转时 $U_{b2}$ 恒为负,$VT_2$ 一直截止,在电动机反转时,$U_{b1}$ 恒为负,$VT_1$ 一直截止,其他驱动信号都和一般单极式斩波器相同。如果负载较重,电流 $i_d$ 在一个方向内连续变化,所有的电压、电流波形都和一般单极式斩波器一样。但是,当负载较轻时,由于有两个晶体管一直处于截止状态,不可能导通,因而不会出现电流变向的情况,在续流期间电流衰减到零时($t=t_d$),波形便中断了,这时电枢两端电压跳变到 $U_{AB}=E$,如图 6-16 所示。这种轻载电流断续的现象将使斩波器的外特性变软,换来的好处则是可靠性的提高。

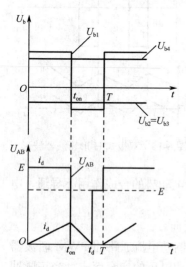

图 6-16 受限单极式斩波器波形

## 6.5 具有复合制动功能的 GTO 斩波调速电路

具有复合制动功能的 GTO 斩波调速系统主电路如图 6-17 所示。它能实现牵引、再生电阻复合制动功能，可用于城市无轨电车。主控器件为一只可关断晶闸管 GTO，M 为串励直流电动机，$VT_1$ 是能耗制动用快速晶闸管，$VD_1$ 是续流二极管，$VD_2$ 是制动回路二极管，$R_z$ 是能耗制动电阻，HE 是霍尔电流检测器，$KM_2$ 是牵引、制动转换接触器，$KM_4$、$KM_5$ 为向前、向后及牵引制动转换接触器。其工作情况可分为牵引工况，牵引制动转换和电制动三种。

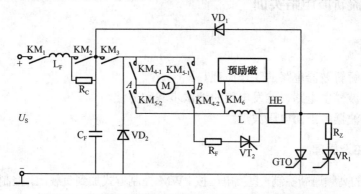

图 6-17 具有复合制动功能的 GTO 斩波调速系统主电路

牵引工况时，接触器 $KM_1$、$KM_2$、$KM_3$、$KM_{4-1}$、$KM_{4-2}$ 闭合，形成牵引回路，GTO 导通时其电流回路：电源 $U_S+ \to KM_3 \to KM_{4-1} \to KM_{4-2} \to L \to GTO \to$ 电源 $U_{S-}$，电源 $U_S$ 向电动机供电。GTO 关断时电流回路：电动机 $M \to KM_{4-2} \to L \to HE \to VD_1 \to KM_3 \to KM_{4-1} \to M$。这样在电动机两端可得到一个脉动电压，其平均值 $U_m$ 与电源电压 $U_S$ 的关系为

$$U_m = DU_S$$

由此可知，改变斩波器占空比 $D$ 就可调节 $U_m$ 值，从而达到调速的目的。当 $D=0.9$ 后，自动进入全压运行，再经延迟一定时间后触发晶闸管 $VT_2$ 进入弱磁运行。为获得恒加速度启动，在牵引工况时采用恒流控制，其值预先设定并可任意调节。加上制动给定以后，进入牵引制动转换。首先关断 GTO，电枢电流续流，由于反电动势的作用及回路中存在电阻，电流很快衰减为零，当检测到电流为零时，接触器 $KM_3$、$KM_4$ 失电，$KM_5$ 得电，这时形成制动回路，同时 $KM_6$ 触点闭合，预励磁装置投入以加快反电动势电压的产生，待反电动势建立后 $KM_6$ 自动打开，预励磁装置与磁场组分离。

电动机制动分为再生制动和能耗制动，主要根据电源电压和负载情况而定，例如，若电源没有其他负载要求供电，此时再生发电制动电流将引起滤波电容 $C_F$ 两端电压上升，制动模式在控制电路作用下立即转换为能耗制动，以免系统在过电压下工作。当电源电压恢复正常时又立即转换为再生制动，由于 GTO 的全控性和快速性，这种制动模式的转换可以在一个斩波周期时间内完成。从而增强了系统的可靠性。

再生制动时，GTO 导通时的电流通路为电动机 A 端 $\to KM_{5-2} \to L \to HE \to GTO \to VD_2 \to KM_{5-1} \to$ 电动机 B 端，这一过程是电流上升的建能阶段。GTO 关断时的电流通路为电动机 A 端 $\to KM_{5-2} \to L \to HE \to VD_1 \to$ 电源 $\to VD_2 \to KM_{5-1} \to$ 电动机 B 端，这一阶段将能量回馈电源实现能量再生。

能耗制动时，当 GTO 导通时，电流通路与再生时第一阶段一样。在关断 GTO 的同时触发晶闸管 $VT_1$，电流通路为电动机 A 端 $\to KM_{5-2} \to L \to HE \to R_z \to VT_1 \to VD_2 \to KM_{5-1} \to$ 电动机 B 端，这一阶段将能量消耗在电阻 $R_z$ 上。

制动力矩的大小可任意调节，低速时可增加 GTO 的导通时间来保证足够的制动力矩。

## 技能训练

### 训练项目  直流斩波电路实训

#### 1. 实训目的

（1）加深理解斩波器电路的工作原理。
（2）掌握斩波器主电路、触发电路的调试步骤和方法。
（3）熟悉斩波器各点的电压波形。

#### 2. 实训线路及原理

通过 IGBT 的高频通断控制，直流电压按 PWM 控制方式加到负载上，控制电路采用 TL494 PWM 集成脉宽调制器，通过改变占空比 $D$ 来改变输出电压的平均值。调整图 6-18 中开关 V 的通断时间比例，可实现连续变化的直流电压调速。从而使上述控制获得加速平稳、快速响应的性能，并同时收到节约电能的效果。

#### 3. 实训内容

（1）直流斩波器接电阻性负载。
（2）直流斩波器接电阻电感性负载。
（3）直流斩波器接直流电动机负载。

#### 4. 实训设备

直流斩波实验装置；直流电动机（电枢电压 110V，励磁电压 110V）；灯箱；双臂滑线电阻器；双踪慢扫描示波器；万用表。

#### 5. 预习要求

（1）阅读教材中有关斩波器的内容，清楚脉宽可调斩波器的工作原理。
（2）学习有关斩波器及其触发电路的内容，掌握斩波器及其触发电路的工作原理及调试方法。

#### 6. 思考题

（1）直流斩波器有哪几种调制方式？本实训中的斩波器为何种调制方式？
（2）本实训采用的斩波器中 TL494 起什么作用？

#### 7. 实训方法

（1）IGBT 直流斩波电路原理分析。IGBT 直流斩波电路如图 6-18 所示，分析其工作原理，清楚电路中各元件的作用。

220V 电源经变压器变压到 90V，再由二极管桥式整流、电容滤波获得直流电源。控制 IGBT 的导通与关断，调节占空比，从而使输出直流电压得到调节。

控制电路采用 TL494 PWM 集成脉宽调制器，电源电压 $V_{CC}$ 的工作范围为 $7V \leqslant V_{CC} \leqslant 40V$，电路中 $V_{CC}$ 接+15V 的电压。TL494 内部还提供一个+5V 的基准电压，由 14 脚引出。除了差动放大器以外，所有内部电路均由它提供电源。PWM 的开关频率由 5 脚 $C_T$ 端和 6 脚 $R_T$ 端外接参数决定芯片振荡频率，芯片内部产生的锯齿波工作稳定，线性度好，振荡频率为 $f=1.1/(RC)$。

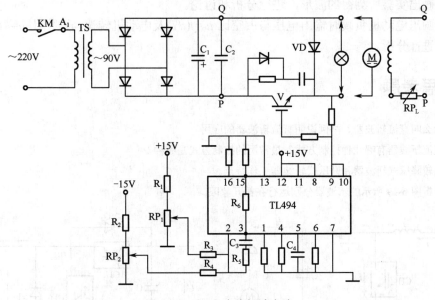

图 6-18　IGBT 直流斩波电路

输出控制端（13 脚）用于控制 TL494 的输出方式，当其接地时，两路输出三极管同时导通或截止，形成单端工作状态，用于提高输出电流。当输出控制端接 $V_{REF}$（+5V，14 脚）时，TL494 形成双端工作状态，两路输出三极管交替导通。线路采用 13 脚接地的控制方式。

（2）按图 6-18 将线接好，电位器 $RP_1$ 调到零位，接通±15V 电源，用示波器观察 5 号脚的波形应为锯齿波，调节 $RP_2$，9 脚应有脉宽可调节的脉冲输出。

（3）调节 $RP_2$ 使输出脉冲宽度为零。正向旋转 $RP_1$ 使控制电压由零上升，用示波器观察脉冲应逐渐变宽。调 $RP_1$ 应使占空比连续可调（0～100%），控制电路工作正常，记录占空比为 50%时 5 脚和 9 脚电压波形。

（4）断开±15V 电源，并把电位器 $RP_1$ 调到零位，接上灯泡负载（两只 100W 灯泡并联），接通主电路交流电源。用万用表测量 P、Q 两端直流电压约在 120V，变压器、整流桥及滤波电容工作正常。

（5）接通±15V 电源，调整 $RP_1$ 并用示波器观察负载两端电压波形，脉冲宽度是否由 0～100%连续可调。此时记录占空比为 50%及 100%时，负载两端电压 $u_o$ 数值并画出输出电压波形。

改用一只 60W 的灯泡，重复上述试验，记录占空比为 50%及 100%时负载两端电压数值及波形。

（6）断开各电源，把电位器 $RP_1$ 调到零位，拆去灯泡负载，接上电动机负载（电动机空载）。接通交流电源，使主电路有电。调节变阻器 $RP_L$，使励磁绕组电压为额定值。

（7）接通±15V 电源，顺旋 $RP_L$，用示波器观察输出电压 $u_o$ 波形及电动机转速的变化，观察电动机运行是否平稳。当电动机工作正常以后，可以用直流电压表和转速表记录占空比分别为25%、50%、75%、100%情况下的输出电压和电动机转速值。

### 8. 实训总结与分析

（1）整理实验数据，列表进行分析。

（2）画出实验所测得的波形，进行分析和讨论。

（3）画出电动机负载时输出电压与占空比 $u_o=f(t/T)$ 及电动机转速与占空比 $n=f(t/T)$ 的关系曲线，并进行分析。

1. 什么叫直流斩波器？举例说明直流斩波器的应用。
2. 直流斩波器有哪几种控制方式？最常用的控制方式是哪种？
3. 比较降压式斩波器和升压式斩波器工作特点。
4. 分析图6-19所示的斩波器分别运行在第几象限。

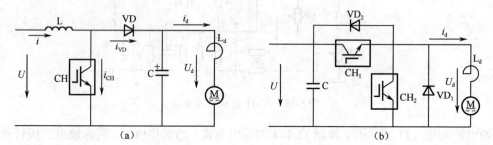

图6-19 题4

5. 简述可逆斩波器的工作原理。
6. 以降压式斩波器为例，简要说明斩波器具有直流变压器效果。

# 项目7 中频炉逆变电路分析

**教学目标**

熟悉逆变电路的基本工作原理。
理解交—直—交逆变电路与交—交逆变电路的原理与特点。
理解谐振式逆变电路的原理,掌握谐振式换流的特点。
掌握三相桥式逆变电路的基本结构和工作原理、会分析电路工作波形。
掌握交—交变频器的结构特点。

**引例:中频感应炉电路**

中频感应炉电路和感应炉外形如图 7-1 所示,中频感应炉是一个空心感应线圈,图 7-1 中 R 和 L 串联为其等效电路。因为功率因数低,故并联补偿电容 C,电容 C 和 L、R 组成并联谐振电路。电源侧串有大电感 $L_d$,故为电流型逆变电路。单相逆变桥由 4 只快速晶闸管桥臂构成,小电抗器 $L_1 \sim L_4$ 用来限制晶闸管导通时的 $di/dt$,$VT_1$、$VT_4$ 和 $VT_2$、$VT_3$ 以中频(500~5000Hz)轮流导通,在熔炼炉空心线圈上得到中频交流电。通过磁滞和涡流效应使感应炉内金属熔化,达到熔炼效果。为防止感应线圈过热,空心感应线圈中通有循环水进行冷却。

这种逆变器广泛应用于熔炼、高频淬火中频加热电源。

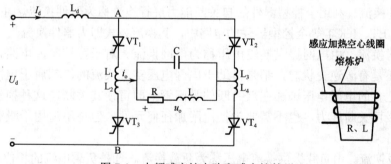

图 7-1 中频感应炉电路和感应炉外形

**相关知识**

## 7.1 无源逆变原理

将直流电变换为交流电的过程称为逆变。在实际应用中,逆变又分为有源逆变和无源逆变。有源逆变是将直流电变成和电网同频率的交流电送回交流电网的过程。无源逆变则是将直流电变成某一频率或可调频率的交流电直接供给负载使用的过程。

### 7.1.1 逆变器的工作原理

以图 7-2（a）所示的单相桥式逆变器主电路（逆变电路）为例说明逆变原理。图 7-2 中 $S_1 \sim S_4$ 是单相桥式电路 4 个桥臂上的开关，并假设 $S_1 \sim S_4$ 均为理想开关。当 $S_1$、$S_4$ 闭合，$S_2$、$S_3$ 断开时，负载电压 $u_o$ 为正；当 $S_1$、$S_4$ 断开，$S_2$、$S_3$ 闭合时，$u_o$ 为负，其波形如图 7-2（b）所示。这样，就把直流电变成了交流电。改变两组开关切换频率，就可以改变输出交流电频率，这就是逆变的最基本原理。电阻负载时，负载电流 $i_o$ 和 $u_o$ 的波形相同，相位也相同。阻感负载时，$i_o$ 的基波相位滞后于 $u_o$ 的基波相位，两者波形也不同。

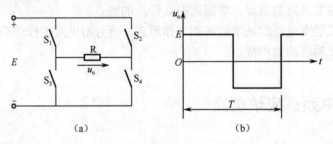

图 7-2 单相桥式逆变器主电路与波形

电路在工作过程中，电流从一个支路向另一个支路转移的过程称为换流，换流也常称为换相。在换流过程中，有的支路要从通态转换成断态，有的支路要从断态转换成通态。从断态向通态转换时，无论支路是由全控型还是半控型电力电子器件组成，只要给门极适当的驱动信号，就可以使其开通。但从通态向断态转换的情况就不同。全控型器件可以通过对门极的控制使其关断，而对于半控型器件来说，就不能通过对门极的控制使其关断，必须利用外部条件或采取其他措施才能使其关断。一般来说，换流方式可分为以下几种。

（1）器件换流。利用全控型器件的自关断能力进行换流称为器件换流。在采用 IGBT、IEGT、MOSFET、IGCT 等全控型器件的电路中，其换流方式即为器件换流。

（2）电网换流。由电网提供换流电压称为电网换流。对于可控整流电路，无论其工作在整流状态还是有源逆变状态，都是借助于电网电压实现换流的，都属于电网换流。在换流时，只要把负的电网电压施加在欲关断的晶闸管上即可使其关断。这种换流方式不需要器件具有门极可关断能力，也不需要为换流附加任何元件，但是不适用于没有交流电网的无源逆变电路。

（3）负载换流。由负载提供换流电压称为负载换流。凡是负载电流的相位超前于负载电压的场合，都可以实现负载换流。当负载为电容性负载时，即可实现负载换流。另外，当负载为同步电动机时，由于可以控制励磁电流使负载呈现为容性，因而也可以实现负载换流。

（4）强迫换流。强迫换流需要设置附加的换流电路，给欲关断的晶闸管强迫施加反向电压或反向电流的换流方式称为强迫换流。强迫换流可使输出频率不受电源频率的限制，但需附加换流电路，同时还要增加晶闸管的电压、电流定额，对晶闸管的动态特性要求也高。

图 7-3 中，由电容器直接提供换流电压的方式为直接耦合式强迫换流，预先给电容充上图 7-3 所示极性的电压，如果合上开关 S，晶闸管就被施以反向电压而关断。

图 7-4 中，通过换流电路内的电容和电感的耦合来提供换流电流或换流电压的方式，称

为电感耦合式强迫换流。预先给电容充上图 7-4 所示极性的电压，合上开关 S，LC 振荡电流将反向流过晶闸管 VT，使 VT 的原工作电流不断下降，直到 VT 的电流减小到零后，负载电流全由电容 C 提供，VT 被施以反向电压而关断。

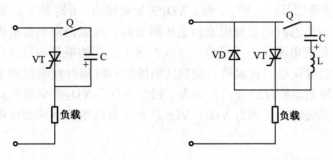

图 7-3　直接耦合式强迫换流　　　图 7-4　电感耦合式强迫换流

上述四种换流方式中，器件换流只适用于全控型器件，其余三种方式主要是针对晶闸管而言。器件换流和强迫换流都是因为器件或变换器自身的原因而实现换流的，二者都属于自换流；电网换流和负载换流不是依靠交换器本身，而是借助于外部手段（电网电压或负载电压）来实现换流的，它们属于外部换流。采用自换流方式的逆变电路称为自换流逆变电路，采用外部换流方式的逆变电路称为外部换流逆变电路。

在晶闸管时代，换流技术十分重要，但是，到了全控型器件时代，换流技术就不重要了。当今，强迫换流方式已停止应用，只有负载换流方式还有一定应用，如负载为同步电动机时，通过控制励磁电流使负载呈现容性，可以实现负载换流。

### 7.1.2　逆变器电路

**1. 半桥逆变电路**

半桥逆变电路如图 7-5 所示，它有两个导电臂，每个导电臂由一个可控元件和一个反并联的二极管组成。在直流侧接有两个足够大的电容，使得两个电容的连接点为直流电源的中点。每个电容上的电压为 $U_d/2$。

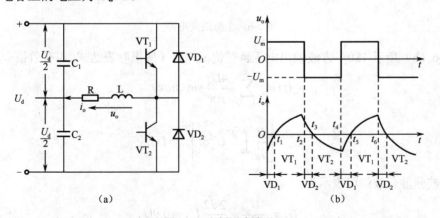

图 7-5　半桥逆变电路

设开关器件 $VT_1$ 和 $VT_2$ 的栅极信号在一个周期内各有半周正偏，半周反偏，且二者互补。当负载为感性时，其工作波形如图 7-5（b）所示。输出电压 $u_o$ 为矩形波，其幅值为 $U_m=U_d/2$。

输出电流 $i_o$ 波形随负载情况而异。设 $t_2$ 时刻以前 $VT_1$ 为通态，$VT_2$ 为断态。$t_2$ 时刻给 $VT_1$ 关断信号，给 $VT_2$ 开通信号，则 $VT_1$ 关断，但感性负载中的电流 $i_o$ 不能立即改变方向，于是 $VD_2$ 导通续流。当 $t_3$ 时刻 $t_o$ 将为零时，$VD_2$ 截止，$VT_2$ 开通，$i_o$ 开始反向。同样，在 $t_4$ 时刻给 $VT_2$ 关断信号，给 $VT_1$ 开通信号后，$VT_2$ 关断，$VD_1$ 先导通续流，$t_5$ 时刻 $VT_1$ 才开通。

当 $VT_1$ 或 $VT_2$ 为通态时，负载电流和电压同方向，直流侧向负载提供能量；而当 $VD_1$ 或 $VD_2$ 为通态时，负载电流和电压反相，负载电感中储存的能量向直流侧反馈，即负载电感将其吸收的无功能量反馈回直流侧。反馈回的能量暂时储存在直流侧电容器中，直流侧电容器起着缓冲这种无功能量的作用，因为二极管 $VD_1$、$VD_2$ 是负载向直流侧反馈能量的通道，故称为反馈二极管；又因为 $VD_1$、$VD_2$ 起着使负载电流连续的作用，因此又称为续流二极管。

**2. 全桥逆变电路**

全桥逆变电路可看成两个半桥逆变电路的组合，其电路原理图如图 7-6（a）所示，它采用了 4 个 IGBT 作为全控开关器件。电路中 4 个桥臂，桥臂 1、4 和桥臂 2、3 组成两对。两对桥臂交替各导通 180°，输出电压 $u_o$ 的波形和图 7-5（b）所示半桥电路波形 $u_o$ 相同，但幅值高出一倍，$U_m = U_d$。在直流电压和负载都相同的情况下，输出电流的波形也和图 7-5（b）所示形状相同，只是幅值增加一倍。

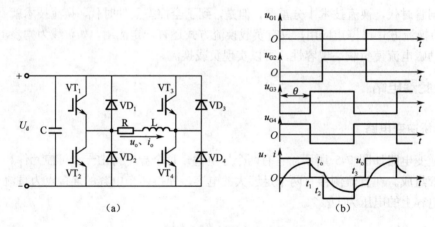

图 7-6 全桥逆变电路

图 7-6（b）所示 180°方波输出电压瞬时值 $u_o(t)$（傅里叶表达式）、有效值 $U_o$ 分别为

$$u_o(t) = \sum_{n=1,3,5,\cdots}^{\infty} \frac{4U_d}{n\pi} \sin(n\omega t) \tag{7-1}$$

$$U_o = \left[ \frac{2}{T_0} \int_0^{T_0/2} U_d^2 \mathrm{d}t \right]^{1/2} = U_d \tag{7-2}$$

其基波分量有效值可表示为

$$U_1 = \frac{4U_d}{\sqrt{2}\pi} = \frac{2\sqrt{2}}{\pi} U_d = 0.9 U_d \tag{7-3}$$

**注意**：当电源电压 $U_d$ 和负载 $R$ 不变时，桥式电路的输出功率是半桥式电路的 4 倍。

### 3. 推挽式逆变电路

推挽式逆变电路如图 7-7 所示。交替驱动两个 IGBT，通过变压器的耦合给负载加上矩形波交流电压。两个二极管的作用也是给负载电感中储存的无功能量提供反馈通道。在 $U_d$ 和负载参数相同，且变压器两个一次绕组和二次绕组的匝比为 1∶1∶1 的情况下，该电路的输出电压 $u_o$ 和输出电流的波形及幅值与全桥逆变电路完全相同。

推挽式电路虽然比全桥电路少用了一个开关器件，但器件承受的电压却为 $2U_d$，比全桥电路高一倍，且必须有一个变压器。

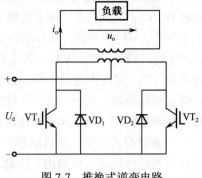

图 7-7 推挽式逆变电路

## 7.2 谐振式逆变电路

在晶闸管逆变电路中，晶闸管的换流电路是其重要组成部分。谐振式逆变电路是利用电容器电流相位超前电压相位的特点来实现换流的，分为并联谐振式和串联谐振式逆变电路。由于它不用附加专门的换流电路，因此应用较为广泛。

### 7.2.1 串联谐振式逆变电路

在逆变电路的直流侧并联一个大电容 C，用电容储能来缓冲电源和负载之间的无功功率传输。从直流输出端看，电源因并联大电容，其等效阻抗变得很小，大电容又使电源电压稳定，因此具有恒电压源特点，逆变电路输出电压接近矩形波，这种逆变电路又称为电压源型逆变电路。

图 7-8 给出了串联谐振式逆变电路的电路结构，其直流侧采用不可控整流电路和大电容滤波，从而构成电压源型逆变电路。电路为了续流，设置了反并联二极管 $VD_1 \sim VD_4$，补偿电容 C 和负载电感线圈构成串联谐振电路。为了实现负载换流，要求补偿以后的总负载呈容性，即负载电流 $i_o$ 超前负载电压 $u_o$ 的变化。

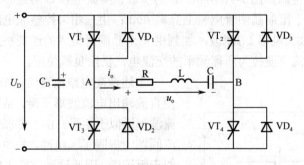

图 7-8 串联谐振式逆变电路

电路工作时，逆变电路频率接近于谐振频率。故负载对基波电压呈现低阻抗，基波电流很大；而对谐波分量呈现高阻抗，谐波电流很小，所以负载电流基本为正弦波。另外，还要求电路工作频率低于电路的谐振频率，以使负载电路呈容性，负载电流 $i_o$ 超前电压 $u_o$，以实现换流。

串联谐振电路输出电压和电流波形如图 7-9 所示。设晶闸管 $VT_1$、$VT_4$ 导通，电流从 A 流向 B，$U_{AB}$ 左正右负。由于电流超前电压，当 $t=t_1$ 时，电流 $i_o$ 为零，当 $t>t_1$ 时，电流反向。由于 $VT_2$、$VT_3$ 未导通，反向电流通过二极管 $VD_1$、$VD_4$ 续流，$VT_1$、$VT_4$ 承受反压而关断。当 $t=t_2$ 时，触发 $VT_2$、$VT_3$，负载两端的电压极性反向，即 $u_{AB}$ 左负右正，$VD_1$、$VD_4$ 截止，电流从 $VT_2$、$VT_3$ 中流过。当 $t>t_3$ 时，电流再次反向，电流通过 $VD_2$、$VD_4$ 续流，$VT_2$、$VT_3$ 承受反压而关断。当 $t=t_4$ 时，再触发 $VT_1$、$VT_4$。二极管导通时间即为晶闸管承受反压时间，要使晶闸管可靠关断，承受反压时间应大于晶闸管的关断时间。

串联谐振式逆变电路启动和关断容易，但对负载的适应性较差。当负载参数变化较大且配合不当时会影响功率输出。因此，串联逆变电路适用于淬火热加工等需要频繁启动、负载参数变化较小和工作频率较高的场合。

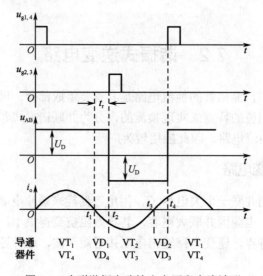

图 7-9  串联谐振电路输出电压和电流波形

### 7.2.2 并联谐振式逆变电路

并联谐振式逆变电路如图 7-10 所示。L 为负载，换流电容 C 与之并联，$L_1 \sim L_4$ 为 4 个电感量很小的电感，用于限制晶闸管电流上升率 $di/dt$；由三相可控整流电路获得电压连续可调的直流电源 $U_D$，经过大电感 $L_D$ 滤波，加到由 4 个晶闸管组成的逆变桥两端，通过该逆变电路的相应工作，将直流电变换为所需频率的交流电，供给负载使用。

上述逆变电路在直流环节中设置大电感滤波，使直流输出电流波形平滑，从而使逆变电路输出电流波形近似于矩形。由于并联谐振式逆变电路的直流回路中串联了大电感，故电源的内阻抗很大，类似于恒流源，因此这种逆变电路又称为电流源型逆变电路。

图 7-10 所示电路一般多用于金属的熔炼、淬火及透热的中频加热电源。当逆变电路中的 $VT_1$、$VT_4$ 和 $VT_2$、$VT_3$ 两组晶闸管以一定频率交替导通和关断时，负载感应线圈就流入中频电流，线圈中

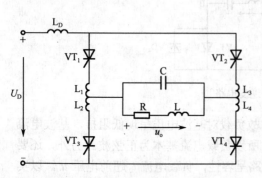

图 7-10  并联谐振式逆变电路

即产生相应频率的交流磁通，从而在熔炼炉内的金属中产生涡流，使之被加热至熔化。晶闸管交替导通的频率接近于负载回路的谐振频率，负载电路工作在谐振状态，从而具有较高的效率。

逆变电路的换流过程如图 7-11 所示。当晶闸管 $VT_1$、$VT_4$ 触发时，负载上得到左正右负的电压，负载电流 $i_o$ 的流向如图 7-11（a）虚线所示。由于负载上并联了换流电容 C，L 和 C 构成的并联电路可近似工作在谐振状态，负载呈容性，使 $i_o$ 超前负载电压 $u_o$ 一个角度 $\varphi$，负载中电流及电压波形如图 7-12 所示。

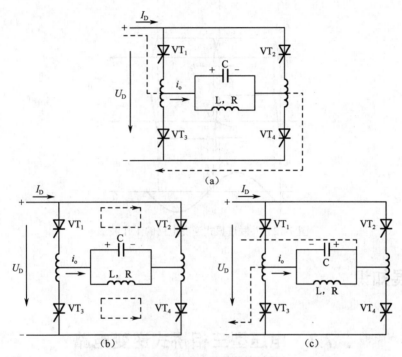

图 7-11　逆变电路的换流过程

当在 $t_2$ 时刻触发 $VT_2$ 及 $VT_3$ 晶闸管时，由于此时负载电压 $u_o$ 的极性对 $VT_2$ 及 $VT_3$ 而言为顺极性，使 $i_{V2}$ 及 $i_{V3}$ 从零逐渐增大；随着 $VT_2$ 及 $VT_3$ 的导通，将电压 $u_o$ 反加至 $VT_1$ 及 $VT_4$ 两端，从而使 $i_{V1}$ 及 $i_{V4}$ 相应减小，在 $t_2 \sim t_4$ 时间内 $i_{V1}$ 及 $i_{V4}$ 从额定值减小至零，$i_{V2}$ 及 $i_{V3}$ 则由零增加至额定值，电路完成了换流。设换流期间时间为 $t_r$，从上述分析可见，$t_r$ 内 4 个晶闸管皆处于导通状态，由于大电感 $L_D$ 的恒流作用及时间 $t_r$ 很短，故不会出现电源短路的现象。虽然在 $t_4$ 时刻 $VT_1$ 及 $VT_4$ 中的电流已为零，但不能认为其已经恢复阻断状态，此时仍需继续对它们施加反压，施加反压的时间应大于晶闸管的关断时间 $t_{off}$。换流电容 C 可以提供滞后的反向电压，以保证 $VT_1$ 及 $VT_4$ 的可靠关断，图 7-12 中 $t_4 \sim t_5$ 的时间即为施加反压的时间。根据上述分析可知，为保证逆变电路可靠换流，必须在中频电压 $u_o$ 过零前的 $t_q$ 时刻去触发 $VT_2$ 及 $VT_3$，$t_q$ 应满足下式要求：

$$t_q = t_r + K_q t_{off} \tag{7-4}$$

式中　$K_q$——大于 1 的系数，一般取 2～3；

　　　$t_q$——触发引前时间。

负载的功率因数角 $\varphi$ 由负载电流与电压的相位差来决定。由图 7-12 可知：

$$\varphi = \omega(t_\beta + t_r/2)$$

式中 $\omega$——电路的工作频率;

$t_\beta$——施加反压的时间（应大于晶闸管的关断时间）。

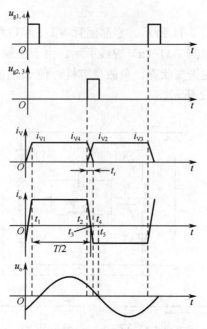

图 7-12 并联谐振式逆变电路的工作波形

拓展知识

## 7.3 电压型三相桥式逆变电路

如果逆变电路的负载是三相负载,则需要逆变电路输出频率可调的三相电压。这种逆变电路多采用三相桥式逆变电路。

电压源型三相桥式逆变电路如图 7-13 所示,用 6 个大功率晶体管（GTR）作为可控元件,$VT_1$ 与 $VT_4$、$VT_3$ 与 $VT_6$、$VT_5$ 与 $VT_2$ 构成三对桥臂,二极管 $VD_1 \sim VD_6$ 为续流二极管。

电压源型三相桥式逆变电路的基本工作方式为 180°导电型,即每个桥臂的导电角度为 180°。同一相上、下桥臂交替导电,各相开始导电的时间依次相差 120°。由于每次换流都在同一相上、下桥臂之间进行,因此称为纵向换流。在一个周期内,6 个管子触发导通的次序为 $VT_1 \sim VT_6$,依次相隔 60°,任意时刻均有 3 个管子同时导通,导通的组合顺序为 $VT_1VT_2VT_3$、$VT_2VT_3VT_4$、$VT_3VT_4VT_5$、$VT_4VT_5VT_6$、$VT_5VT_6VT_1$ 和 $VT_6VT_1VT_2$,每种组合工作 60°电角度。

下面分析各相负载相电压和线电压波形。设负载为星形连接,三相负载对称,中性点为 N。电压源型三相桥式逆变电路的工作波形如图 7-14 所示。

为分析方便,将一个工作周期分成 6 个区域。在 $0<\omega t\leq\pi/3$ 区域,给 $VT_1$、$VT_2$、$VT_3$ 施加控制脉冲,即 $u_{g1}>0$,$u_{g2}>0$,$u_{g3}>0$,使 $VT_1$、$VT_2$、$VT_3$ 同时导通。此时 U、V 两点通过导通的 $VT_1$、$VT_3$ 相当于同时接在电源的正极,而 W 点通过导通的 $VT_2$ 接在电源的负极,所以该时区逆变桥的等效电路如图 7-15 所示。

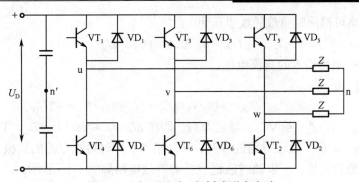

图 7-13 电压源型三相桥式逆变电路

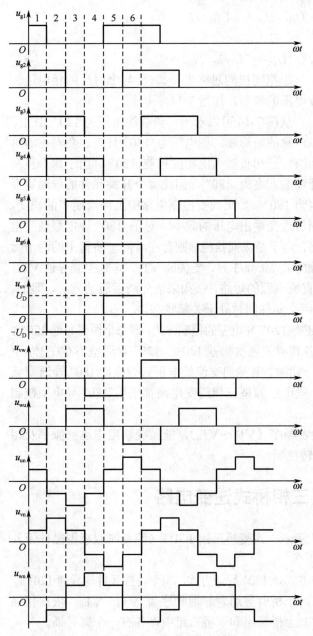

图 7-14 电压源型三相桥式逆变电路的工作波形

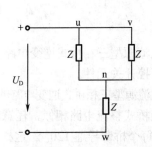

图 7-15 VT$_1$、VT$_2$、VT$_3$ 导通时的等效电路

由此等效电路可得此时负载的线电压为

$$U_{uv} = 0, \quad U_{vw} = +U_D, \quad U_{wu} = -U_D \tag{7-5}$$

式中 $U_D$——逆变电路输入的直流电压。

负载的相电压为

$$U_{un} = +U_D/3, \quad U_{vn} = +U_D/3, \quad U_{wn} = -2U_D/3 \tag{7-6}$$

在 $\omega t = \pi/3$ 时，控制关断 $VT_1$、导通 $VT_4$，即在 $\pi/3 < \omega t \leq 2\pi/3$ 区域，$VT_2$、$VT_3$、$VT_4$ 同时导通。此时，$u$、$w$ 两点通过导通的 $VT_2$、$VT_4$ 相当于同时接在电源的负极，而 $v$ 点通过导通的 $VT_3$ 接在电源的正极，所以该时区逆变桥的等效电路如图 7-16 所示。

由此等效电路可得此时负载的线电压为

$$U_{uv} = -U_D, \quad U_{vw} = +U_D, \quad U_{wu} = 0 \tag{7-7}$$

负载的相电压为

$$U_{un} = -U_D/3, \quad U_{vn} = +2U_D/3, \quad U_{wn} = -U_D/3 \tag{7-8}$$

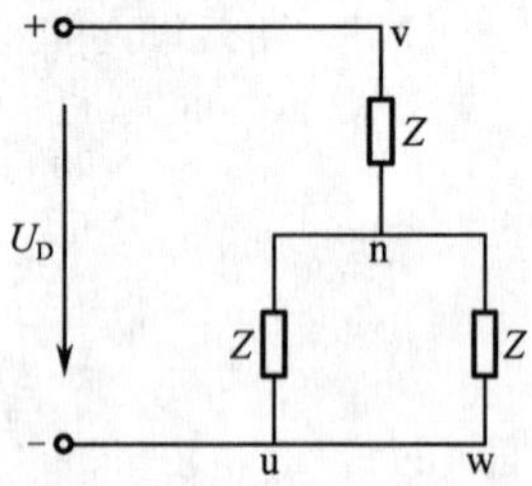

根据同样的思路可得其余 4 个时区的相电压和线电压的波形，如图 7-14 所示。

从图 7-14 可以看出，负载线电压为 120°且正、负对称的矩形波，相电压为 180°且正、负对称的阶梯波。三相负载电压相位相差 120°。由于每个控制脉冲的宽度为 180°，因此每个开关元件的导通宽度也为 180°。如果改变控制电路中工作周期 $T$ 的长度，则可改变输出电压的频率。对于 180°导电型逆变电路，由于是纵向换流，则存在着同一桥臂上的两个元件一个关断、另一个元件导通的时刻。例如，在 $\omega t = \pi/3$ 时，要关断 $VT_1$、同时控制导通 $VT_4$，为了防止同相上、下桥臂同时导通而引起直流电源的短路，必须采取先断后通的方法，即上、下桥臂的驱动信号之间必须存在死区，即两个元件同时处于关断状态。

图 7-16  $VT_2$、$VT_3$、$VT_4$ 导通时的等效电路

除 180°导电型外，三相桥式逆变电路还有 120°导电型的控制方式，即每个桥臂导通 120°，同一相上、下两臂的导通有 60°的间隔，各相导通依次相差 120°。120°导通型不存在上、下开关元件同时导通的问题，但当直流电压一定时，其输出交流线电压有效值比 180°导通型低得多，直流电源电压利用率低。因此，一般电压源型三相逆变电路都采用 180°导电型控制方式。

改变逆变桥晶体管的触发频率或者触发顺序（$VT_1 \sim VT_6$），能改变输出电压的频率及相序，从而可实现电动机的变频调速与正反转控制。

## 7.4  电流型三相桥式逆变电路

电流源型三相桥式逆变电路如图 7-17 所示。逆变桥采用 IGBT（绝缘栅双极型晶体管）作为可控开关元件。

电流源型三相桥式逆变电路的基本工作方式是 120°导通方式，每个可控元件均导通 120°，与三相桥式整流电路相似，任意瞬间只有两个桥臂导通。导通顺序为 $VT_1 \sim VT_6$，依次相隔 60°，每个桥臂导通 120°。这样，每个时刻上桥臂组和下桥臂组中都各有一个臂导通。

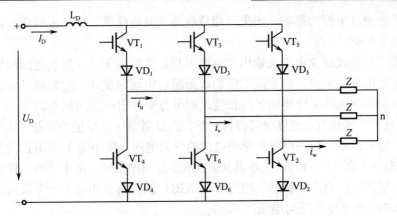

图 7-17 电流源型三相桥式逆变电路

换流时，在上桥臂组或下桥臂组内依次换流，称为横向换流，所以即使出现换流失败，出现上桥臂（或下桥臂）两个 IGBT 同时导通的时刻，也不会发生直流电源短路的现象，上、下桥臂的驱动信号之间不必存在死区。

下面分析各相负载电流的波形。设负载为星形连接，三相负载对称，中性点为 n，电流源型三相桥式逆变电路的输出电流波形如图 7-18 所示。为了分析方便，将一个工作周期分为 6 个区域，每个区域的电角度为 $\pi/3$。在 $0<\omega t \leqslant \pi/3$ 区域，开关元件 $VT_1$、$VT_6$ 已经驱动导通，此时电源电流通过 $VT_1$、$Z_u$、$Z_v$、$VT_6$ 构成闭合回路。负载上分别有电流 $i_u$、$i_v$ 流过，由于电路的直流侧串入了大电感 $L_D$，使负载电流波形基本无脉动，因此电流 $i_u$、$i_v$ 为方波输出，其中 $i_u$ 与图 7-17 所示的参考方向一致即为正，$i_v$ 与图示方向相反即为负，负载电流 $i_\Omega=0$。在 $\omega t=\pi/3$ 时，驱动控制电路使 $VT_6$ 关断，$VT_2$ 导通，进入下一个时区。

在 $\pi/3<\omega t \leqslant 2\pi/3$ 区域，此时导通的开关元件为 $VT_1$、$VT_2$。电源电流通过 $VT_1$、$Z_u$、$Z_w$、$VT_2$ 构成闭合回路，形成的负载电流 $i_u$、$i_w$ 为方波输出，其中 $i_u$ 与图 7-17 所示的参考方向一致即为正，$i_w$ 与图 7-17 所示方向相反即为负，负载电流 $i_v=0$。在 $\omega t=2\pi/3$ 时，驱动控制电路使 $VT_1$ 关断，$VT_3$ 导通，进入下一个时区。

同样可以分析出 $2\pi/3 \sim 2\pi$ 时负载电流的波形，如图 7-18 所示。可以看出，每个 IGBT 导通的电角度均为 120°，任一时刻只有两相负载上有电流流过，总有一相负载上的电流为零，所以每相负载电流波形是断续且正负对称的方波。

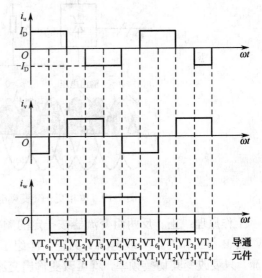

图 7-18 电流源型三相桥式逆变电路的输出电流波形

将此波形展开成傅里叶级数，经过分析可得，输出电流的基波有效值 $I_1$ 和直流电流 $I_D$ 的关系为

$$I_1 = (\sqrt{6}I_D)/\pi = 0.78 I_D \tag{7-9}$$

由上分析可知，输出电流波形正、负半周对称，因此电流谐波中只有奇次谐波，没有偶次谐波，其中以 3 次谐波所占比重最大。由于 3 相负载没有接零线，故无 3 次谐波电流流过

电源，减少了谐波对电源的影响。如果三相负载是交流电动机，由于没有偶次谐波，则对电动机的转矩也无影响。

电流源型三相桥式逆变电路的输出电流波形与负载性质无关，输出电压波形由负载的性质决定。如果是电感性负载，则负载电压的波形超前电流的变化，近似成三角波或正弦波。同样，如果改变控制电路工作周期 $T$ 的长度，则可改变输出电流的频率。

IGBT 具有开关特性好、速度快等特性，但它的反向电压承受能力很差，其反向阻断电压只有几十伏。为了避免它们在电路中承受过高的反向电压，图中每个 IGBT 的发射极都串有二极管，即 $VD_1 \sim VD_6$。它们的作用是当 IGBT 承受反向电压时，由于所串二极管同样也承受反向电压，二极管呈反向高阻状态，相当于在 IGBT 的发射极串接了一个很大的分压电阻，从而减小了 IGBT 所承受的反向电压。

## 7.5 交—交型变频电路

前面介绍的变频电路均属于交—直—交变频电路，它将 50Hz 的交流电先经整流电路变换为直流电，再将直流电变为所需频率的交流电。下面介绍交—交变频电路，它将 50Hz 的工频交流电直接变换成其他频率的交流电，一般输出频率均小于电网频率，这是一种直接变频的方式。根据变频电路输出电压波形的不同，交—交变频电路可分为方波形及正弦波形两种。

### 7.5.1 单相交—交变频电路

单相交—交变频电路的原理图和输出电压的波形如图 7-19 所示，它由正、反并联的晶闸管整流电路组成，和四象限变流电路相同。

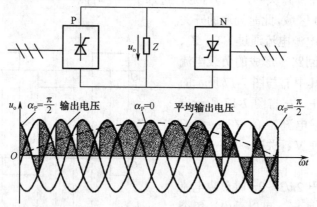

图 7-19 单相交—交变频电路原理图与输出电压波形

工作原理：正、反两组变流器按一定的频率交替工作，负载上就会得到相应频率的交流电，当 P 组工作时，负载电流 $i_o$ 为正，N 组工作时，$i_o$ 为负，因此负载就得到该频率的交流电流，只要改变其切换频率，就可改变输出交流电的频率。如要改变输出交流电的电压幅值，只要改变变流电路的触发角 $\alpha$ 就可以了。

为使输出交流电压 $u_o$ 的波形接近正弦波，可按正弦规律对 $\alpha$ 进行调制，在半个周期内让 P 组 $\alpha$ 按正弦规律从 90° 减到 0° 或某个值，再增加到 90°，每个控制间隔内的平均输出电压就按正弦规律从零增至最高，再减到零。如此，$u_o$ 由若干段电源电压拼接而成，在 $u_o$ 一个周期内，包含的电源电压段数越多，其波形就越接近正弦波。

整流与逆变工作状态：如图 7-20 所示，以阻感负载为例，把交—交变频电路理想化，忽略变流电路换相时 $u_o$ 的脉动分量，就可把电路等效成正弦波交流电源和二极管的串联。设负载阻抗角为 $\varphi$，则输出电流就会滞后输出电压 $\varphi$ 角。两组变流电路采取无环流工作方式，一组变流电路工作时，封锁另一组变流电路的触发脉冲。

$t_1\sim t_3$：$i_o$ 正半周，P 组工作，N 组被封锁。$t_1\sim t_2$：$u_o$ 和 $i_o$ 均为正，P 组整流，输出功率为正；$t_2\sim t_3$：$u_o$ 反向，$i_o$ 仍为正，P 组逆变，输出功率为负。

$t_3\sim t_5$：$i_o$ 负半周，N 组工作，P 组被封锁。$t_3\sim t_4$：$u_o$ 和 $i_o$ 均为负，N 组整流，输出功率为正；$t_4\sim t_5$：$u_o$ 反向，$i_o$ 仍为负，P 组逆变，输出功率为负。

哪一组工作由 $i_o$ 的方向决定，与 $u_o$ 的极性无关；工作在整流还是逆变，则根据 $u_o$ 和 $i_o$ 的方向是否相同确定。

单相交—交变频电路输出电压和电流的波形如图 7-21 所示。

考虑无环流工作方式下 $i_o$ 过零的死区时间，一周期可分为 6 段。第 1 段 $i_o<0$，$u_o>0$，N 组逆变；第 2 段电流过零，为无环流死区；第 3 段 $i_o>0$，$u_o>0$，P 组整流；第 4 段 $i_o>0$，$u_o<0$，P 组逆变；第 5 段又是无环流死区；第 6 段 $i_o<0$，$u_o<0$，为 N 组整流。

$u_o$ 和 $i_o$ 的相位差小于 90°时，电网向负载提供的能量的平均值为正，电机为电动状态；相位差大于 90°时，电网向负载提供的能量的平均值为负，电网吸收能量，电机为发电状态。

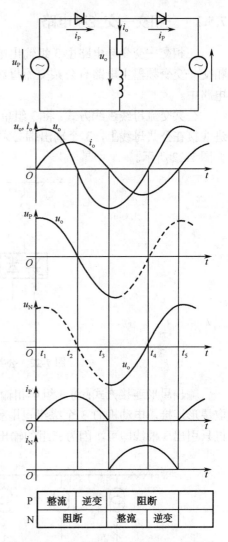

图 7-20 理想化交—交变频电路工作状态

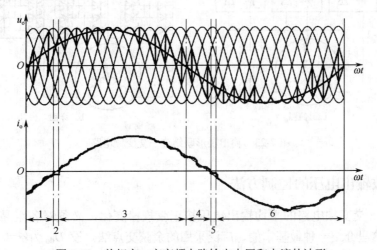

图 7-21 单相交—交变频电路输出电压和电流的波形

## 7.5.2 三相交—交变频电路

三相交—交变频电路由 3 组输出电压相位彼此互差 120°的单相交—交变频电路组成。三相交—交变频器主电路有公共交流母线进线方式和输出星形联结方式，分别用于中、大容量电路中。

公共交流母线进线方式：将 3 组单相输出电压相位彼此互差 120°的交—交变频器的电源进线接在公共母线上，3 个输出端必须相互隔离，电动机的 3 个绕组需拆开，引出 6 根线，如图 7-22 所示。

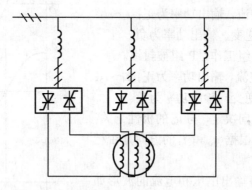

图 7-22 公共交流母线方式交—交变频电路

输出星形连接方式：将 3 组单相输出电压相位彼此互差 120°的交—交变频器的输出端采取星形连接，电动机的 3 个绕组也用星形连接，电动机中点不和变频器中点接在一起，电动机只引出 3 根线即可，因为三组的输出连接在一起，其电源进线必须隔离，如图 7-23 所示。

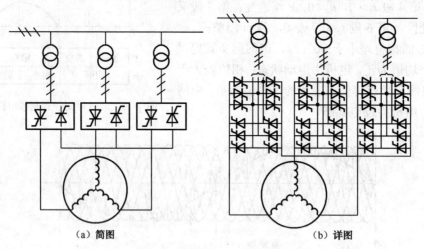

(a) 简图　　　　　　　　　　　(b) 详图

图 7-23 输出星形联结交—交变频电路

## 7.5.3 正弦波输出电压的控制方法

为了使交—交变频电路的平均输出电压按正弦规律变化，必须对各组晶闸管的触发角 $\alpha$ 进行调制。这里介绍一种最基本的、广泛采用的余弦交点法。设 $U_{d0}$ 为 $\alpha=0$ 时整流电路的理想空载电压，则有

$$\bar{u}_o = U_{do}\cos\alpha \tag{7-10}$$

每次触发时 $\alpha$ 不同，$\bar{u}_o$ 表示每次控制间隔内 $u_o$ 的平均值。

期望的正弦波输出电压为

$$u_o = U_{om}\sin\omega_0 t \tag{7-11}$$

由式（7-10）、式（7-11）可知

$$\cos\alpha = (U_{om}/U_{do})\sin\omega_0 t = \gamma\sin\omega_0 t \tag{7-12}$$

式中　$\gamma$——输出电压比。

余弦交点法的基本公式为

$$\alpha = \arccos(\gamma\sin\omega_0 t) \tag{7-13}$$

余弦交点法控制的六脉波变频器在负载功率因数不同时的输出波形如图7-24所示。其中，图7-24（a）为输出电压和一组可能有的瞬时输出电压，图7-24（b）为余弦触发波、控制信号和假设的负载电流。

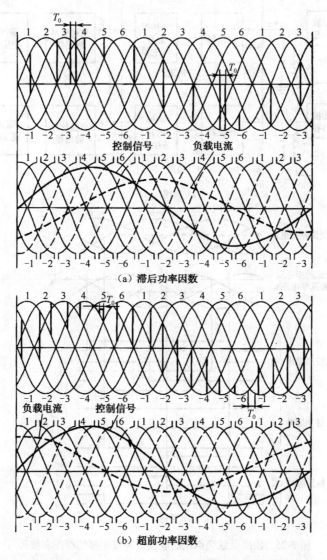

图7-24　余弦交点法控制的六脉冲变频器在负载功率因数不同时的输出波形

应用余弦交点法的触发脉冲发生器的框图及波形如图 7-25 所示，基准电压 $u_R$ 是与理想输出电压 $u$ 成比例且频率、相位都相同的给定电压信号。显然，$u_R$ 为正弦波时，输出电压为正弦波；$u_R$ 为其他波形时，则输出相应的电压波形。

余弦交点法的缺点：容易因干扰而产生误脉冲；在开环控制时因控制电路的不完善，特别是在电流不连续时，会引起电压的畸变。

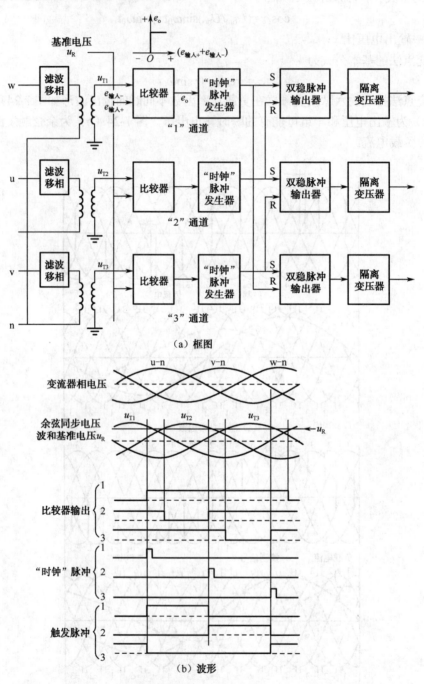

图 7-25 应用余弦交点法的触发脉冲发生器的框图和波形

## 7.5.4 交—交变频器的特点

交—交变频器的主要优点如下。

（1）因为是直接变换，没有中间环节，所以比一般的变频器效率要高。

（2）由于其交流输出电压波形是直接由交流输入电压的某些部分波形包络而构成的，因而其输出频率比输入交流电源的频率低得多，输出波形较好。

（3）由于变频器按电网电压过零自然换相，故可采用普通晶闸管。

交—交变频器的主要缺点如下。

（1）接线较复杂，使用的晶闸管较多。

（2）受电网频率和变流电路脉冲数的限制，输出电压频率较低，为电网频率的 1/3 左右。

（3）采用相控方式，功率因数较低，特别是在低速运行时更低，需要适当补偿。

由于以上特点，交—交变频器特别适合于大容量的低速传动的交流调速装置中，在轧钢、水泥、牵引等方面应用比较广泛。

## 技能训练

### 训练项目　单相并联逆变电路实训

#### 1. 实训目的

（1）加深理解并联逆变器的工作原理，了解各元器件的作用。

（2）了解并联逆变器对触发脉冲的要求。

（3）了解并联逆变器带电阻、电阻电感性负载的工作情况。

#### 2. 实训线路及原理

单相并联逆变电路如图 7-26 所示。逆变电路的 24V 直流电源可从主控制屏的面板上的"低压电源输出"端得到。只要交替地导通与关断晶闸管 $VT_1$、$VT_2$，就能在逆变变压器的副边得到交流电压，其频率取决于 $VT_1$、$VT_2$ 交替通断的频率。触发电路由振荡器、JK 触发器及脉冲放大器组成。

单相并联逆变电路的主电路工作原理：

假定先触发 $VT_1$，则 $VT_1$ 和 $VD_1$ 导通，直流电源经 $VT_1$、$VD_1$ 接到变压器一次绕组"2"、"1"端，变压器二次侧感应电压为"5"（+）、"4"（−）。$VT_1$ 导通后，C 通过 $VD_2$、$VT_1$ 及 $L_1$ 很快充电至 48 V，极性左（+）右（−），此电容电压为关断 $VT_1$ 做好准备。欲关断 $VT_1$ 时，触发导通 $VT_2$，$VT_2$ 导通后，电容电压经 $VT_2$ 给 $VT_1$ 加上反压，使之关断，此时电源电压经 $VT_2$、$VD_2$ 加到变压器一次绕组的"2"、"3"端，则二次侧感应电压也改向，为"4"（+）、"5"（−）。这样，在变压器二次测，也就是在负载端得到一个交变的电压。换流电容 C 是用来强迫关断晶闸管的，其容量不能太小，否则无法换流，但也不能太大，过大时会增加损耗，降低逆变器的效率。$L_1$ 为限流电感，其作用是限制电容充放电电流。$VD_1$、$VD_2$ 为隔离二极管，用来防止电容通过逆变变压器的一次绕组放电。$VD_3$、$VD_4$ 为反馈二极管，为限流电感 $L_1$ 提供了一条释放磁能的通路。

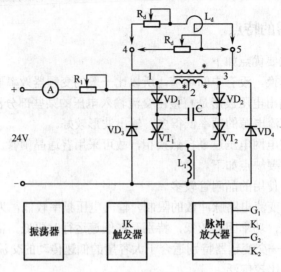

图 7-26 单相并联逆变电路

### 3. 实训内容

（1）单相并联逆变器触发电路的调试。
（2）单相并联逆变器接电阻性负载。
（3）单相并联逆变器接电阻电感性负载。

### 4. 实训设备

主控制屏 DK01；DK12 组件挂箱；双臂滑线电阻器；DK15 可调电容挂箱；双踪慢扫描示波器；万用表。

### 5. 预习要求

（1）阅读教材中有关单相并联逆变电路的内容，弄清单相并联逆变电路带不同负载时的工作原理；
（2）了解换流电容及限流电感在单相并联逆变电路中的作用。

### 6. 实训方法

1）单相并联逆变电路接电阻性负载

（1）按图 7-26 接线，其中逆变变压器及限流电感 $L_1$ 均在 DK12 组件挂箱上，限流电阻 $R_1$ 应调整到使主电路电流不大于 1A。换流电容 C 由电容箱接入，其数值可根据需要进行调节，一般可调到 10μF 左右。将触发电路的输出脉冲分别接至相对应晶闸管的门极和阴极。

（2）接上电阻性负载，用示波器观察并记录输出电压 $u_0$、晶闸管两端电压 $u_{T1}$ 和 $u_{T2}$、换向电容电压 $u_c$、限流电感电压 $u_{L1}$ 的波形，并记录输出电压 $u_0$ 和频率 $f_0$ 的数值。调节 $RP_1$ 观察各波形的变化情况。

（3）改变换流电容 C 的电容值，观察逆变器是否能正常工作。

2）单相并联逆变器接电阻电感负载

断开电源，将负载改接成电阻电感性负载，然后重复电阻性负载时的同样过程。

## 7. 实训报告

（1）整理、画出实训记录下的波形，分析实训时出现的问题。

（2）讨论、分析换向电容、限流电感及二极管 $VD_1 \sim VD_4$ 在电路中的作用。

（3）讨论换流电容的电容数值过大或过小会对电路产生什么样的影响。

1. 什么是电压型和电流型逆变电路？各有何特点？
2. 电压型变频电路中的反馈二极管的作用是什么？
3. 并联谐振型逆变电路利用负载电压进行换流，为了保证换流成功应满足什么条件？
4. 概念解释：有源逆变、无源逆变、器件换流、负载换流、强迫换流、交—直—交变频、交—交变频。
5. 无源逆变电路的换流方式有几种？各有什么特点？
6. 简述串联谐振式逆变电路和并联谐振式逆变电路的工作原理。
7. 简述电压型逆变电路和电流型逆变电路的工作原理。
8. 电压型逆变电路和电流型逆变电路各有什么特点？
9. 判断以下说法正确与否，并说明原因。

（1）逆变器的任务是把交流电变换成直流电。

（2）电压型逆变器的直流端应串联大电容。

（3）在并联谐振式晶闸管逆变器中，负载两端电压是正弦波电压，负载电流也是正弦波电流。

（4）单相半桥逆变器的直流端皆有两个并联的大电容。

10. 交—交变频有何优缺点？

# 项目 8  不间断电源（UPS）电路分析

**教学目标**

掌握 UPS 不间断电源的基本结构和工作原理。
掌握在线式和离线式不间断电源电路的原理与特点。
会分析不间断电源电路的工作波形。
掌握 PWM 电路工作原理与电路特点。
理解软开关电路的原理，掌握谐振式换流的特点。
会分析零开关、零转换电路工作波形。

**引例：不间断电源（UPS）**

随着微型计算机应用的日益普及和信息处理技术的不断发展，对供电质量提出了更高的要求。一是解决市电中断或瞬变时对计算机等负载产生不良的影响，这些不良影响包括浪涌、高压尖脉冲、暂态过电压、电压下降、电源噪声、频率偏移、持续低电压及市电中断等。二是要保证输出优质正弦波。不间断电源（Uninterruptible Power System，UPS）正是为了满足这种情况而发展起来的电力电子装置。

在通信中，UPS 的具体使用对象是卫星通信、数据传输、传真技术，以及无线收发信、长途台自动计费和程控交换设备等。此外，UPS 还广泛应用于机场、港口、医院、铁路、工业控制中心和电子计算中心等。

UPS 电源供电系统的典型框图如图 8-1 所示。它的基本结构是一套将交流市电变为直流

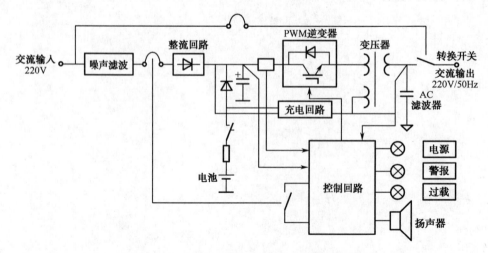

图 8-1  UPS 电源供电系统的典型框图

电的整流/充电装置和一套把直流电再逆变为交流电的 PWM 逆变器。蓄电池在交流电正常供电时储存能量，此时它一直维持在一个正常的充电电压上。一旦市电供电中断时，蓄电池立即对逆变器供电，以保证 UPS 电源交流输出电压供电的连续性。

相关知识

## 8.1 UPS 的类型

目前，市场上销售的 UPS 电源种类繁多，但按功率分为小功率、中功率和大功率。一般来说，10kW 以下的为小功率，10～100kW 的为中功率，而 100kW 以上的为大功率。另外，UPS 系统的功率容量是指供给负载的总功率容量。一般来说，中、小功率容量是指 UPS 的单机功率容量；大功率系统中通常应用多个 UPS 构成冗余并联系统，其容量指全部 UPS 所能供给的功率容量之和。

按工作原理分，UPS 有动态式和静态式，而静态式又分为离线式和在线式，在线式有三端口式和串联在线式。

若按输入/输出方式分，有单相输入/单相输出、三相输入/单相输出和三相输入/三相输出。若按输出波形分有方波、梯形波和正弦波等。

### 8.1.1 离线式 UPS

离线式 UPS 也称为后备式 UPS，该电源的基本结构如图 8-2 所示，它由充电器、蓄电池组、逆变器、交流稳压器和转换开关等部分组成。市电存在时，逆变器不工作，处于待机备用状态。市电经交流稳压器稳压后，通过转换开关向负载供电，此时充电器工作，对蓄电池组充电，保证蓄电池在逆变器工作期间有足够备用电能；市电掉电时，逆变器投入工作，将蓄电池提供的直流电压变换成稳压、稳频的交流电压，转换开关同时断开市电通路，接通逆变器，继续向负载供电。对于离线式 UPS，当市电掉电时，输出有转换时间。目前市场上销售的这种电源均为小功率，一般在 2kV·A 以下。

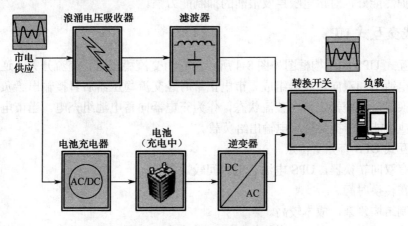

图 8-2 离线式 UPS 的基本结构

离线式 UPS 有如下特点。

（1）当市电正常时，只通过交流稳压后直接输出至负载，因此电路对市电噪声及浪涌的抑制能力较差。

（2）存在转换时间。

（3）保护性能较差。

（4）结构简单、体积小、重量轻、控制容易、成本低。

## 8.1.2 在线式 UPS

在线式 UPS 的基本结构如图 8-3 所示，它由整流器、逆变器、蓄电池组及静态转换开关等部分组成。正常工作时，市电经整流器变成直流后，再经逆变器变换成稳压、稳频的正弦波交流电压供给负载。当市电掉电时，由蓄电池组向逆变器供电，以保证给负载不间断供电。

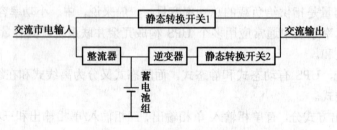

图 8-3 在线式 UPS 的基本结构

在市电存在情况下，如果逆变器发生故障，则通过静态开关切换到旁路状态，直接由市电供电。故障消失后，UPS 又重新切换到由逆变器向负载供电。由于在线式 UPS 总是处于稳压、稳频供电状态，输出电压动态响应特性好、波形畸变小，因此，其供电质量明显优于离线式 UPS。目前，大多数 UPS 特别是大功率 UPS 均为在线式。

在线式 UPS 有如下特点。

（1）输出的电压经过 UPS 处理，输出电源品质较高。

（2）市电掉电时无转换时间。

（3）结构复杂，成本较高。

（4）保护性能好，对市电噪声及浪涌的抑制能力强。

## 8.1.3 在线交互式 UPS

在线交互式 UPS 的结构框图如图 8-4 所示。它由交流稳压器、交流开关、逆变/整流器、充电器、蓄电池组和双向转换器组成。市电正常时经交流稳压器后直接输出给负载。此时，通过双向转换器，逆变器工作在整流状态，作为充电器向蓄电池组充电。当市电掉电时，逆变器则将电池组能量转换为交流电输出给负载。

在线交互式 UPS 有如下特点。

（1）具有双向转换器，UPS 电池充电时间较短。

（2）存在转换时间。

（3）控制结构复杂，成本较高。

（4）保护性能介于在线式与离线式 UPS 之间，对市电噪声及浪涌的抑制能力较差。

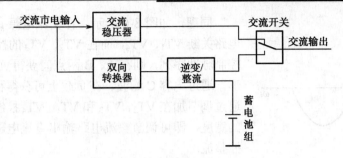

图 8-4 在线交互式 UPS 的结构框图

## 8.2 UPS 的整流器和逆变器

在 UPS 结构中，整流器和逆变器是它的两个重要组成部分，关系到 UPS 的整体性能和质量。

### 8.2.1 UPS 的整流器

对于小功率 UPS，整流器一般采用二极管整流电路，它的作用是向逆变器提供直流电源。蓄电池充电由专门的充电器来完成。而对于中、大功率 UPS，它的整流器具有双重功能，在向逆变器提供直流电源的同时，还要向蓄电池进行充电，因此整流器的输出电压必须是可控的。

中、大功率 UPS 的整流器一般采用相控式整流电路。相控式整流电路结构简单、控制技术成熟，但交流输入功率因数低，并向电网注入谐波电流。目前，大容量 UPS 大多采用 12 相或 24 相整流电路。因为整流电路的相数越多、交流输入功率因数越高，注入电网的谐波含量也就越低。除了增加整流电路的相数外，还可以通过在整流器的输入侧增加有源或无源滤波器来滤除 UPS 注入电网的谐波电流。

目前，比较先进的 UPS 采用 PWM 整流电路，可使注入电网的电流基本接近正弦波，且功率因数接近 1，即整流电路交流侧的电流、电压的相位基本同相。这样就大大降低 UPS 对电网的谐波污染。现以单相电路为例来说明 PWM 整流电路的工作原理。单相桥式全控整流电路如图 8-5 所示，其中起整流作用的开关器件采用全控器件 IGBT。

电路的工作原理：在交流电源 $u_s$ 的正半周，控制电路关断 $VT_2$、$VT_3$，而在 $VT_1$、$VT_4$ 的控制极输入 SPWM 控制脉冲序列，则在 A、B 两点间获得正半周的 SPWM 波形。

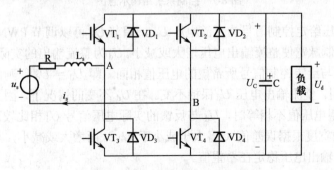

图 8-5 单相全控桥式整流电路

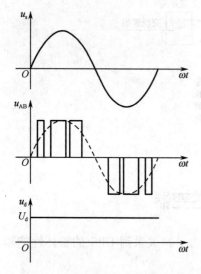

图 8-6　单相全控桥式整流电路波形

同理，如图 8-6 所示，在交流电源 $u_s$ 的负半周，控制电路关断 $VT_1$、$VT_4$，而在 $VT_2$、$VT_3$ 的控制极输入 SPWM 控制脉冲序列，则在 A、B 两点间获得负半周的 SPWM 波形，通过电容 C 滤波，在负载上可获得稳定的直流电压。通过调节加在 $VT_2$、$VT_3$ 和 $VT_1$、$VT_4$ 控制极上的脉冲序列的宽度，即可调节整流电路输出直流电压的大小，实现相控整流。

可见，在 PWM 整流电路的交流端 A、B 之间产生了一个正弦波调制的电压 $u_{AB}$，$u_{AB}$ 中除了含有与电源同频率的基波分量外，还含有与开关频率有关的高次谐波。如图 8-5 所示，在整流电路的交流侧串接电感 $L_s$，它的作用就是将交流侧电流中的高次谐波滤除，使交流侧电流 $i_s$ 产生很小的脉动。如果忽略这些脉动成分，$i_s$ 为频率与电源电压 $u_s$ 的频率相同的正弦波。

在交流电源电压 $u_s$ 一定时，$i_s$ 的幅值和相位由 $u_{AB}$ 中基波分量的幅值及 $u_{AB}$ 与 $u_s$ 的相位差决定，改变 $u_{AB}$ 中基波分量的值和相位即改变加在 $VT_2$、$VT_3$ 和 $VT_1$、$VT_4$ 控制极上 SPWM 脉冲序列的幅值和相位，就可使电源电流 $i_s$ 与电压 $u_s$ 相位相同，从而使整流电路交流侧的输入功率因数为 1，彻底解决 UPS 电力电子装置造成的电网谐波污染的问题。

如图 8-7 所示，给出了如何实现电源电流 $i_s$ 与电压 $u_s$ 同相位的控制系统结构示意图。该控制系统为双闭环控制系统。电压环为外环，其作用是调节和稳定整流输出电压。电流环为内环，其作用是使整流电路交流侧的电流 $i_s$ 与电压 $u_s$ 相位相同。

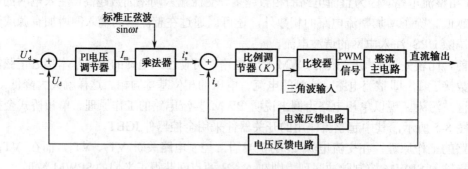

图 8-7　控制系统结构示意图

图 8-7 中，电压给定控制信号为直流电压 $U_d^*$，调节 $U_d^*$ 可以调节 PWM 调制波的幅值，即可调节 PWM 控制脉宽使整流输出电压增大或减小。$U_d$ 为整流输出的实际电压的反馈信号，如果整流输出电压与给定控制信号所希望的电压值相同，即 $U_d = U_d^*$，则图中比例积分调节器 PI 不起调节作用，整流输出电压 $U_d$ 保持不变。在 $U_d^*$ 不变的情况下，因为其他原因使实际输出电压 $U_d$ 与希望电压值不相等时，$U_d^*$ 与反馈的实际电压信号 $U_d$ 相比较后，可使控制电路输出的 PWM 脉冲宽度根据误差值（$U_d$ 大于或小于 $U_d^*$）而增大或减小，从而使输出电压增大或减小，进而使输出电压稳定在希望值。

图 8-7 中，直流输出电压给定信号和实际的直流电压反馈信号比较后送入比例积分 PI 电压调节器，PI 电压调节器的输出即为整流器交流输入电流的幅值 $I_m$，这是一个直流信号，它

的大小反映了整流输出电压的实际值与希望值之间的差异。它与标准的正弦波相乘后形成交流输入电流的给定信号 $i_s^*$。标准的正弦波就是与电源电压 $u_s$ 同相位的电压信号，当它与信号 $I_m$ 相乘后，只增加或减小其幅值，而不会改变它的相位。即 $i_s^*$ 的相位始终与电源电压 $u_s$ 的相位相同，其幅值则随着 PI 调节的差值而变化。这个幅值的变化就是后续 PWM 控制电路的电压幅值变化的控制信号。因此可以根据实际输出的电压来调节 PWM 的脉冲宽度，使输出电压达到希望值。$i_s$ 为整流电路交流侧实际电流的反馈信号，当这个电流与给定电流的相位相同时，比例调节器（$K$）不起作用，PWM 控制信号保持不变；当反馈电流信号 $i_s$ 与电源电压 $u_s$ 相位有差异时，即 $i_s$ 与 $i_s^*$ 有相位差时，比例调节器（$K$）起调节作用，它可以调节后续比较器电路，从而调整 PWM 脉冲的相位，直到反馈信号 $i_s$ 与给定信号 $i_s^*$ 的相位相同为止。这样就达到了整流电路交流侧电流、电压同相位的目的。

### 8.2.2 UPS 的逆变器

正弦波输出的 UPS 通常采用 SPWM 逆变器，这是一种抑制谐波分量的最有效的方法，有单相输出，也有三相输出。下面以单相桥式脉宽调制逆变器为例来说明它的基本工作原理。如图 8-8 所示，对于小功率的 UPS，电路中的开关器件一般采用 MOSFET 管；而对于大功率的 UPS，则采用 IGBT 管。

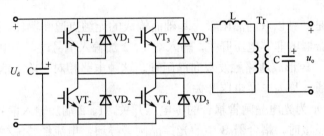

图 8-8 UPS 单相桥式脉宽调制逆变器电路

图 8-8 中，$VT_1$、$VT_2$ 和 $VT_3$、$VT_4$ 不能同时导通，否则将使输入直流电源短路，$VT_1$、$VT_4$ 和 $VT_2$、$VT_3$ 间交替导通与关断时，负载上有连续的交流矩形波。在输出电压的半个周期内 $VT_1$、$VT_4$ 导通和关断许多次，在另外半个周期内 $VT_2$、$VT_3$ 也导通和关断同样的次数，并且在每半周内开关器件的导通时间按正弦规律变化，输出波形如图 8-9 所示。这种波的基波分量按正弦规律变化，而且谐波成分最小。当需要调节逆变器输出电压时，控制每个矩形波均按某一比例加宽或减窄，即可实现对输出电压的调节。

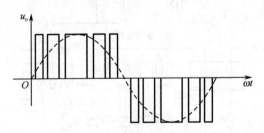

图 8-9 UPS 单相桥式脉宽调制逆变器输出电压波形

为了滤去开关频率噪声，输出采用 LC 滤波电路。因为开关频率较高，一般大于 20kHz，因此采用较小的 LC 滤波器便能滤去开关频率噪声。输出隔离变压器实现逆变器与负载之间的隔离，避免了它们之间电路上的直接联系，从而减少了干扰。另外，为了节约成本，绝大多数 UPS 利用隔离变压器的漏感来充当输出滤波电感，从而可省去图 8-8 中的电感 L。

逆变器是 UPS 的核心部分，这不仅由它的功能所决定，也可从它的控制电路的复杂程度看出来。逆变器的主电路目前已比较完善，但是逆变器的控制电路却千变万化、差别很大。一般而言，UPS 逆变器的控制电路除了与整流电路一样是通过电压闭环控制来实现输出电压的自动调节和自动稳压外，还要实现相位跟踪，如图 8-10 所示，电压给定信号 $U_d^*$、电压反馈信号 $U_F$、PI 电压调节器即具有这项功能。

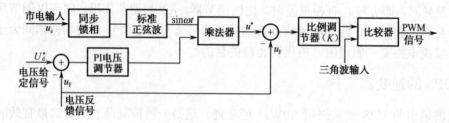

图 8-10  UPS 逆变控制系统结构框图

### 8.2.3  UPS 的静态开关

所谓静态开关是一种以双向晶闸管为基础而构成的无触点通断器件。图 8-11（a）所示为光电双向晶闸管耦合器的非零电压开关，输入端 1、2 加输入信号时，光电双向晶闸管耦合器 B 导通，门极由 $R_2$、B 形成通路触发双向晶闸管。这种电路相对于输入信号的交流电源的任意相位均可同步接通，称为非零电压开关。

图 8-11（b）所示为光电晶闸管耦合的零电压开关，1、2 端加输入信号时，$VT_1$ 管截止，即光控晶闸管门极不短接时，耦合器 B 中的光控晶闸管导通，电流经整流桥和导通的光控晶闸管一起为双向晶闸管 VT 提供门极电流，使 VT 导通。由 $R_3$、$R_2$、$VT_1$ 组成零电压开关电路，适当地选择 $R_3$、$R_2$ 的参数，使当电源电压过零并升至一定幅值时 $VT_1$ 导通，光控晶闸管被关断，这时双向晶闸管截止。

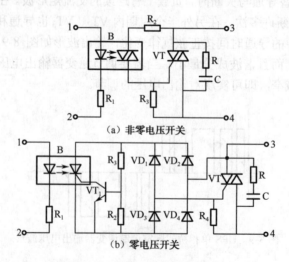

图 8-11  UPS 的两种静态开关

为了进一步提高 UPS 电源的可靠性，在线式 UPS 均装有静态开关，将市电作为 UPS 的后备电源，在 UPS 发生故障或维护检修时，无间断地将负载切换到市电上，由市电直接供电。静态开关的主电路比较简单，一般由两只晶闸管或一只双向晶闸管组成，单相输出 UPS 的静态开关原理图如图 8-12 所示。

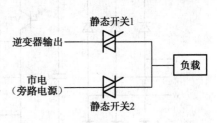

图 8-12　单相输出的 UPS 静态开关

静态开关的切换有两种方式：同步切换和非同步切换。在同步切换方式中，为了保证在切换过程中供电不间断，静态开关的切换为先通后断。假设负载由逆变器供电，由于某种故障，如蓄电池电压太低，需要由逆变器供电转向旁路市电供电而进行切换时，首先触发静态开关 2，使之导通，然后再封锁静态开关 1 的触发脉冲。由于晶闸管导通以后，即使除去触发脉冲，它仍然保持导通，只有等到下半个周期到来时使其承受反压，才能将其关断。因此存在静态开关 1 和 2 同时导通的现象，此时市电和逆变器同时向负载供电。为了防止环流的产生，逆变器输出电压必须与市电同频、同相、同幅度。这就要求在切换的过程中，逆变器必须跟踪市电的频率、相位和幅值，即所说的锁相。否则，环流会使逆变器烧坏。

绝大部分在线式 UPS 除了具有同步方式外，还具有非同步切换方式。当需要切换时，如果 UPS 的逆变器输出电压不能跟踪市电，则采用非同步切换方式，即先断后通切换方式。首先封锁正在导通的静态开关触发脉冲，延迟一段时间，待导通的静态开关关断后，再触发另外一路静态开关。很明显，非同步切换方式会造成负载短时间断电。

拓展知识

## 8.3　PWM 控制原理

脉宽调制（Pulse Width Modulation，PWM）技术是通过控制半导体开关器件的通断时间，在输出端获得幅度相等而宽度可调的输出波（称为 PWM 波形），从而实现控制输出电压的大小和频率来改善输出波形的一种技术。

脉宽调制的方法很多，分类方法没有统一规定。一般的分类方法：矩形波脉宽调制和正弦波脉宽调制；单极性脉宽调制和双极性脉宽调制；同步脉宽调制和异步脉宽调制。

功率晶体管、功率场效应晶体管和绝缘栅双极晶体管（GTR、MOSFET、IGBT）是自关断器件，用它们做开关元件构成的 PWM 变换器，可使装置体积小、斩波频率高、控制灵活、调节性能好、成本低。简单地说，PWM 变换器可控制逆变器开关器件的通断顺序和时间分配规律，在变换器输出端获得等幅、宽度可调的矩形波。这样的波形可以有多种方法获得。

脉宽调制变频电路简称 PWM 变频电路，常采用电压源型交—直—交变频电路的形式，其基本原理是通过改变电路中开关器件的导通和关断时间比（即调节脉冲宽度）来调节交流电压的大小和频率。

单相桥式 PWM 变频电路如图 8-13 所示，它由三相桥式整流电路获得恒定的直流电压，由 4 个全控型大功率晶体管 $VT_1 \sim VT_4$ 作为开关器件，二极管 $VD_1 \sim VD_4$ 是续流二极管，为无功能量反馈到直流电源提供通路。

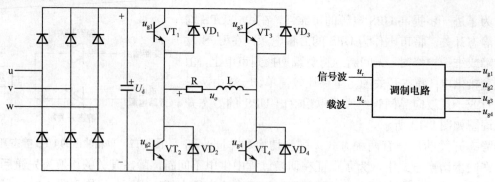

图 8-13 单相桥式 PWM 变频电路

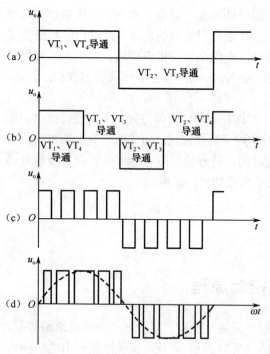

图 8-14 单相桥式 PWM 变频电路波形图

只要依次改变 VT$_1$、VT$_2$ 和 VT$_3$、VT$_4$ 导通时间的长短及导通的顺序，可得到图 8-14 所示的不同的电压波形。图 8-14（a）为 180°导通型输出方波电压的波形，即 VT$_1$ 与 VT$_4$ 一组、VT$_2$ 与 VT$_3$ 一组，每一组各导通 T/2 的时间。

若在正半周内，控制两组轮流导通（同理，在负半周内控制两组轮流导通），则在 VT$_1$、VT$_4$ 和 VT$_2$、VT$_3$ 分别导通时，负载上将会得到大小相等的正、负电压；而在 VT$_1$、VT$_3$ 一组和 VT$_2$、VT$_4$ 一组，两组分别导通时，负载上所得电压为零，如图 8-14（b）所示。

若在正半周内，控制 VT$_1$、VT$_4$ 导通和关断多次，每次导通和关断时间分别相等（负半周则控制 VT$_2$、VT$_3$ 导通和关断），则负载上得到图 8-14（c）所示的电压波形。若将以上这些波形分解成傅里叶级数，可以看出，其中谐波成分均较大。图 8-14（d）所示波形是一组脉冲列，其规律是：每个输出矩形波电压下的面积接近于所对应的正弦波电压下的面积。这种波形被称为脉宽调制波形，即 PWM 波形。由于它的脉冲宽度接近于正弦规律变化，故又称为正弦脉宽调制波形，即 SPWM 波形。根据采样控制理论，脉冲频率越高，SPWM 波形越接近正弦波。当变频电路的输出电压为 SPWM 波形时，可以较好地抑制和消除其低次谐波，高次谐波又很容易滤去，从而可获得较理想的正弦波输出电压。由图 8-14（d）可看出，在输出波形的正半周，VT$_1$、VT$_4$ 导通时会有正向电压输出，而在 VT$_1$、VT$_3$ 导通时电压输出为零，因此改变开关器件在半个周期内导通与关断的时间比（即脉冲的宽度）即可实现对输出电压幅值的调节。因 VT$_1$、VT$_4$ 导通时输出正半周电压，VT$_2$、VT$_3$ 导通时输出负半周电压，所以可以通过改变 VT$_1$、VT$_4$ 和 VT$_2$、VT$_3$ 交替导通的时间来实现对输出电压频率的调节。

## 8.4　单相桥式 PWM 变频电路

单相桥式 PWM 变频电路就是输出为单相电压时的电路，其波形如图 8-15 所示。图中，

当调制信号 $u_r$ 在正半周时，载波信号 $u_c$ 为正极性的三角波；同理，调制信号 $u_r$ 在负半周时，载波信号 $u_c$ 为负极性的三角波，在调制信号 $u_r$ 和载波信号 $u_c$ 的交点时刻控制变频电路中大功率晶体管的通断。

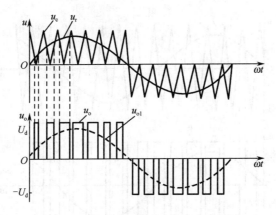

图 8-15　单极性 PWM 控制方式波形图

各晶体管的控制规律如下：

在 $u_r$ 的正半周期，保持 $VT_4$ 一直导通，$VT_4$ 交替通断。当 $u_r>u_c$ 时，使 $VT_4$ 导通，负载电压 $u_o=U_d$；当 $u_r \leqslant u_c$ 时，使 $VT_4$ 关断，由于电感负载中电流不能突变，负载电流将通过 $VD_3$ 续流，负载电压 $u_o=0$。

在 $u_r$ 的负半周期，保持 $VT_2$ 一直导通，$VT_3$ 交替通断。当 $u_r<u_c$ 时，使 $VT_3$ 导通，负载电压 $u_o=-U_d$；当 $u_r \geqslant u_c$ 时，使 $VT_3$ 关断，负载电流将通过 $VD_4$ 续流，负载电压 $u_o=0$。

这样，便得到 $u_o$ 的 PWM 波形，如图 8-15 所示，该图中 $u_{o1}$ 表示 $u_o$ 中的基波分量。像这种在 $u_r$ 的半个周期内三角波只在一个方向变化，所得到的 PWM 波形也只在一个方向变化的控制方式称为单极性 PWM 控制方式。

逆变电路输出的脉冲调制电压波形对称且脉宽成正弦分布，这样可以减小输出电压谐波含量。通过改变调制脉冲电压的调制周期，可以改变输出电压的频率，而改变电压的脉冲宽度可以改变输出基波电压的大小。也就是说，载波三角形波峰一定，改变参考信号 $v_r$ 的频率和幅值，就可控制逆变器输出基波电压频率的高低和电压的大小。

与单极性 PWM 控制方式对应，另外一种 PWM 控制方式称为双极性 PWM 控制方式。其频率信号还是三角波，基准信号是正弦波时，它与单极性正弦波脉宽调制的不同之处，在于它们的极性随时间不断地正、负变化，如图 8-16 所示，不需要如上述单极性调制那样加倒向控制信号。

双极性 PWM 控制方式波形图规律如下：

在 $u_r$ 的正负半周内，对各晶体管控制规律与单极性 PWM 控制方式相同，同样在调制信号 $u_r$ 和载波信号 $u_c$ 的交点时刻控制各开关器件的通断。当 $u_r>u_c$ 时，使晶体管 $VT_1$、$TV_4$ 导通，$VT_2$、$VT_3$ 关断，此时 $u_o=U_d$；当 $u_r<u_c$ 时，使晶体管 $VT_2$、$VT_3$ 导通，$VT_1$、$VT_4$ 关断，此时 $u_o=-U_d$。

在双极性 PWM 控制方式中，三角载波在正、负两个方向变化，所得到的 PWM 波形也在正、负两个方向变化，在 $u_r$ 的一个周期内，PWM 输出只有 $\pm U_d$ 两种电平，变频电路同一相上、下两臂的驱动信号是互补的。在实际应用时，为了防止上、下两个桥臂同时导通而造成短路，在给一个桥臂的开关器件加关断信号后，必须延迟 $\Delta t$ 时间再给另一个桥臂的开关器件施加导通信号,即有一段 4 个晶体管都关断的时间。延迟时间 $\Delta t$ 的长短取决于功率开关器件的关断时间。需要指出的是,这个延迟时间将会给输出的 PWM 波形带来不利影响,使其输出偏离正弦波。

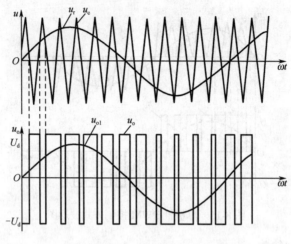

图 8-16 双极性 PWM 控制方式波形图

## 8.5 三相桥式 PWM 变频电路

如图 8-17 所示,是 PWM 变频电路中使用最多的三相桥式 PWM 变频电路,它被广泛应用在异步电动机的变频调速中。它由 6 个电力晶体管 $VT_1 \sim VT_6$(也可以采用其他快速功率开关器件)和 6 个快速续流二极管 $VD_1 \sim VD_6$ 组成,其控制方式为双极性方式。u、v、w 三相的 PWM 控制共用一个三角波信号 $u_c$。

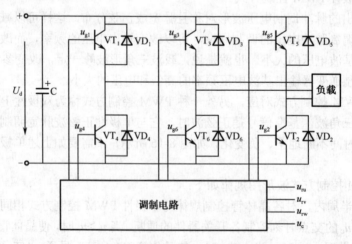

图 8-17 三相桥式 PWM 变频电路

三相调制信号 $u_{\rho Y}$、$u_{\rho \varsigma}$、$u_{\rho \Omega}$ 分别为三相正弦波信号,三相调制信号的幅值和频率均相等,相位依次相差 120°。u、v、w 三相的 PWM 控制规律相同。现以 U 相为例,当 $u_{ru} > u_c$ 时,使 $VT_1$ 导通,$VT_4$ 关断;当 $u_{ru} < u_c$ 时,使 $VT_1$ 关断,$VT_4$ 导通。$VT_1$、$VT_4$ 的驱动信号始终互补。

三相正弦波 PWM 波形如图 8-18 所示。由图可以看出，任何时刻始终都有两相调制信号电压大于载波信号电压，即总有两个晶体管处于导通状态，所以负载上的电压是连续的正弦波。其余两相的控制规律与 u 相相同。

可以看出，在双极性控制方式中，同一相上下两桥臂的驱动信号都是互补的。但实际上，为了防止上下两桥臂直通而造成短路，在给一个桥臂加关断信号后，再延迟一小段时间，才给另一个桥臂加导通信号。延迟时间主要由功率开关的关断时间决定。

三相桥式 PWM 变频器也是靠同时改变三相参考信号 $u_{\rho Y}$、$u_{\rho \varsigma}$、$u_{\rho \Omega}$ 的调制周期来改变输出电压频率的，靠改变三相参考信号的幅度即可改变输出电压的大小。PWM 变频器用于异步电动机变频调速时，为了维持电动机气隙磁通恒定，输出频率和电压大小必须进行协调控制，即改变三相参考信号调制周期的同时必须相应地改变其幅值。

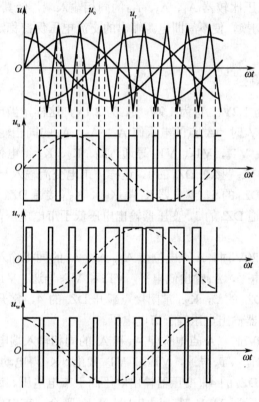

图 8-18 三相正弦波 PWM 波形

## 8.6 UPS 系统设计

UPS 电源供电系统的基本结构是一套将交流市电变为直流电的整流/充电装置和一套把直流电再逆变为交流电的 PWM 逆变器。蓄电池在交流电正常供电时储存能量，此时它一直维持在一个正常的充电电压上。一旦市电供电中断时，蓄电池立即对逆变器供电，以保证 UPS 电源交流输出电压供电的连续性。

UPS 电源应包括以下部分：交流输入滤波电路及整流电路，蓄电池充电回路，PWM 脉冲宽度调制型逆变器，各种保护线路，交流市电供电与 UPS 逆变器供电之间的自动切换装置，控制电路。

现以山特 8242 型 UPS 不间断电源为例，简要介绍其工作原理。山特 8242 型 UPS 电路如图 8-19 所示，主要由稳压调整电路、逆变电路等组成。

### 8.6.1 稳压调整电路

接通开关 $S_1$，电池的 24V 电压经 $R_{12}$、$VT_2$ 使 12V 稳压管 $VS_3$ 击穿，$VT_2$ 饱和导通。$VT_1$ 的基极电压稳定为 12V。电池电压经 $VT_1$ 调整后为 11.5V，作为 SG3524 的工作电源，从其 16 脚输出稳定的 5V 电压作为运放比较器的基准电压。

220V 的交流输入电压通过接插件 $DZ_4$ 的 5、6 和 $R_{45}$ 输入到 $VD_{11}$～$VD_{14}$ 桥式整流电路，经其整流使光耦合器 VLC 中发光二极管发光，发光强度随市电电压而变化。A 点为市电电压的取样电压，分别加到电压比较器 $A_1$、$A_3$、$A_4$ 的同相输入端，经其与 $VT_6$、$VT_5$、$VT_4$ 控制的继电器 $K_1$、$K_2$、$K_3$ 的切换，使不间断电源输出的交流电压保持稳定，并实现市电供电和逆变器供电的转换。

**1. 输出交流电压的调整**

$A_1$ 的基准电压设定为 1.2V，$A_3$ 为 1.9V，$A_4$ 为 2.1V，这样，当市电电压升高时，A 点电位升高，升高到高于 240V 时，A 点的电压使 $A_1$、$A_3$、$A_4$ 的同相输入端电压高于 2.2V，则 $A_1$、$A_3$、$A_4$ 输出高电平。$VT_6$、$VT_5$、$VT_4$ 导通，$K_1$、$K_2$、$K_3$ 得电使其触点吸合，$K_{1-1}$ 接通 $DZ_4$ 的 5，$K_{2-1}$ 接通 $K_{3-1}$，$K_{3-1}$ 接通 $DZ_4$ 的 1。这样，市电交流输入一端经 $DZ_4$ 的 6 加到变压器的 $N_1$ 绕组，另一端经 $DZ_4$ 的 5，继电器 $K_{1-1}$、$K_{2-1}$、$K_{3-1}$ 接通 $DZ_4$ 的 1，电源输出端中一端接通 $DZ_4$ 的 6，另一端接通 $DZ_4$ 的 3，变压器输出电压低于市电电压，作为不间断电源的降压输出。

当市电电压工作在 220V 时，A 点电位使 $A_1$、$A_3$、$A_4$ 的同相输入端电压低于 2.2V，高于 1.9V 时，$A_3$、$A_1$ 输出高电平，$A_4$ 输出低电平，$VT_6$ 和 $VT_5$ 导通，$VT_4$ 截止，$K_1$ 和 K2 得电动作，$K_3$ 释放，$K_{1-1}$ 接通 $DZ_4$ 的 5，$K_{2-1}$ 常闭接点断开 $DZ_4$ 的 4，常开接点接通与 $K_{3-1}$ 串联，$K_{3-1}$ 接通 $DZ_4$ 的 1，变压器输出电压等于市电电压。

当市电电压低于 200V 时，A 点电位使 $A_3$ 和 $A_4$ 的同相输入端电压低于 1V，$A_3$ 和 $A_4$ 输出低电平，$A_1$ 输出高电平，$VT_6$ 导通，$VT_4$ 和 $VT_5$ 截止。$K_1$ 得电动作，$K_2$ 和 $K_3$ 释放，$K_{1-1}$ 接通 $DZ_4$ 的 5，$K_{2-1}$ 接通 $DZ_4$ 的 4，变压器输出电压高于市电电压。市电电压升高的切换点由 $RP_3$ 决定。当调整输入电压为 240V 时，调 $RP_3$，使 $K_3$ 吸合。市电电压降低而启动逆变电路的切换点由 $RP_2$ 决定，当调整输入电压为 170V 时，调 $RP_2$ 使输出电压为逆变状态。

**2. 对电池的充电**

当由市电供电时，变压器 $N_2$ 绕组感应的电压经 $VD_{50}$～$VD_{53}$ 整流，LM317 稳压后对电池充电。LM317 的输出电压经 $R_{56}$ 和 $R_{57}$ 分压后加到比较器 $A_7$ 的同相输入端，当 LM317 输出电压高于 18V 时，$A_7$ 的同相输入端电压高于 5V，$A_7$ 输出高电平，发光二极管 $VL_2$ 点亮，作充电指示。

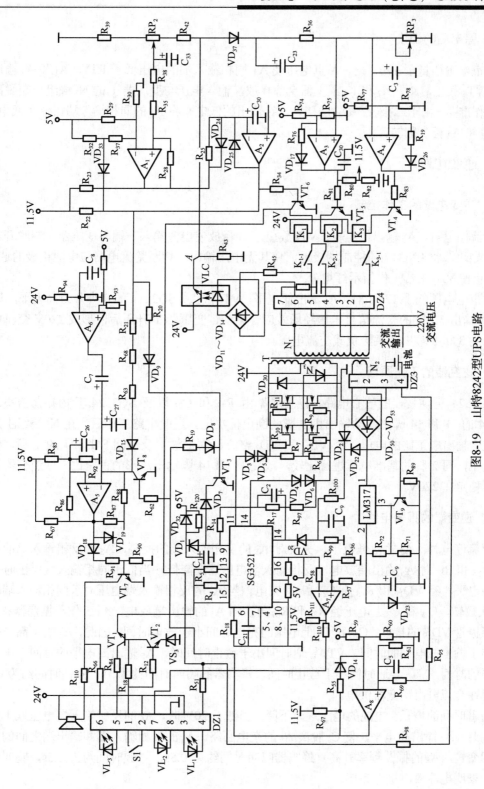

图8-19 山特8242型UPS电路

### 3. 停电后的切换

当市电电压低于 170V 时，A 点电压使 A1 同相输入端的电压低于 1.1V，$A_1$ 和 $A_2$ 输出低电平，$VT_6$ 截止，$K_1$、$K_2$ 和 $K_3$ 继电器全部释放，输入电压与变压器 T 的 $N_1$ 绕组一端脱离，为逆变作准备。由于二极管 $VD_{33}$ 的接入，$A_2$ 输出的低电平将 $A_1$ 的同相输入端钳位在低电平，防止 $A_1$ 和 $A_2$ 再次翻转。

## 8.6.2 逆变电路

### 1. 逆变电路的工作控制

交流停电时，$A_2$ 输出低电平，$VT_6$ 截止，$K_1$ 释放使电源输入一端与变压器一端脱开，并使 $VT_9$ 导通，将 LM317 的控制端接地，使其无电压输出，切断整流电路与电池正极的通路。$VT_6$ 截止使 $VL_2$ 正常工作指示灯熄灭。

当市电电压低于 170V 时，$A_2$ 输出低电平，$VT_3$ 截止，SG3524 的 9 脚升为高电平，其 11 和 14 脚输出 50Hz 的交流信号电压经场效应管驱动、变压器 T 升压后，形成 220V 交流电压从 $DZ_4$ 的 3 和 6 输出，供给负载交流电压。

### 2. 逆变器的工作原理

SG3524 为逆变器的核心电路，逆变频率由 $R_{18}$ 和 $C_{21}$ 以及 SG3524 片内振荡器决定。SG3524 的 11 和 14 脚的驱动输出由 9 脚的高电位决定。逆变电路工作后，在 $N_2$ 绕组上感应出和逆变输出成正比的电压，经 $VD_{22}$ 和 $VD_2$ 整流、$C_9$ 滤波，反馈回 SG3524 的 1 脚，作为比较电压，同 2 脚的基准电压进行比较，改变 11 和 14 脚输出波形的占空比，使逆变器输出的电压稳定在 220V。

### 3. 逆变器的报警电路

交流停电时，$A_2$ 输出低电平，失去对 $A_5$ 的反相输入端的控制，$A_5$ 的反相输入端的高电平经 $R_{88}$ 和 $R_{87}$ 对 $A_5$ 输出端放电，反相输入端电压逐渐降低，当低于同相输入端电压时，$A_5$ 输出高电平，经 $VD_{19}$ 和 $R_{88}$ 向 $C_{27}$ 和 $C_7$ 充电。当 $A_5$ 的反相输入端电压高于同相输入端时，$A_5$ 再次翻转，$C_{27}$ 和 $C_7$ 上电压经 $R_{88}$ 和 $R_{87}$ 再次向 $A_5$ 的输出端放电，$A_5$ 工作于振荡器状态。由于二极管 $VD_{19}$ 的接入，$C_{27}$ 和 $C_7$ 上电压的充电时间小于放电时间，因此，$A_5$ 输出高电平的时间小于输出低电平的时间，$VT_7$ 导通时间小于截止时间时，$A_5$ 输出高电平的时间小于输出低电平的时间，$VT_7$ 导通时间小于截止时间，蜂鸣器的鸣叫时间约为 1s，停顿时间约为 0.5s，表示现在交流电由逆变器供电。

随着时间的增长，电池的电压逐渐下降，当低于 20V 时，$A_6$ 的反相输入端电压低于同相输入端时，$A_6$ 输出高电平，使 $C_7$ 脱离 $A_5$ 的充电回路。$A_5$ 的反相输入端和输出端之间的充放电时间变短，$A_5$ 的振荡频率升高，蜂鸣器鸣叫时间约为 0.5s，停顿时间约为 0.5s，鸣叫频率加快，表明电池放电接近完毕。

### 4. 逆变电路工作的停止与保护

逆变电路工作时，当电池放电终止电压低于 17V 时，$A_8$ 的反相输入端电位低于同相输入端电位，$A_8$ 输出高电平。一路经 $R_{19}$ 和 $VD_8$ 使 $VT_3$ 导通，将 SG3524 的 9 脚钳位在低电平，使其 11 和 14 脚停止输出，逆变电路停止工作；另一路经 $R_{62}$ 使 $VT_8$ 导通，将 $A_5$ 的反相输入端接地，$A_5$ 停振，输出高电平，使 $VT_7$ 导通，接通蜂鸣器和 $VL_3$ 指示灯，表明逆变器停止输出。

另外，$A_8$ 输出高电平，经 $R_{55}$ 和 $VD_{14}$ 将其反相输入端钳位在高电平，防止逆变器停止工作后，$A_8$ 的同相输入端的电压升高而再次翻转，损坏不间断电源，这种状态只有在关断电源开关后才能解除。

## 8.7 UPS 应用

### 8.7.1 UPS 的选用

#### 1. UPS 功率的确定

UPS 功率的选用取决于负载功率的大小，负载功率确定的方法有两种。

其一为实测法，在通电的情况下，测量负载电流。若负载为单相，则用相电流与相电压乘积的 2 倍作为负载功率；若负载为三相，则用相电流与相电压乘积的 3 倍作为负载功率。

其二为估算法，把各个单相负载的功率加起来，得到的和再乘以一个保险系数 K（K 一般取 1.3）作为总的负载功率。

用上述得到的负载功率为基数，再考虑到为以后扩充设备而留一定的裕量，就可确定出所需 UPS 的容量。

#### 2. UPS 相数的确定

我国电力系统规定单相电压为 220V，三相线电压为 380V，交流电的频率为 50Hz，只要所选 UPS 符合这些标准即可，重要的是确定 UPS 的相数。现在的 UPS 有三相输入/三相输出、三相输入/单相输出、单相输入/单相输出等类型。一般来说，大功率的 UPS（100kW 以上）都是三相输入/三相输出，小功率（2kW 以下）均为单相输入/单相输出，中小功率（15～100kW，2～15kW）既有三相的，又有单相的。由于中小功率的 UPS 应用特别广泛，故对其相数的选择应慎重。三相输出电源设备结构复杂，维护保养困难，且价格较贵，由于一般负载均为单相负载，因此，在满足负载要求的情况下，宜优先选取单相输出的 UPS；对输入来说，有些负载的工作电流较大，且要求电流波动小，这时，可选择三相电源输入的 UPS，使系统的工作状态更加平稳可靠。

#### 3. 确定 UPS 是在线式的还是后备式

目前 UPS 种类有后备式、在线式和线上互动式。其中后备式的容量为 250W～2kW，后备式 UPS 又分为正弦波输出和方波输出。前者切换时间相对较短，约 4ms，最短可达 2ms，而且电路中采用了锁相环技术，较好地实现了切换过程中的同频同相问题；后者切换时间相对较长，一般在 5ms 以上，由于未采用锁相环技术，在最坏的情况下，切换时间长达 9ms 以上，并且在切换供电的瞬间有冲击产生。对一般微机来说，后备式方波输出的 UPS 在切换过程中虽有瞬间冲击，但微机电源都能承受，因此，一般微机系统若无严格要求，可选择此类

UPS；若切换时间太长，不能满足系统要求，可考虑选择后备式正弦波输出的 UPS，在线式的容量为 100kW 以上，具有完善的保护功能，供电切换时间为 0，输出波形为正弦波，适用负载为服务器与小型机。线上互动式的容量为 1～5kW，具有较完善的保护功能，供电切换时间为 4ns，输出波形为正弦波，适用负载为工作站与网络设备。

#### 4. 确定 UPS 的保护时间

这是确定蓄电池的持续供电时间。应考虑下述几个方面的因素：当地市电停电次数的多少、每次停电的时间长短、自己有无其他供电设备等。若一般能保证正常供电，只是偶有瞬时停电，可选普通型 UPS，其持续供电时间足以满足使用要求；若停电时间稍长，选的普通型 UPS 其最短持续供电时间应足以保证操作员做好停机前的所有工作；对要求长时间不能断电的用户，若无其他供电设备，可选择长效型 UPS，供电时间可达 8h 以上。

#### 5. 根据供电质量要求选用

对供电质量要求很高的计算中心、网管中心，为确保对负载供电的万无一失，常需要采用多机直接并机冗余供电系统，对于 Power-ware9315 系列 UPS，可以将多达 8 台以上的 UPS 以 "$N+1$" 冗余方式直接并机工作。但随着多机并机系统中的 $N$ 数量增大，并机系统的 MTBF（平均无故障工作时间）值会逐渐下降，因此，在条件允许时，尽可能减少多机并机系统中 UPS 单机的数量。

国内 UPS 的品牌主要有上海复华的保护神系列，北京恒声的恒电，深圳南方的迈普系列，华达的 UPS 系列，福建科华的在线式 FR 系列及后备式 N、L 型 UPS，苏州安电的 MA 系列，中科院计算所的 DF 系列等。

### 8.7.2 UPS 使用注意事项

（1）三相输出的 UPS 要求三相的负载平衡，否则将降低供电质量。另外，三相四线制输出的中性线不宜作为交流保护地线。因为，中性线有时会出现负载电流，这时，中性线就成了对电源的干扰源。应专门从中性点引一根线作为交流保护地线，即采用三相五线制供电。

（2）由于 UPS 的功率是在 -0.8 的功率因数下（微电容性）得到的，一般所接负载的功率因数最好在 0.7 以上。

（3）后备式方波输出的 UPS，其输出的方波脉冲宽度和峰值是负载电流的函数。UPS 的负载越重，脉冲越宽，但峰值越小。因此，此类 UPS 不能接日光灯之类的负载，否则易损坏 UPS。

（4）当 UPS 通过静态旁路开关转由备用电路供电时，若切换的瞬间同步不严格，将导致反灌噪声，即市电通过旁路开关进入逆变器。这时，极易造成大功率开关管的损坏，严重的会使逆变器爆炸。为避免这种现象发生，建议逆变器输出电压稍调高一些，一般高出 5～8V 即可。

（5）UPS 中的蓄电池是储存电能的装置，一般为免维护的密封式耐高温长寿命的铅钙电池。正确使用蓄电池是延长其使用寿命的关键，一般蓄电池每次放电后，应利用 UPS 电源内部的充电电路对其进行浮充电，最低要浮充 10h 以上，才能使蓄电池全部处于饱和充电状态。建议每隔一个月让 UPS 处于逆变状态工作 2～3min，以激活蓄电池，可延长其使用寿命。

### 8.7.3 智能型 UPS 及应用

智能型 UPS 除了具有基本 UPS 的功能外，还提供了通信接口、通信电缆、UPS 监控软件。这样，UPS 就可以通过与计算机通信，向操作者提供其工作情况，并由计算机控制 UPS 的各种开关动作。智能型 UPS 分为智能型与超智能型，区别在于 UPS 通信接口的不同。智能型 UPS 的通信接口不是标准的 RS232 接口，它不能给计算机传送数据，只能传送高低电平，以显示状态是通/断或高/低。而超智能型 UPS 的通信接口则是标准的 RS232 接口。

智能型 UPS 可以运用在单机上，也可运用在网络上，1 台 UPS 可连接多台计算机，当系统供电中断时，UPS 会给用户发出报警信号，并开始执行预定的倒计时开关系统的动作，在倒计时为零或 UPS 电池用尽前，关闭开启的应用程序，自行储存文件，关闭系统。同样，对于分散式 UPS 的配置系统也可以实现上述功能。这样，UPS 监控软件系统的应用大幅度地增强了 UPS 功能和网络的安全性和可靠性。

UPS 网络管理已经延伸到广域网领域，给网络带来了更大的安全性和互通性，对 UPS 的发展也带来了一场革命。已经实用化的是以 SNMP 为标准的广域网管理框架，用户可以用 SNMP 监视整个网络，即通过 SNMP 的标准框架向远距离的网络管理站咨询、监测或管理广域网中任一 UPS，只要此 UPS 附有 SNMP 代理软件，当网管站送出需求信息通过 RS232 和 UPS 联络，获取 UPS 的状态参数，然后再根据 SNMP 协定回传资料给网管站。例如，在北京有一个网管站，安装了一套管理程序，网管站通过这个管理程序，可以由界面操作系统选取上海的 UPS 来获取此 UPS 的状态参数，以 SNMP 方式回传到网管站，并转换成图形显示在屏幕上。若上海的 UPS 要关闭，网管者也可下达指令来关闭 UPS。当上海的 UPS 出现故障时，北京的网管站可以很快地获知信息，迅速派出工程技术人员到现场进行维修。

### 8.7.4 UPS 多重装机技术及其应用

UPS 的作用是为负载提供优质的交流正弦波形，并保证在市电中断时系统正常运行。但是，UPS 本身出现故障时，必须让其脱离线路进行维修，将负载转至由市电供电，此时电源品质也就失去了意义。为此，提出了 UPS 的多重装机技术，由此使 UPS 的结构与制造方面也带来了革命性的改革。

## 8.8 软开关技术

现代电力电子装置的发展趋势是小型化、轻量化、高频化，同时对装置的效率和电磁兼容性也提出了更高的要求。正是在这一发展趋势的促进下，软开关技术在电力变换应用中发挥重要作用，谐振软开关电路在一定领域内将有替代 PWM 硬性开关电路的可能。通常，滤波电感、电容和变压器在装置的体积和重量中占很大比例。因此必须设法降低他们的体积和重量，才能达到装置的小型化、轻量化。

从"电路"的有关知识中可以知道，提高工作频率可以减少变压器各绕组的匝数，并减小铁心的尺寸，从而使变压器小型化。因此装置小型化、轻量化最直接的途径是电路的高频化。但在提高开关频率的同时，开关损耗也会随之增加，电路效率严重下降，电磁干扰也增大了，所以简单的提高开关频率是不行的。针对这些问题出现了软开关技术，它利用以谐振为主的辅助换流手段，解决了电路中的开关损耗和开关噪声问题，使开关频率可以大幅度提高。

## 8.8.1 软开关的基本概念

### 1. 硬开关与软开关

前面章节中对电力电子电路进行分析时，总是将其理想化，特别是将其中的开关理想化，认为开关状态的转换是在瞬间完成的，忽略了开关过程对电路的影响。这样的分析方法便于理解电路的工作原理，但必须认识到，实际电路中开关过程是客观存在的，一定条件下还可能对电路的工作造成重要影响。

很多电路中，开关元件在电压很高或电流很大的条件下，在门极的控制下开通或关断，其典型的开关过程如图8-20所示。开关过程中电压、电流均不为零，出现了重叠，因此导致了开关损耗。而且电压和电流的变化很快，波形出现了明显的过冲，这导致了开关噪声的产生。具有这样的开关过程的开关称为硬开关。

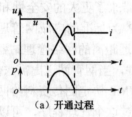
(a) 开通过程

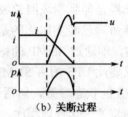
(b) 关断过程

图8-20 硬开关电压电流波形

硬开关过程中会产生较大的开关损耗和开关噪声。开关损耗随着开关频率的提高而增加，使电路效率下降，阻碍了开关频率的提高；开关噪声给电路带来严重的电磁干扰问题，影响周边电子设备的正常工作。

通过在原来的开关电路中增加很小的电感、电容等谐振元件，构成辅助换流网络，在开关过程前后引入谐振过程，开关开通前电压先降为零，或关断前电流先降为零，就可以消除开关过程中电压、电流的重叠，降低它们的变化率，从而大大减小甚至消除开关损耗和开关噪声，这样的电路称为软开关电路。软开关电路中典型的开关过程如图8-21所示。具有这样开关过程的开关称为软开关。

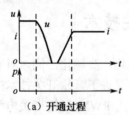
(a) 开通过程

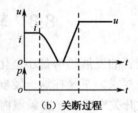
(b) 关断过程

图8-21 软开关电压电流波形

### 2. 零电压开关与零电流开关

使开关开通前其两端电压为零，则开关开通时就不会产生损耗和噪声，这种开通方式称为零电压开通；使开关关断前其电流为零，则开关关断时也不会产生损耗和噪声，这种关断方式称为零电流关断。在很多情况下，不再指出开通或关断，仅称零电压开关和零电流开关。零电压开通和零电流关断要靠电路中的谐振来实现。

与开关并联的电容能延缓开关关断后电压上升的速率,从而降低关断损耗,有时称这种关断过程为零电压关断;与开关相串联的电感能延缓开关开通后电流上升的速率,降低了开通损耗,有时称为零电流开通。简单的利用并联电容实现零电压关断和利用串联电感实现零电流开通一般会给电路造成总损耗增加、关断过电压增大等负面影响,是得不偿失的,因此常与零电压开通和零电流关断配合应用。

### 8.8.2 软开关电路的分类

软开关技术问世以来,经历了不断地发展和完善,前后出现了许多种软开关电路,直到目前为止,新型的软开关拓扑仍不断地出现。由于存在众多的软开关电路,而且各自有不同的特点和应用场合,因此对这些电路进行分类是很必要的。

根据电路中主要的开关元件是零电压开通还是零电流关断,可以将软开关电路分成零电压电路和零电流电路两大类。通常一种软开关电路要么属于零电压电路,要么属于零电流电路。

根据软开关技术发展的历程可以将软开关电路分成准谐振电路、零开关 PWM 电路和零转换 PWM 电路。由于每一种软开关电路都可以用于降压型、升压型等不同电路,因此可以用图 8-22 中的基本开关单元来表示,不必画出各种具体电路。实际使用时,可以从基本开关单元导出具体电路,开关和二极管的方向应根据电流的方向做相应调整。

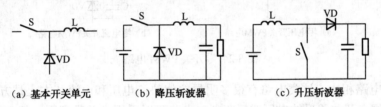

(a) 基本开关单元　　(b) 降压斩波器　　(c) 升压斩波器

图 8-22　开关单元结构

下面分别介绍三类软开关电路。

**1. 准谐振电路**

这是最早出现的软开关电路,其中有些现在还在大量使用。准谐振电路可以分为如下。

(1) 零电压开关准谐振电路 (ZVS QRC)。
(2) 零电流开关准谐振电路 (ZCS QRC)。
(3) 零电压开关多谐振电路 (ZVS MRC)。
(4) 用于逆变器的谐振直流环节电路 (Resonant DC Link)。

如图 8-23 所示,给出了三种软开关电路的基本开关单元。准谐振电路中电压或电流的波形为正弦半波,因此称之为准谐振。谐振的引入使得电路的开关损耗和开关噪声都大大下降,但也带来一些负面问题:谐振电压峰值很高,要求器件耐压必须提高;谐振电流的有效值很大,电路中存在大量的无功功率的交换,造成电路导通损耗加大;谐振周期随输入电压、负载变化而改变,因此电路只能采用脉冲频率调制 (*Pulse Frequency Modulation*,PFM) 方式来控制,变频的开关频率给电路设计带来困难。

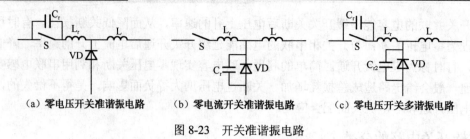

图 8-23　开关准谐振电路

### 2. 零开关 PWM 电路

这类电路中引入了辅助开关来控制谐振的开始时刻，使谐振仅发生于开关过程前后。零开关 PWM 电路可以分为如下。

(1) 零电压开关 PWM 电路（ZVS PWM）。
(2) 零电流开关 PWM 电路（ZCS PWM）。

这两种电路的基本开关单元如图 8-24 所示。

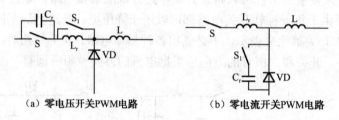

图 8-24　零开关 PWM 电路

同准谐振电路相比，这类电路有很多明显的优势：电压和电流基本上是方波，只是上升沿和下降沿较缓，开关承受的电压明显降低，电路可以采用开关频率固定的 PWM 控制方式。

### 3. 零转换 PWM 电路

这类软开关电路还是采用辅助开关控制谐振的开始时刻，所不同的是，谐振电路是与主开关并联的，因此输入电压和负载电流对电路的谐振过程的影响很小，电路在很宽的输入电压范围内并从零负载到满载都能工作在软开关状态。而且电路中无功功率的交换被削减到最小，这使得电路效率有了进一步提高。零转换 PWM 电路可以分为零电压转换 PWM 电路（ZVT PWM）和零电流转换 PWM 电路（ZVT PWM）。

这两种电路的基本开关单元如图 8-25 所示。

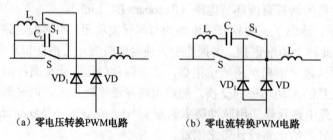

图 8-25　零转换 PWM 电路的基本开关单元

## 8.8.3 典型的软开关电路

本节对典型的软开关电路进行详细的分析,目的在于使读者不仅了解这些常见的软开关电路,而且能初步掌握软开关电路的分析方法。

### 1. 零电压开关准谐振电路

这是一种较为早期的软开关电路,但由于结构简单,所以目前仍然在一些电源装置中应用。零电压开关准谐振电路如图 8-26 所示,电路工作时理想化的波形如图 8-27 所示。在分析的过程中,假设电感 L 和电容 C 的值很大,可以等效为电流源和电压源,并忽略电路中的损耗。

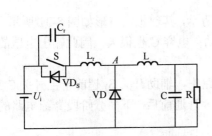

图 8-26 零电压开关准谐振电路

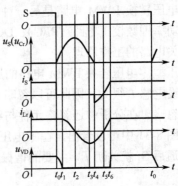

图 8-27 零电压开关准谐振波形

开关电路的工作过程是按开关周期重复的,在分析时可以选择开关周期中任意时刻为分析的起点。软开关电路的开关过程较为复杂,选择合适的起点,可以使分析得到简化。

在分析零电压开关准谐振电路时,选择开关 S 的关断时刻为分析的起点最为合适,下面逐段分析电路的工作过程。

$t_0 \sim t_1$ 时段:$t_0$ 时刻之前,开关 S 为通态,二极管 VD 为断态,$u_{Cr}=0$,$i_{Lr}=I_L$,$t_0$ 时刻 S 关断,与其并联的电容 $C_r$ 使 S 关断后电压上升减缓,因此 S 的关断损耗减小。S 关断后,VD 尚未导通,电路可以等效为图 8-28 所示。

$L_r$、L 向 $C_r$ 充电,由于 L 的电感值很大,故可以等效为电流源。$u_{Cr}$ 线性上升,同时 VD 两端电压 $u_{VD}$ 逐渐下降,直到 $t_1$ 时刻,$u_{VD}=0$,VD 导通。

$t_1 \sim t_2$ 时段:$t_1$ 时刻二极管 VD 导通,电感 L 通过 VD 续流,$C_r$、$L_r$、$U_i$ 形成谐振回路,如图 8-29 所示。谐振过程中,$L_r$ 对 $C_r$ 充电,$u_{Cr}$ 不断上升,$i_{Lr}$ 不断下降,直到 $t_2$ 时刻。$i_{Lr}$ 下降到零,$u_{Cr}$ 达到谐振峰值。

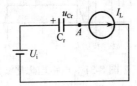

图 8-28 $t_0 \sim t_1$ 时段等效电路

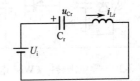

图 8-29 $t_1 \sim t_2$ 时段等效电路

$t_2 \sim t_3$ 时段:$t_2$ 时刻后,$C_r$ 向 $L_r$ 放电,$i_{Lr}$ 改变方向,$u_{Cr}$ 不断下降,直到 $t_3$ 时刻,$u_{Cr}=-U_i$,这时,$L_r$ 两端电压为零,$i_{Lr}$ 达到反向谐振峰值。

$t_3 \sim t_4$ 时段：$t_3$ 时刻以后，$L_r$ 向 $C_r$ 反向充电，$u_{Cr}$ 继续下降，直到 $t_4$ 时刻 $u_{Cr}=0$。

$t_4 \sim t_5$ 时段：$u_{Cr}$ 被箝位于零，$L_r$ 两端电压为 $U_i$，$i_{Lr}$ 线性衰减。直到 $t_5$ 时刻 $i_{Lr}=0$。由于这一时段 S 两端电压为零，所以必须在这一时段使开关 S 开通，才不会产生开通损耗。

$t_5 \sim t_6$ 时段：S 为通态，$i_{Lr}$ 线性上升，直到 $t_6$ 时刻，$i_{Lr}=I_L$，VD 关断。

$t_6 \sim t_0$ 时段：S 为通态，VD 为断态。

谐振过程是软开关电路工作过程中最重要的部分，通过对谐振过程的详细分析可以得到很多对软开关电路的分析、设计和应用具有指导意义的重要结论。

### 2. 零电压转换 PWM 电路

零电压转换 PWM 电路是另一种常用的软开关电路，具有电路简单、效率高等优点，广泛用于功率因数校正电路（PFC）、DC—DC 变换器、斩波器等。下面以升压电路为例介绍这种软开关电路的工作原理。

升压型零电压转换 PWM 电路的原理如图 8-30 所示，其理想化波形如图 8-31 所示。在分析中假设电感 L 很大，因此可以忽略其中电流的波动；电容 C 也很大，因此输出电压的波动也可以忽略。在分析中还忽略元件与线路中的损耗。

从图 8-31 中可以看出，在零电压转换 PWM 电路中，辅助开关 $S_1$ 超前于主开关 S 开通，而 S 开通后 $S_1$ 就关断了。主要的谐振过程都集中在 S 开通前后。下面分阶段介绍电路的工作过程。

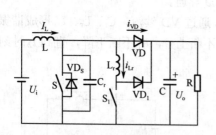

图 8-30 零电压转换 PWM 电路

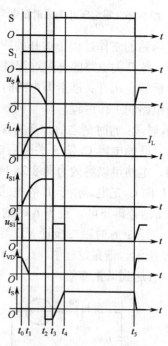

图 8-31 电路理想化波形

$t_0 \sim t_1$ 时段：辅助开关先于主开关开通，由于此时二极管 VD 尚处于通态，所以电感 $L_r$ 两端电压为 $U_o$，电流 $i_{Lr}$ 按线性迅速增长，二极管 VD 中的电流以同样的速率下降。直到 $t_1$ 时刻，$u_{Cr}=I_L$，二极管 VD 中电流下降到零，二极管自然关断。

$t_1 \sim t_2$ 时段：此时可以等效为图 8-32 所示电路。$L_r$ 与 $C_r$ 构成谐振回路，由于 L 很大，谐振过程中其电流基本不变,对谐振影响很小,可以忽略。

谐振过程中 $L_r$ 的电流增加而 $C_r$ 的电压下降,$t_2$ 时刻其电压 $u_{Cr}$ 刚好降到零,开关 S 的反并联二极管 $VD_s$ 导通,$u_{Cr}$ 被箝位于零,而电流 $i_{Lr}$ 保持不变。

$t_2 \sim t_3$ 时段:$u_{Cr}$ 被箝位于零,电流 $i_{Lr}$ 保持不变。一直保持到 $t_3$ 时刻 S 开通、$S_1$ 关断。

$t_3 \sim t_4$ 时段:$t_3$ 时刻 S 开通时,其两端电压为零,因此没有开关损耗。

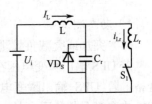

图 8-32 $t_1 \sim t_2$ 时段等效电路

S 开通的同时 $S_1$ 关断,$L_r$ 中的能量通过 $VD_1$ 向负载侧输送,其电流线性下降,而主开关 S 中的电流线性上升。到 $t_4$ 时刻 $i_{Lr}=0$,$VD_1$ 关断,主开关 S 中的电流 $i_S=I_L$,电路进入正常导通状态。

$t_4 \sim t_5$ 时段:$t_5$ 时刻 S 关断。由于 $C_r$ 的存在,故 S 关断时的电压上升率受到限制,降低了 S 的关断损耗。

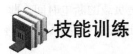

## 技能训练

### 训练项目 UPS 性能测试

#### 1. 实训目的

(1)加深对 UPS 工作原理与性能指标的理解。

(2)了解 UPS 工作参数与测试方法。

#### 2. 实训线路及原理

实验线路如图 8-19 所示,主要包含:交流输入滤波电路及整流电路,蓄电池充电回路,PWM 脉冲宽度调制型逆变器,各种保护线路,交流市电供电与 UPS 逆变器供电之间的自动切换装置,控制电路。工作原理见教材相关内容。

#### 3. 实训内容

(1)UPS 的动态测试与稳态测试;

(2)UPS 的常规测试与特殊测试;

(3)UPS 的专项测试。

#### 4. 实训设备

UPS(1000V·A);电源扰动分析仪;双踪示波器;失真度测量仪;电压表、电流表;调压器。

#### 5. 预习要求

(1)阅读教材中有关不间断电源的有关内容,清楚在线式和离线式 UPS 的工作原理。

(2)了解相关测量仪器的使用方法和在测量中需要注意的问题。

## 6. 实训方法

1) 动态测试

（1）突加或突减负载测试。

若 UPS 输出瞬变电压在-8%~+10%之间，且在 20ms 内恢复到稳态，则此 UPS 该项指标合格；若 UPS 输出瞬变电压超出此范围时，就会产生较大的浪涌电流，无论对负载还是对 UPS 本身都是极为不利的，则该种 UPS 就不宜选用。

先用"电源扰动分析仪"测量空载、稳态时的相电压与频率，然后突加负载由 0 至 100% 或突减负载由 100%至 0，记录测量数据。

（2）转换特性测试。

此项主要测试由逆变器供电转换到市电供电，或由市电供电转换到逆变器供电时的转换特性。测试时需有存储示波器和能模拟市电变化的调压器。

转换试验要在 100%负载下进行，特别是由市电转换到 UPS 上时，相当于 UPS 的逆变器突然加载，输出波形可能在 1~2 周期内有±10%的变化。切换时间就是负载的断电时间。此项测试是检测转换时供电有无断点，如有断点，且断点超过 20ms 就会造成信号丢失。

按照上述方法测量 2~3 次，记录测量数据。

2) 稳态测试

所谓稳态测试是指设备进入"系统正常"状态时的测试，一般可测波形、频率和电压。

（1）波形。一般是在空载和满载状态时，观测波形是否正常，用失真度测量仪，测量输出电压波形的失真度，记录观察波形和数据。

在正常工作条件下，接电阻性负载，用失真度测量仪测量输出电压波形总谐波相对含量，一般要求小于 5%。

（2）频率。一般可用示波器观测输出电压的频率和用"电源扰动分析仪"进行测量。UPS 的频率电路，本机振荡器不够精确时，也有可能在市电频率不稳定时，UPS 输出电压的频率也跟着变化。UPS 输出频率的精度一般在与市电同步时，能达到±0.2%。

测量 2~3 次，并记录测量数据。

（3）输出电压。UPS 的输出电压可以通过以下方法进行测试：

① 当输入电压为额定电压的 90%，而输出负载为 100%或输入电压为额定电压的 110%，输出负载为 0 时，其输出电压应保持在额定值±3%的范围内。测量 3 次，记录测量数据。

② 当输入电压为额定电压的 90%或 110%时，输出电压一相为空载，另外两相为 100% 额定负载或者两相为空载，另一相为 100%负载时，其输出电压应保持在额定值±3%的范围内，其相位差应保持在 4°范围内。观察并测量 2~3 次，记录测量数据。

（4）效率。UPS 的效率可以通过测量 UPS 的输出功率与输入功率求得。大多数 UPS 只有在 50%~100%负载时才有比较高的效率，当低于 50%负载时，其效率就急剧下降。厂家提供的效率指标也多是在额定直流电压，额定负载（$\cos\varphi=0.8$）条件下的效率。用户选型时最好选取效率与输出功率的关系曲线和直流电压变化±15%时的效率。

效率等于输出有功功率比输入有功功率再乘以 100%，输入功率不包含蓄电池的充电功率。测试是在正常条件下，负载为 100%或 50%的阻性负载情况下测量。

3) 常规测试

（1）过载测试。过载特性是用户极为关心，也是衡量 UPS 电源的一项重要指标。过载测试主要是检验 UPS 整机的过载能力，保证即使运行中出现过负荷现象时，UPS 也能维持一定时间而不损坏设备。过载试验必须按设备指标测试，并且要在 25℃以内的室温下进行。

（2）输入电压过压、欠压保护测试。按设备指标输入电压允许变化范围进行测试，一般 UPS 允许输入电压变化±10%，当输入电压超过此范围时应报警，并转换到蓄电池供电，整流器自动关闭，当输入电压恢复到额定允许范围内时，设备应自动恢复运行，即蓄电池自动解除，转为由市电运行。在蓄电池自动投入和解除的过程中，UPS 输出电源波形应无变化。

注意，此项测试一定要保证接线正确，特别是相序必须接对。另外，有的 UPS 在市电超出+10%范围时，只有报警，而无蓄电池自动投入的性能，只有当市电低于−10%范围时，才有蓄电池自动投入的功能。而有的 UPS 则是在市电超出±10%范围时，都有蓄电池自动投入的功能，测试时请注意这一点。

（3）放电测试。放电测试主要是检验蓄电池的性能。放电试验时，一是要记录放电时间；二是要观测放电时的输出电压波形及放电保护值；三是要检查是否有"落后"电池。放电试验前必须对蓄电池作连续 24h 的不间断充电。

4）专项测试

对于一台 UPS 来说，进行上述三项内容的测试就可以了，但真正的验机及大批生产或订货是远远不够的，还必须进行专项测试。可用抽样的方式进行，其内容如下。

（1）在额定负载为超前及滞后两种情况下，观测 UPS 输出的稳压效果。

（2）小负载条件下的效率测试。在 25%～35%的额定负载（滞后）条件下，质量好的 UPS，效率可超过 80%；

（3）频繁操作试验。此项试验包括频繁启动与频繁转换。

① 频繁启动的目的在于检验逆变器、锁相环、静态开关和滤波电容的动态稳定和热稳定。其方法是启动 UPS，当逆变器启动成功，有输出电压和电流，达到技术要求后，带负载运行。然后减去负载，停机，再启动 UPS，这样连续多次。

② 频繁切换试验，主要是检测转换时供电有无断点，在线式 UPS 是不应该出现断点的。

（4）充电器的启动试验。为了保护电池，避免充电器启动时对电网的冲击，一般 UPS 的充电器启动，均有限流启动功能，充电器由启动到正常运行的过渡过程，时间一般在 10s 以上，电流一般限定在电池容量的 1/10。

（5）不带电池加载试验。UPS 不带电池时，UPS 只具有稳压功能。不带蓄电池情况下加负载，可以检验整流器的动态性能。一般要求在 20ms 内保证输出电压恢复到(100±1)%以内。

（6）高次谐波测试。一般 UPS 的高次谐波分量总和小于 5%，可用谐波分析仪来测试。良好的 UPS 能全部滤掉 11 次谐波以下的全部谐波，而且波形很稳。

7. **实训报告**

（1）整理、画出实训记录下的波形，分析实训时数据。

（2）讨论、分析测试内容，判断所测试 UPS 是否满足设计和使用条件。

思考题

1. UPS 主要作用是什么？UPS 主要有哪些类型？

2. 选择 UPS 要注意哪些方面的问题？如何判断其性能优劣？
3. 在线式 UPS 有哪些特点？离线式 UPS 有何优、缺点？
4. 什么是 PWM 控制？说明 PWM 控制的工作原理。
5. 说明 PWM 变频电路有何优点。
6. PWM 逆变电路的控制方式有哪些？
7. 高频化的意义是什么？为什么提高开关频率可以减小滤波器的体积和重量？
8. 什么是软开关？和硬开关相比有什么优点？
9. 软开关电路可以分为哪几类？其典型拓扑分别是什么样的？各有什么特点？
10. 软开关控制的基本方法有哪些？